江苏凤凰科学技术出版社

图书在版编目（CIP）数据

天工开物 /（明）宋应星著 ；俞婷编译．— 南京 ：江苏凤凰科学技术出版社，2016.11
（古法今观 / 魏文彪主编．中国古代科技名著新编）
ISBN 978-7-5537-7400-8

Ⅰ．①天… Ⅱ．①宋… ②俞… Ⅲ．①农业史－中国－古代②手工业史－中国－古代 Ⅳ．①N092

中国版本图书馆 CIP 数据核字 (2016) 第 263539 号

古法今观——中国古代科技名著新编
天工开物

著　　者	〔明〕宋应星
编　　译	俞婷
项目策划	凤凰空间 / 翟永梅
责任编辑	刘屹立
特约编辑	陈丽新
出版发行	江苏凤凰科学技术出版社
出版社地址	南京市湖南路 1 号 A 楼，邮编：210009
出版社网址	http：//www.pspress.cn
总　经　销	天津凤凰空间文化传媒有限公司
总经销网址	http：//www.ifengspace.cn
印　　刷	北京博海升彩色印刷有限公司
开　　本	710 mm×1 000 mm　1/16
印　　张	18.25
字　　数	328 000
版　　次	2016 年 11 月第 1 版
印　　次	2021 年 1 月第 2 次印刷
标准书号	ISBN 978-7-5537-7400-8
定　　价	69.00 元

图书如有印装质量问题，可随时向销售部调换（电话：022—87893668）。

前 言

风簸图

《天工开物》由明代宋应星编撰，是中国科技史料中保存最为丰富的一部古籍，也是世界上第一部关于农业和手工业生产的综合性著作。该书根据“贵五谷而贱金玉”的思想原则，记述了许多生产技术及农业用具。全书分上、中、下三部分，共十八卷。该书虽然是数百年前的古书，却包括了中国古代从农业到工艺品制作方法的全套技术，对我国古代各项技术进行了系统总结。书中记述的许多生产技术，一直沿用到近代。自该书问世以来，曾先后被译成日、英、法、德等国文字广泛流传，外国学者称它为“中国17世纪的工艺百科全书”。

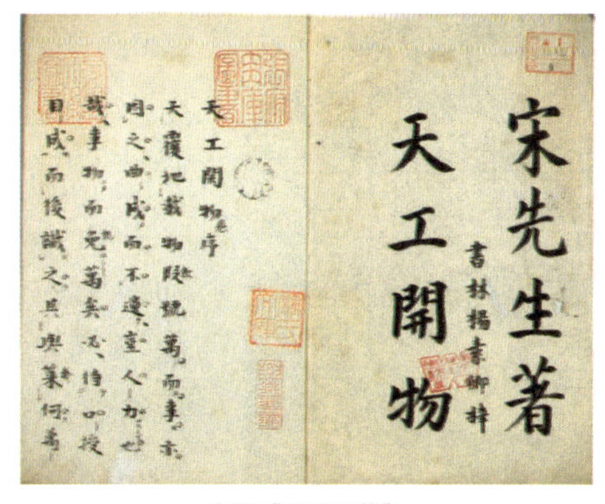

宋先生著
天工開物
書林揚素卿梓

天工開物卷序
天覆地載物數號萬而事亦
因之曲成而不遺豈人力也哉
事物而既萬矣必待口授
目成而後識之其與幾何

古版《天工开物》

踏　车

览古思今，伟大的科学技术推动着时代的车轮滚滚前行，我们为祖先的智慧而骄傲。历史虽已远逝，但宝贵的知识财富却愈久弥珍。传统文化的博大精深，令现代人神往不已，但这种国学古书，读起来却颇为艰涩。特别是对那些古文功底欠佳，又想探秘中国古代科技的人来说，犹如一条鸿沟。为了普及国学，展示古代科技文化，我们用简洁的文字，将《天工开物》编译成现代文，古今对比，并对难点词句加以注释。本书采用图文并茂的形式，为今天的读者阅览辉煌灿烂、博大精深的国学文化提供一条捷径，引领读者走进一片源远流长、光辉灿烂的文化天地，让读者感受到中国古代科技的力量与理趣，而将原著编译成现代汉语并加以注释，进一步拉近了遥远文化与现代人的距离。

牛　车

值得一提的是，本书收入图画200余幅，既生动地展示了古代生产用具和生产场景，又体现了高超的农业和手工业技术，让人叹为观止。有些图片展示的实物在现实中已经很难一见了，所以特别珍贵。由于编译者水平有限，书中难免会有不足和欠妥之处，还望广大读者批评指正。

编译者

2016年11月

目录

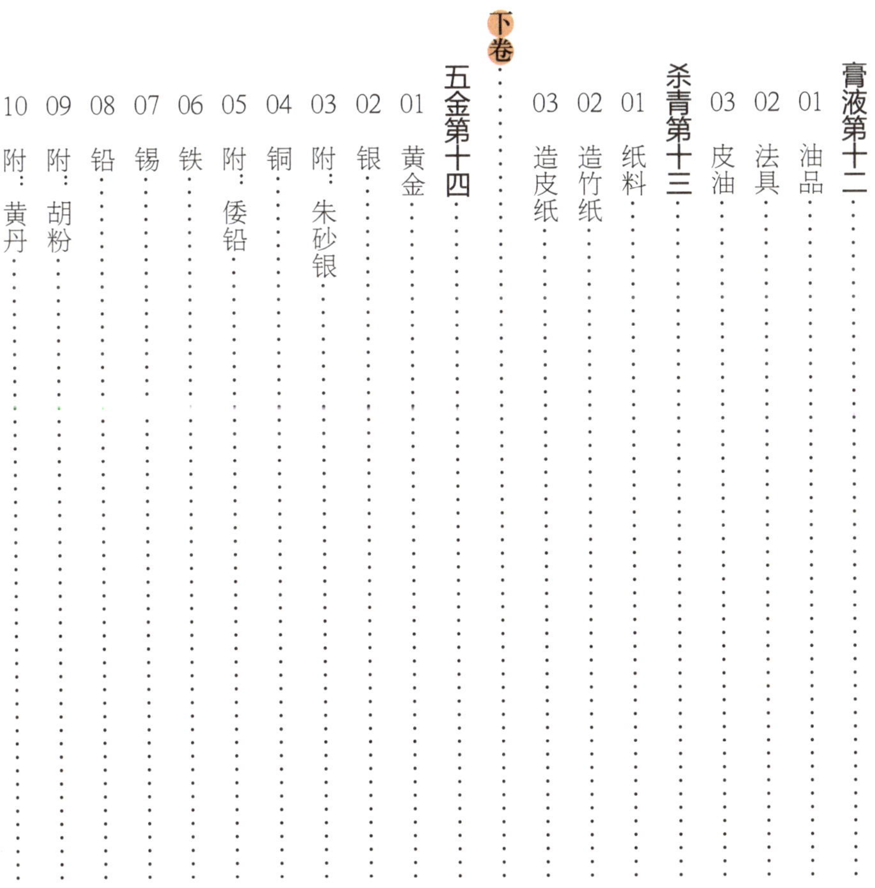

上　卷

乃粒①第一

原典

宋子曰：上古神农氏若存若亡，然味其徽号两言，至今存矣。生人不能久生，而五谷生之，五谷不能自生，而生人生之。土脉历时代而异，种性随水土而分。不然，神农去陶唐②粒食已千年矣，耒耜之利，以教天下③，岂有隐焉。而纷纷嘉种，必待后稷详明，其故何也？

纨绔之子，以赭衣④视笠蓑；经生之家，以农夫为诟詈。晨炊晚饷，知其味而忘其源者众矣！夫先农而系之以神，岂人力之所为哉！

注释

① 乃粒：百姓以谷物为食的意思。此处则代指谷物。

② 陶唐：尧，国号陶唐，又称陶唐氏。

③ 耒耜之利，以教天下：神农氏时用的农具技术得到推广。

④ 赭衣：古代囚衣。因以赤土染成赭色而得名。

译文

宋子说，不管上古时的神农氏是否真有其人，然而体会到这一尊称的含义，也应当把创始农业的先民尊称为“神农”。人不能靠自身长期生存，要靠五谷才能活下去；但五谷不能自己生长，是需要人去种植的。土质经历不同时代而发生变化，作物的物种和性质则随着水土的不同而有所变异。不然的话，从神农氏到尧帝时，食用粮食已有1000年了，农耕的技术已传遍天下，尽人皆知，却一定要到后稷时代才能充分阐明那些后来培育出的许多优良品种，原因不正如此吗？

富贵人家的子弟将农民看成罪人，那些读书人把“农夫”二字当成辱骂人的话。他们饱食终日，只知道食物的味美却忘记了粮食是从哪里得来的，这种人真是太多了！这样看来，奉开创农业生产的先祖为“神”就十分自然了，这难道只是人为地制造出来的吗？

01 总名

原典

凡谷无定名。百谷，指成数言①。五谷则麻、菽、麦、稷、黍，独遗稻者，以著书圣贤起自西北也。今天下育民人者，稻居十七，而来、牟②、黍、稷居十三。麻、菽二者，功用已全入蔬、饵、膏馔③之中，而犹系之谷者，从其朔也。

五　谷

注释

① 成数言：综合各类说法。

② 来、牟：来，小麦；牟，大麦。

③ 蔬、饵、膏馔：菜肴。

译文

谷物并不是特指某一种粮食。百谷是谷物的总体名称。“五谷”是指麻、豆、麦、稷、黍，其中唯独漏掉了稻，这是因为著书的先贤是西北人的缘故。但现在全国百姓所吃的粮食之中，稻占了十分之七，而小麦、大麦、黍、稷共占十分之三。麻和豆这两类已经被完全列为蔬菜、糕饼、脂油等食品中，之所以依然将它们归入五谷之中，只不过是沿用古代的说法罢了。

五谷的别称

“五谷”还有一种划分方法，即为“天谷”“地谷”“悬谷”“风谷”“水谷”。“天谷”含诸如稻、谷、高粱、麦等果实长在头顶的作物；“地谷”含诸如花生、番薯等果实长在地下的作物；“悬谷”含诸如豆类、瓜类等果实长在枝蔓上的作物；“水谷”含诸如菱角、藕等果实长在水中的作物；唯有“风谷”特殊，指玉米，它是通过风传播花粉，将头顶花粉吹到作物中节长出的须上，从而结出果实的作物。由此可见，天、地、悬、风、水所代表的“五谷”并不一定都是粮食。

02 稻

原典

凡稻种最多。不黏者，禾曰秔[①]，米曰粳。黏者，禾曰稌，米曰糯（南方无黏黍，酒皆糯米所为）。质本粳而晚收带黏（俗名婺源光之类），不可为酒，只可为粥者，又一种性也。凡稻谷形有长芒、短芒（江南名长芒者曰浏阳早，短芒者曰吉安早）、长粒、尖粒、圆顶、扁面不一。其中米色有雪白、牙黄、大赤、半紫、杂黑不一。

湿种之期，最早者春分以前，名为社种[②]（遇天寒有冻死不生者），最迟者后于清明。凡播种，先以稻、麦稿包浸数日，俟其生芽，撒于田中，生出寸许，其名曰秧。秧生三十日即拔起分栽。若田亩逢旱干、水溢，不可插秧。秧过期，老而长节，即栽于亩中，生谷数粒，结果而已。凡秧田一亩所生秧，供移栽二十五亩。

注释

① 秔：同“粳”。

② 社种：浸种期，古时以立春、立秋后的第五个戊日为春社或秋社，此处为春社。

译文

稻的种类最多。不黏的，禾叫秔稻，米叫粳米；黏的，禾叫稌稻，米叫糯米（南方没有黏黄米，酒都是用糯米酿制的）。属于粳稻的一种，晚熟且带黏性的米（俗名叫“婺源光”一类），不能用来做酒，只能用来煮粥，这是另一个稻种。稻谷形状有长芒、短芒（江南称长芒稻种为“浏阳早”，短芒稻种则叫做“吉安早”）和长粒、尖粒、圆顶、扁

稻

粒等多种类型。其中米的颜色有雪白、淡黄、大红、淡紫和灰黑等。

浸种期，最早在春分以前，叫做社种（遇到天寒有被冻死而不能生长的），最晚的则在清明以后。播种时，先用稻草或麦秆包好种子放在水里浸泡几天，等发芽后再撒播到秧田里，苗长到一寸（1 寸 = 3.3 厘米）多高时就叫做秧。秧龄满 30 天，即可拔起分插。如果稻田遇到干旱或者水涝，都不能插秧。秧苗过了育秧期就会变老而拔节，这时即使再插到田里，结谷也很少。通常一亩秧田所培育的秧苗，可供移插二十五亩（1 亩 = 666.67 平方米）田。

发展杂交水稻的历程

1973 年，袁隆平成功地用科学方法培育出世界上首例杂交水稻，因此被称为"杂交水稻之父"。他经过 4 年的研究，带领团队从世界上几百个稻种中探索，并在稻种的自花授粉上有了自己的心得。他认为野稻并不一定全为自花授粉，他在海南岛找寻到一种野稻称为野稗，并成功与现有水稻配种出一些组合稻种。这些组合稻种无法自体授粉，而需仰赖旁株稻种的雄蕊授粉，但产量比原水稻多上一倍。不过最初的几年，培育出的新稻虽然稻量增加，而且多数没有花粉，符合新品种的要求，但其中有的却有花粉，能产出下一代，且稻量不丰。但袁隆平并没有放弃，一直到第九年，他才培育了上万株都没有花粉的新品种，这就是袁隆平的三系法杂交水稻。

原典

凡秧既分栽后，早者七十日即收获（粳有救公饥、喉下急，糯有金包银之类，方语[①]百千，不可殚述），最迟者历夏及冬二百日方收获。其冬季播种、仲夏即收者，则广南之稻，地无霜雪故也。

凡稻旬日失水，即愁旱干。夏种秋收之谷，必山间源水不绝之亩，其谷种亦耐久，其土脉亦寒，不催苗也。湖滨之田，待夏潦[②]已过，六月方栽者，其秧立夏播种，撒藏高亩之上，以待时也。

注释

① 方语：各地的名称。

② 夏潦：夏季久雨而形成的洪水。

译文

插秧后，早熟的品种大约 70 天就能收割（粳稻有"救公饥""喉下急"，糯稻有"金包银"等品种，各地的名称很多，难以尽述）。最晚熟的品种要历经夏天到冬天共 200 多天才能收割。至于冬季播种、夏季五月就能收获的，那是广东南部的水稻，因为那里终年没有霜雪。

如果水稻缺水10天，就得担心干旱了。夏种冬收的水稻，必须种在山间水源不断的田里，这类稻种生长期较长，土温也低，所以禾苗长势较慢。靠近湖边的田地，要等到夏季洪水过后，大约六月份才能插秧的，其秧苗应在立夏时节播种，还要播在地势较高的秧田里，等汛期过后才可插秧。

原典

南方平原，田多一岁两栽两获者。其再栽秧，俗名晚糯，非粳类也。六月刈[①]初禾，耕治老膏田[②]，插再生秧。其秧清明时已偕早秧撒布。早秧一日无水即死，此秧历四、五两月，任从烈日旱干无忧，此一异也。

凡再植稻遇秋多晴，则汲灌与稻相终始。农家勤苦，为春酒之需也。凡稻旬日失水则死期至，幻出[③]旱稻一种，粳而不黏者，即高山可插，又一异也。香稻一种，取其芳气以供贵人，收实甚少，滋益全无，不足尚[④]也。

注释

① 刈：割（草或谷类）。

② 膏田：肥沃之田。

③ 幻出：变化出。

④ 尚：提倡某种风气。

南方平原稻田

译文

南方平原的稻田，大多都是一年两栽两熟的。第二次插的秧俗名叫晚糯，不是粳稻。六月割完早稻，翻耕稻茬田，再插晚稻秧。这种秧在清明时就和早稻秧同时播种。早稻秧一天缺水就会死，而这种秧经过四月和五月两个月，任凭曝晒和干旱都不怕，这是件奇怪的事。

晚稻遇到秋季多晴天时，就要经常不断地灌水。农家这样辛勤地劳动，是出于酿造春酒的需要。水稻缺水10天就会死掉，于是育出一种旱稻，属于不黏的粳稻，即使在高山地区也可种植，这又是一种奇特的类型。还有一种香稻，由于它有香气，通常专供富贵人家享用，但产量很低，也没有什么滋补的益处，所以是不值得提倡的。

稻米与中国的风俗

中国自古便是农耕国家，境内不少民族以稻米作为日常主食，因而有庆祝稻米收成的庆典。如高山族便喜将稻米煮成饭，或把糯米蒸成糕与米粑庆祝各种节日或欢迎来宾。汉族在农历新年时吃元宵（汤圆）、年糕及萝卜糕；在端午节吃粽子等。

中国风俗中，夫妻若生下男孩，满月时要赠送油饭给亲友，以兹庆祝。

03　稻宜

原典

凡稻，土脉焦枯则穗、实萧索。勤农粪田，多方以助之。人畜秽遗，榨油枯饼（枯者，以去膏而得名也。胡麻、莱菔子[①]为上，芸苔次之，大眼桐又次之，樟、桕、棉花又次之），草皮、木叶以佐生机，普天之所同也（南方磨绿豆粉者，取溲浆[②]灌田肥甚。豆贱之时，撒黄豆于田，一粒烂土方三寸，得谷之息倍焉）。土性带冷浆者，宜骨灰蘸稻根（凡禽兽骨），石灰淹苗足，向阳暖土不宜也。土脉坚紧者，宜耕垄，叠块压薪而烧之，埴坟松土不宜也。

注释

① 莱菔子：萝卜籽。

② 溲浆：发酵的液体。

译文

种稻的土地要是贫瘠，稻穗、稻粒的长势就差。勤劳的农民使用多种方法来增进稻田的肥力。人、畜的粪便，榨了油的枯饼（“枯”是因为榨去了油而得名。其中芝麻籽饼、萝卜籽饼都是最

榨油的枯饼

好的，油菜籽饼稍稍差点儿，油桐籽饼又稍微差些，樟树籽饼、乌桕籽饼、棉花籽饼再稍稍差些），草皮、树叶，这些都能帮助水稻生长，全国各地都是这样做的（南方磨绿豆粉时，农民用磨粉时滤出来的发酵的浆液来浇灌稻田，肥效相当不错。碰上豆子便宜时，将黄豆粒撒在稻田里，一粒黄豆腐烂后可以肥稻田三寸见方，这样所得的收益是所撒播的黄豆成本的双倍）。对于长年受冷水浸泡的稻田——“冷水田”，插秧时稻秧的根要先用骨灰点蘸（用禽、兽骨都可以），再用石灰撒于秧脚，但对于向阳的暖水田就不适用了。对于土质坚硬的田，应该把它耕成垄，将土块叠起堆放在柴草上烧，但对于黏土和土质疏松的稻田就不适合这样处理了。

04 稻工

原典

凡稻田刈获不再种者，土宜本秋耕垦，使宿稿[①]化烂，敌粪力一倍。或秋旱无水及怠农春耕，则收获损薄也。凡粪田若撒枯浇泽[②]，恐霖雨至，过水来，肥质随漂而去。谨视天时，在老农心计也。凡一耕之后，勤者再耕、三耕，然后施耙，则土质匀碎，而其中膏脉释化也。

凡牛力穷者，两人以扛悬耜[③]，项背相望而起土，两人竟日仅敌一牛之力。若耕后牛穷，制成磨耙，两人肩手磨轧，则一日敌三牛之力也。凡牛，中国惟水、黄两种，水牛力倍于黄（牛）。但畜水牛者，冬与土室御寒，夏与池塘浴水，畜养心计亦倍于黄牛也。凡牛春前力耕汗出，切忌雨点，将雨，则疾驱入室。候过谷雨，则任从风雨不惧也。

注释

① 宿稿：旧稻茬。

② 撒枯浇泽：撒枯饼、浇粪水。

③ 悬耜：挂起农具。

耙 田

译文

稻田收割后若不再耕种，应该在当年秋季翻耕、开垦，使稻茬腐烂在稻田里，这样所取得的肥效是粪肥的一倍。如果秋天干旱没有水，或者是懒散的农家拖到第二年春天才翻耕，收获就会减少。在给稻田撒枯饼、浇粪水的时候，就怕碰上连绵大雨，因为雨水一冲，肥分就会随水漂走。因此密切注意天气变化，就要靠老农的智慧了。稻田耕过一遍之后，有些勤快的农民还要耕上第二遍、第三遍，然后再耙地碎土，这样一来土质就会粉碎得很均匀，且肥分也能均匀分散开了。

没有耕牛的农户，两个人就在犁上绑一根杠子，一前一后拉犁翻土，狠劲干一整天，才能抵得上一头牛的劳动效率。如果犁耕后无牛可驱，就做个磨耙，两人用肩和手拉着耙，这样干上一整天相当于三头牛的劳动效率。我国中原地区只有水牛、黄牛两种牛，其中水牛力气要比黄牛大一倍。但是养水牛，冬季需要有牛棚来抵御酷寒，夏天还要有池塘供其洗澡，养水牛所花费的心力，也要比养黄牛的多一倍。耕牛在立春之前耕地时用力过度出了汗，一定要注意避免让耕牛淋雨，将要下雨时就赶紧将耕牛赶进牛棚。等到过了谷雨之后，任凭风吹雨淋也不怕了。

现代农业耕作方式

现代很少有人使用牛来耕田了，一般发达地区的农业主要以机械化生产为主，农民大多采用农用拖拉机、洒水机、插秧机、收割机等机器完成稻田的翻耕、稻秧的播种以及稻子的收割等工序，大大节省了人力，提高了农耕的效率。

原典

吴郡[①]力田者，以锄代耜，不借牛力。愚见贫农之家，会计牛值与水草之资、窃盗死病之变，不若人力亦便。假如有牛者，供办十亩，无牛用锄而勤者半之，既已无牛，则秋获之后田中无复刍牧之患，而菽、麦、麻、蔬诸种纷纷可种。以再获偿半荒之亩，似亦相当也。

凡稻分秧之后数日，旧叶萎黄而更生新叶。青叶既长，则耔（俗名挞禾）可施焉。植杖于手，以足扶泥壅根，并屈宿田水草，使不生也。凡宿田茵[②]草之类，遇耔而屈折。而稊[③]、稗[④]与荼[⑤]、蓼[⑥]，非足力所可除者，则耘以继之。耘者苦在腰手，辨在两眸，非类既去，而嘉谷茂焉。从此泄以防潦，溉以防旱，旬月而“奄观铚刈”矣。

补 秧

注释

①吴郡：今江苏苏州一带。

②茵：一种生在田里的草，可作饲料。亦称“水稗子”。

③稊：草名。形似稗，结实如小米。

④稗：禾本科稗草，稻田的主要杂草。

⑤荼：菊科苦菜。

⑥蓼：田间杂草。

译文

苏州一带的农民用铁锄代替犁，因此不用耕牛。我认为贫苦的农户，如果合计一下购买耕牛的本钱和水草饲料的费用以及被盗窃、生病和死亡等意外损失，倒还不如用人力耕作划算些。比方说，有牛的农户能耕种十亩农田，而没牛的农户用铁锄，勤快些也能种上前者田数的一半。既然没有牛，在秋收之后，也就不必考虑在田里种牛饲料及放牧的麻烦事儿，同时还可以腾出手来种植豆、麦、麻、蔬菜等作物了。这样，用两次收获来补偿荒废了的那一半田地的损失，似乎也就和有牛的家庭差不多了。

水稻插秧几天后，旧叶会变得枯黄而长出新叶来。新叶长出来后，就可以耔田了（俗名叫做“挞禾”）。方法是手里拄着木棍，用脚把泥培在稻禾根上，并且把原来田里的小杂草踩进泥里，使它不能生长。稻田里的水稗子草之类的杂草，用前面的方法就可以轻松解决。但是稗草、苦菜、水蓼等杂草却不是用脚力就能除掉的，必须紧接着进行耘田。耘田的人腰和手会比较辛苦些，认真分辨稻禾和稗草则要靠人的两只眼睛。除净了杂草，禾苗就会长得很茂盛。此后，还要排水防涝，灌溉防旱，一个月后，就要准备开镰收割了。

05 稻灾

原典

凡早稻种，秋初收藏，当午晒时烈日火气在内，入仓廪中关闭太急，则其谷粘带暑气（勤农之家偏受此患）。明年田有粪肥，土脉发烧，东南风助暖，则尽发炎火，大坏苗穗，此一灾也。若种谷晚凉入廪，或冬至数九天收贮雪水、冰水一瓮（交春[①]即不验）。清明湿种时，每石以数碗激洒，立解暑气，则任从东南风暖，而此苗清秀异常矣（祟在种内，反怨鬼神）。

凡稻撒种时，或水浮数寸，其谷未即沉下，骤发狂风，堆积一隅，此二灾也。谨视风定而后撒，则沉匀成秧矣。凡谷种生秧之后，防雀鸟聚食，此三灾也。立标飘扬鹰俑[②]，则雀可驱矣。凡秧沉脚未定，阴雨连绵，则损折过半，此四灾也。邀天晴霁三日，则粒粒皆生矣。凡苗既函[③]之后，亩土肥泽连发，南风薰热，函内生虫（形似蚕茧），此五灾也。邀天遇西风雨一阵，则虫化而谷生矣。

注释

① 交春：立春。

② 立标飘扬鹰俑：插上竹竿，在上面拴上可以飘扬的假鹰。

③ 函：此指刚生出尚未展开的新叶。

虫 灾

译文

早稻种子在初秋时收藏，如果中午在烈日下曝晒，种子内的热气还没散发出来就装入谷仓，之后封闭谷仓又太急的话，稻种就会带暑气（太勤快的农家反倒会受这种灾害）。第二年播种之后，田里的粪肥发酵使土壤升温，加上东南风带来的暖热，整片稻禾就会如同受到火烧一样发灾，使禾苗和稻穗遭受很大的损害，这是第一种灾害。如果稻种等到晚上凉了以后再入谷仓，或者是在

冬至的数九寒天时收藏一缸冰水、雪水（立春之后收藏的就会没有效果），清明浸种时，每石稻种泼上几碗，暑气就能够立刻解除，这样一来，任凭东南风吹拂带来多高的温度，禾苗稻穗都会长得很旺盛（病根便是在稻种里面，有人却无知地去埋怨鬼神）。

播撒稻种时，如果田里积水数寸，稻种没有来得及沉下，这时猛然刮起狂风，就会使谷种堆积在秧田的一个角落，这是第二种灾害。因此要注意在风势平定以后再播撒稻种，种子就能均匀地沉下并育成秧苗。稻种长出秧苗之后，就怕成群的雀鸟飞来啄食，这是第三种灾害。在稻田中立标杆挂假鹰随风飘动，就可驱赶雀鸟。移栽的稻秧还没有完全扎根的时候，赶上阴雨天气，这样就会损坏一大半，这是第四种灾害。只要连续三个晴天，秧苗就能全部成活了。秧苗返青长出新叶之后，土壤里的肥力不断散发出来，再加上南风带来的热气，稻叶上就会生虫（形状就像蚕茧一样），这是第五种灾害。向老天祈祷这时能遇上一阵西风雨，这样虫死之后稻谷就有长势了。

稻子不同生长期的灾害

我国水稻主要产区季节性干旱经常发生，在水稻的各生长期中，苗期的抗旱性相对较强。水稻穗分化形成期遇到干旱会导致抽穗困难，穗型变小，结实率下降，减产严重。灌浆成熟期干旱，会造成叶片过早枯黄，粒重降低。水稻营养期干旱会造成生长期推迟，产量下降。

原典

凡苗吐穑[①]后，暮夜“鬼火”游烧，此六灾也。此火乃朽木腹中放出。凡木母火子[②]，子藏母腹，母身未坏，子性千秋不灭。每逢多雨之年，孤野坟墓多被狐狸穿塌。其中棺板为水浸，朽烂之极，所谓母质坏也。火子无附，脱母飞扬。然阴火不见阳光，直待日没黄昏，此火冲隙而出，其力不能上腾，飘游不定，数尺而止。凡禾、穑叶遇之立刻焦炎。逐火之人见他处树根放光，以为鬼也，奋梃击之，反有“鬼变枯柴”之说。不知向来鬼火见灯光而已化矣（凡火未经人间传灯者[③]，总属阴火，故见灯即灭）。

注释

①吐穑：抽穗。

②木母火子：宋应星按古代五行相生说，以为火生于木，故木为母，火为子。

③未经人间传灯者：古时日常用火，多靠保存火种，日日相传，或从人家借火。

译文

禾稻抽穗后，夜晚“鬼火”四处飘游烧焦禾稻，这是第六种灾害。“鬼火”是从腐烂的木头中散放出来的。木与火如同母与子，火藏在木头之中，木头不坏的时候，火也就永远藏在木头里面。每逢多雨的年份，荒野中的坟墓多被狐狸挖穿而塌陷，坟里面的棺材板子被水浸透而腐烂，这就是所谓母体坏了。火子失去依附，于是离开母体而四处飞扬。但是阴火是见不得阳光的，只能等到黄昏太阳落山以后，这种鬼火才从坟墓的缝隙里冲出来，但又不能飞得太高，只能在几尺（1 尺 =33.3 厘米）高的地方飘游不定。禾叶和稻穗一旦遇上立刻就被烧焦。驱逐“鬼火”的人，一看见树根处有火光，便以为是鬼，举起棍棒用力去打，于是就有了“鬼变枯柴”的说法——他不知道“鬼火”向来都是一见灯光就会消失的（没有经过人们灯火传燃的都属于阴火，所以一见到灯光就熄灭了）。

原典

凡苗自函活以至颖栗[①]，早者食水三斗，晚者食水五斗，失水即枯（将刈之时少水一升，谷数虽存，米粒缩小，入碾、臼中亦多断碎），此七灾也。汲灌之智，人巧已无余矣。凡稻成熟之时，遇狂风吹粒殒落，或阴雨竟旬，谷粒沾湿自烂，此八灾也。然风灾不越三十里，阴雨灾不越三百里，偏方厄难亦不广被。风落不可为。若贫困之家，苦于无霁，将湿谷盛于锅内，燃薪其下，炸去糠膜，收炒糗[②]以充饥，亦补助造化之一端矣。

注释

①颖栗：生成稻穗并形成稻粒。

②炒糗：作为干粮的炒米。

译文

秧苗自返青到抽穗结实，早稻每蔸需要三斗水，晚稻每蔸需五斗水，没有水就会枯死（将收割之前如果缺少一升水，谷粒数目虽然还是那么多，但米粒会变小，用碾或臼加工的时候，也会多有破碎），这是第七种灾害。在引水灌溉方面，人们的聪明才智已经得到充分发挥了。稻子成熟的时候，如果遇到刮狂风，就会将稻粒吹落；如果遇上连续十来天的阴雨天气，谷粒就会因受水湿后自行腐烂，这是第八种灾害。但是风灾的范围一般不会超过方圆三十里（1 里 =500 米）。阴雨成灾的范围一般也不会超过方圆三百里，局部地区的灾害，涉及的范围并不很广。谷粒被风吹落是没有办法的。如果贫苦的农家遇到阴雨天时，可以把湿稻谷放在锅里，烧火爆去谷壳，做炒米饭来充饥，这也算是渡过天灾的一种补救办法吧。

06 水利

原典

凡稻防旱借水，独甚五谷。厥土沙、泥、硗[①]、腻，随方[②]不一。有三日即干者，有半月后干者。天泽不降，则人力挽水以济。凡河滨有制筒车者，堰陂障流，绕于车下，激轮使转，挽水入筒，一一倾于枧[③]内，流入亩中。昼夜不息，百亩无忧（不用水时，拴木碍止，使轮不转动）。其湖池不流水，或以牛力转盘，或聚数人踏转。车身长者二丈，短者半之。其内用龙骨拴串板，关水逆流而上。大抵一人竟日之力，灌田五亩，而牛则倍之。

水 车

注释

① 硗：瘦土。

② 随方：根据地方。

③ 枧：水槽。

译文

水稻比其他谷物更怕旱情。稻田的土质有砂土、黏土、瘦土、肥土的差别，各地情况都不一样。有的稻田不灌水三天之后便干涸了，也有的半个月后才干涸。如果天不降雨，就要靠人力引水浇灌来补救。靠江河边有使用筒车的，先筑堤坝阻挡水流，使水流绕过筒车的下部，冲击筒车的水轮旋转，并将水引入筒内，各个筒内的水便会倒进引水槽，再流进田里。这样昼夜不停地引水，即便浇灌上百亩田地也不成问题（不用水时，可用木栓卡住水轮，不让水轮转动）。湖边、池塘边水不流动的地方可以使用牛力拉动转盘进而带动水车，也可以通过几个人一齐踩踏来转动水车。水车车身长的达两丈，短的也有一丈（1

丈 =3.3 米）。车内用龙骨连接一块块串板，笼住一格格的水使它向上逆行。一人用水车干一整天活儿，大概能浇灌五亩田地，用牛力功效就可以高出一倍。

现代稻田灌溉方式

现代稻田灌溉的科学方法有微喷和滴灌。微喷是利用折射、旋转或辐射式微型喷头将水喷洒到作物枝叶等区域的灌水形式。滴灌是通过安装在毛管上的滴箭、滴头、滴灌带或其他孔口式灌水器将水一滴一滴地、均匀而又缓慢地滴入作物根区附近土壤中的灌水形式。

现代科学灌溉技术不仅有效利用了有限的水资源，缓解了地下水开采过量、地壳下沉的严峻局面，而且通过与精确施肥的有机结合，改善了农作物、果树等的生长条件，提高了产量和果实品质，具有良好的社会效益和经济效益。

原典

其浅池、小浍[①]不载长（水）车者，则数尺之车，一人两手疾转，竟日之功可灌二亩而已。扬郡以风帆数扇，俟风转车，风息则止。此车为救潦，欲去泽水以便栽种。盖去水非取水也，不适济旱。用桔槔、辘轳，功劳又甚细已。

译文

浅水池和小水沟，如果安放不下长水车，就可以使用几尺长的手摇水车。一个人用两手握住摇把迅速转动，一天的工夫也只能浇灌两亩田地。扬州一带使用几扇风帆，以风力带动水车，刮风时水车旋转，风停止水车不动。这种车是专为排涝使用的，排除积水以便于栽种。因为是用来排涝而不是用于取水灌溉的，所以并不适于抗旱。至于使用桔槔和辘轳取水灌溉，那工效就更加低了。

注释

① 浍：水沟。

高转筒车

07 麦

原典

凡麦有数种。小麦曰来，麦之长也；大麦曰牟、曰穬；杂麦曰雀、曰荞。皆以播种同时、花形相似、粉食同功而得麦名也。四海之内，燕、秦、晋、豫、齐、鲁诸道，烝民粒食[①]，小麦居半，而黍、稷、稻、粱仅居半。西极川、云，东至闽、浙，吴、楚腹焉，方圆六千里中，种小麦者，二十分而一，磨面以为捻头、环饵、馒首、汤料[②]之需，而饔飧不及焉[③]。种余麦者五十分而一，闾阎作苦[④]以充朝膳，而贵介不与焉。

注释

① 烝民粒食：老百姓以粮为食。

② 捻头、环饵、馒首、汤料：大致相当于今天的花卷、面饼、馒头及汤面、馄饨之类。

③ 饔飧不及焉：常用的主食则麦粉不在其内。

④ 闾阎作苦：在市井百姓中做苦力的人。

译文

麦有好多种。小麦叫“来”，是麦子中最主要的一种。大麦叫“牟”或“穬”。杂麦有叫“雀”的，也有叫“荞”的。都是因为它们在同一时间播种，花形相似，又都是磨成面粉用来食用的，所以都称为麦。在我国河北、陕西、山西、河南、山东等地居民口粮中，小麦占了一半，而黍、小米、稻、高粱等加起来总共占了一半。西至四川、云南，东到福建、浙江以及江苏和江西、湖南、湖北等中部地区，方圆六千里中，种小麦的大约占了二十分之一。将小麦磨成面粉用来做花卷、饼糕、馒头和汤面等食用，但不作正餐。种植其他麦类的只有五十分之一，民间贫苦百姓拿来当早餐吃，富贵人家是不会吃它们的。

原典

穬麦独产陕西，一名青稞，即大麦，随土而变。而皮肤青黑色者，秦人专以饲马，饥荒，人乃食之（大麦亦有黏者，河洛用以酿酒）。雀麦细穗，穗中又分十数细子，间亦野生。荞麦[①]实非麦类，然以其为粉疗饥，传名为麦，则麦之而已。

凡北方小麦，历四时之气，自秋播种，明年初夏方收。南方者种与收期时日差短。江南麦花夜发，江北麦花昼发，亦一异也。大麦种、获期与小麦相同，荞麦则秋半下种，不两月而即收。其苗遇霜即杀，邀②天降霜迟迟，则有收矣。

青稞

注释

①荞麦：是蓼科荞麦属的植物，而麦属禾本科。

②邀：请求、谋求、希望之意。

译文

秂麦只产在陕西一带，又叫青稞，即大麦，它随土质不同而有变种。外皮青黑色，陕西人专门用来喂马，只有在饥荒时人们才吃它（大麦也有带黏性的，在黄河、洛水之间的地区人们用它来酿酒）。雀麦的麦穗比较细小，每个麦穗又分十几个小穗，这种麦偶尔也有野生的。至于荞麦，实际上并不算麦类，但因为人们也用它磨粉来充饥，麦的名称流传下来，所以也就归为麦类了。

北方的小麦，经历秋、冬、春、夏四季的气候变化，秋天播种，来年初夏才收获。南方的小麦，从播种到收割的时间相对短一些。江南麦子晚间开花，江北麦子白天开花，这也算一件奇事。大麦播种和收割日期与小麦基本相同，荞麦则在中秋时播种，不到两个月就可以收割了。荞麦苗遇到霜就会冻死，所以希望得天时，降霜的时间相对晚些，荞麦就可能获得丰收了。

小麦的营养价值

小麦是我国的主要粮食之一，它含有淀粉、蛋白质、糖类、脂肪、维生素B、卵磷脂、精氨酸及多种酶类，不但有极高的营养价值，而且小麦苗、麦芽、麦麸、麦籽均可入药。早在1700年前，我国医圣张仲景就创立了“甘草小麦大枣汤”这一著名药方。

08　麦工

原典

凡麦与稻，初耕、垦土则同，播种以后则耘、耔诸勤苦皆属稻，麦惟施耨[①]而已。凡北方厥土坟垆易解释[②]者，种麦之法耕具差异，耕即兼种。其服牛起土者，耒不用耕，并列两铁于横木之上，其具方语曰镪[③]。镪中间盛一小斗，贮麦种于内，其斗底空梅花眼。牛行摇动，种子即从眼中撒下。欲密而多，则鞭牛疾走，子撒必多；欲稀而少，则缓其牛，撒种即少。既播种后，用驴驾两小石团压土埋麦。凡麦种压紧方生。南方地不同北者，多耕多耙之后，然后以灰拌种，手指拈而种之。种过之后，随以脚根压土使紧，以代北方驴石也。

北盖种

注释

① 耨：除草。

② 厥土坟垆易解释：其土质疏松易于分解。

③ 镪：疑为“耩”，北方又叫耧。其具可耕可播，单耕叫耩地，兼播则叫摇耧。

北耕兼种

译文

麦田的耕种、翻土与稻相同，播种以后稻田要勤壅根、拔草，而麦田只要除草就行。北方的土壤是容易耕作的疏松黑土，种麦的方法和工具都与种稻子有所不同，耕和种同时进行。用牛拉着起土的农具，不装犁头，而装一根横木，在横木上并排着安装两块尖铁，方言把它称为“镪”。“镪”的中间装个小斗，斗内盛麦种，斗底钻些梅花眼。牛走时摇动斗，种子就从眼中撒下。如想要种得又密又多，就赶牛快走，种子就撒得多；如要稀些少些，就让牛慢走，撒种就少。播种后，用驴拖两个小石磙压土埋麦种。土压紧了，麦种才能发芽。南方土壤与北方的不同，先将麦田经过多次耕、耙，然后用草木灰拌种，用手指拈着种子点播，接着用脚跟把土踩紧，代替北方用驴拉石磙子压土。

南种牟麦

小麦的南北差异

南北方虽说都种植小麦，但还是存在着差异。因为春小麦的抗旱能力极强，株矮穗大，生长期短，适于在春天和冬季很冷的地方播种，且春小麦主要分布在长城以北地区，所以春小麦适宜种在北方，而南方则适宜种冬小麦。长江一带的冬小麦在冬季播种，农谚有农历“九（月）油（菜）十（月）麦”之说。

原典

耕种之后，勤议耨锄。凡耨草用阔面大镈[1]，麦苗生后，耨不厌勤（有三过、四过者），余草生机尽诛锄下，则竟亩精华尽聚嘉实矣。功勤易耨，南与北同也。凡粪麦田，既种以后，粪无可施，为计在先也。陕、洛之间忧虫蚀者，或以砒霜拌种子，南方所用惟炊烬也（俗名地灰）。南方稻田有种肥田麦者，不冀麦实。当春小麦、大麦青青之时，耕杀田中，蒸罨土性，秋收稻谷必加倍也。

耨

注释

①镈：锄。

译文

播种后，要勤于锄草。锄草要用宽面大锄。麦苗长出来后，锄得越勤越好（有锄三、四次的），杂草锄尽，田里的全部肥分就都可以用来结成饱满的麦粒了。功夫勤，草就容易除净，这在南方和北方都是一样的。麦田应当预先施足基肥，在播种后就不要施肥了。陕西和河南洛水流域，怕害虫蛀蚀麦种，有用砒霜拌种的，南方则只用草木灰（俗称地灰）。南方稻田有种麦子来肥田的，并不指望收获麦粒，当春小麦或大麦还在青绿的苗期时，就把它们耕翻压死在田里，作绿肥来改良土壤，秋收时稻谷的产量必定能倍增。

原典

凡麦收空隙，可再种他物。自初夏至季秋，时日亦半载，择土宜而为之，惟人所取也。南方大麦有既刈之后乃种迟生粳稻者。勤农作苦，明赐无不及也。凡荞麦，南方必刈稻，北方必刈菽、稷而后种。其性稍吸肥腴，能使土瘦。然计其获入，业偿半谷有余①，勤农之家何妨再粪也。

注释

①业偿半谷有余：荞麦产量比原先谷物的一半还多。

译文

麦收后的空隙，可以再种其他作物。从夏初到秋末，有近半年时间，完全可以因地制宜地来选种其他一些作物。南方就有在大麦收割后再种植晚熟粳稻的。农民的辛勤劳动，总会得到酬报。荞麦是在南方收割水稻后和北方收割豆或谷子后才种的。荞麦的特性是吸收肥料较多，会使土壤变贫瘠。但算来它的产量抵得上原先谷物的一半还多，因此，勤劳的农家又何妨再施些肥料呢！

种荞麦的好处

种植荞麦不仅省时省工，在农时安排上，荞麦从耕翻、播种到管理，通常都在其他作物之后，这样便可调节农时，全面安排农业生产，实现低投入、高产出的经济效益。而且荞麦籽粒、皮壳、秸秆和青贮都可喂养畜禽。

09 麦灾

原典

凡麦妨患，抵稻三分之一。播种以后，雪、霜、晴、潦皆非所计。麦性食水甚少，北土中春再沐雨水一升，则秀华成嘉粒矣。荆、扬以南[①]惟患梅雨。倘成熟之时晴干旬日，则仓廪皆盈，不可胜食。扬州谚云“寸麦不怕尺水”，谓麦初长时，任水灭顶无伤；“尺麦只怕寸水”，谓成熟时寸水软根，倒茎沾泥，则麦粒尽烂于地面也。

江南有雀一种，有肉无骨，飞食麦田数盈千万，然不广及，罹害者数十里而止。江北蝗生，则大祲[②]之岁也。

注释

① 荆、扬以南：泛指长江流域及其以南地区。

② 大祲：大灾。

译文

麦所受的灾害相当于稻的三分之一。播种以后，遇上雪天、霜天、晴天、洪涝天气都没有什么影响。麦子的特性是其需要的水量很少，北方在中春时下一场痛快的能浇透地的大雨，麦子就能开花并结出饱满的麦粒了。在荆州、扬州这些长江以南的地区，最怕的就是“梅雨季节，如果在麦子成熟时段，天气晴上十来天，就能确保麦子大丰收，吃也吃不完了。扬州有农谚说“寸麦不怕尺水”，就是说麦子刚成长的时候，任水淹没都没关系；“尺麦只怕寸水”，是说等到麦子成熟时，哪怕一寸深的水就能把麦根泡软，茎秆就会倒伏在泥里，麦粒也就都烂在地里了。

江南有一种鸟雀，有肉无骨，成千上万地飞来啄食麦子，但受灾的范围不广，不过方圆几十里罢了。而长江以北的地区，一旦闹蝗虫灾害，那就会变成很大的灾患。

10 黍稷、粱粟

原典

凡粮食，米而不粉者种类甚多。相去数百里，则色、味、形、质随方而变，大同小异，千百其名。北人唯以“大米”呼粳稻，而其余概以“小米”名之。

凡黍与稷同类，粱与粟同类。黍有黏有不黏（黏者为酒），稷有粳无黏。

凡黏黍、黏粟统名曰秫，非二种外更有秫[1]也。黍色赤、白、黄、黑皆有，而或专以黑色为稷，未是。至以稷米为先他谷熟，堪供祭祀，则当以早熟者为稷，则近之矣。

高 粱

注释

① 秫：俗称高粱。

译文

粮食中，碾成粒而不磨成粉来食用的品种有很多。相距仅几百里地，这些粮食的颜色、味道、形状和质量却不太一样。虽然大同小异，但名称却成百上千。北方人只把粳稻叫大米，其余的都叫小米。

黍与稷同属一类，粱与粟又同属一类。黍也有黏的与不黏的之分（黏的可以酿酒）；稷只有不黏的，没有黏的。黏黍、黏粟统称为“秫”，除了这两种以外，还另有叫“秫”的作物。黍有红色、白色、黄色、黑色等色，有人专把黑黍称为稷，这不正确。至于说因为稷米比其他谷类早熟，更适宜祭祀，因此把早熟的黍称作稷，这个说法还差不多。

原典

凡黍在《诗》《书》，有虋、芑、秬、秠[1]等名，在今方语有牛毛、燕颔、马革、驴皮、稻尾等名。种以三月为上时，五月熟；四月为中时，七月熟；五月为下时，八月熟。扬花结穗总与来、牟不相见也。凡黍粒大小，总视土地肥硗、时令害育。宋儒拘定以某方黍定律，未是也。

凡粟与粱统名黄米。黏粟可为酒，而芦粟[2]一种，名曰高粱者，以其身高七尺如芦、荻[3]也。粱粟种类名号之多，视黍稷犹甚，其命名或因姓氏、山水，或以形似、时令，总之不可枚举。山东人唯以谷子呼之，并不知粱粟之名也。已上四米皆春种秋获，耕耨之法与来、牟同，而种收之候则相悬绝云。

注释

① 虋、芑、秬、秠：虋，红色的粟米。芑，白色的粟米。秬，黑黍。秠，稃米。

② 芦粟：禾本科高粱。

③ 芦、荻：芦，禾本科芦苇。荻，禾本科荻草。

译文

在《诗经》《尚书》中记载黍有虋、芑、秬、秠等名称，现在的方言中也有牛毛、燕颔、马革、驴皮、稻尾等名称。黍最早的是在三月下种，五月份成熟；稍晚的是在四月下种，七月份成熟；最晚的则是在五月下种，八月份成熟。开花和结穗的时间总和麦子不同时。黍粒的大小是由土地肥力的厚薄、时令的好坏所决定的。宋朝的儒生死板地以某个地区的黍粒为依据来规定度量衡的标准，这是错误的。

粟与粱统称黄米，其中黏粟可做酒。另有一种芦粟名叫高粱，是因为它的茎秆高达七尺，很像芦、荻。粱粟的种类、名称，比黍和稷的还要多。它们有的用人的姓氏或山水来命名，有的根据形状和时令来命名，总之无法一一列举出来。山东人并不知道粱粟有这些名称，把它们都统称为谷子。以上四种粮米，都是春种秋收，耕作的方法与麦子相同，但播种和收割的时间，却和麦子相差很远。

黍的用途

黍是我国小杂粮的一种，成熟后是金黄色，在中国的北方是重要的粮食作物。黍去皮后叫黄米，此种米有黏性，是五月初五端午节做粽子的原料之一。此外黍磨成面粉后还是做油糕的原料。

11 麻

原典

凡麻可粒可油[①]者，惟火麻、胡麻[②]二种。胡麻即脂麻，相传西汉始自大宛来。古者以麻为五谷之一，若专以火麻当之，义岂有当哉？窃意《诗》《书》

五谷之麻，或其种已灭，或即菽、粟之中别种，而渐讹其名号，皆未可知也。

今胡麻味美而功高，即以冠百谷不为过。火麻子粒压油无多，皮为疏恶布，其值几何？胡麻数龠[3]充肠，移时不馁。粔饵[4]、饴饧得粘其粒，味高而品贵。其为油也，发得之而泽，腹得之而膏，腥膻得之而芳，毒癞得之而解。农家能广种，厚实可胜言哉。

注释

①可粒可油：可以当粮食用，也可榨油。

②火麻：大麻。胡麻：又名脂麻、芝麻。

③龠：古代容量单位，等于半合。

④粔饵：米糕。

译文

麻类既可作粮食又可作油料的，只有大麻和胡麻两种。胡麻就是芝麻，据说是西汉时期才从中亚的大宛国传来的。古时把麻列为“五谷”之一，如果专指大麻，难道是恰当的吗？在我看来，古代《诗经》《尚书》中所说的“五谷”中的麻，或者已经绝种了，或者就是豆、粟中的某一种，只是后来逐渐被传错了名称，这都很难确定。

现在的芝麻，味道好，用途大，即使把它摆在百谷的首位也不过分。大麻子榨不出多少油，麻皮做成的又是粗布，价值不大。芝麻只要有少量进肚，很久都不会饿。糕饼、糖果上粘点儿芝麻，就会使味道好而质量高。芝麻油搽发能使头发有光泽，吃了能增加脂肪，煮食能去腥臊而生香味，还能治疗毒疮。农家如果能多种些芝麻，那好处是说不尽的。

芝 麻

芝麻的作用

芝麻有抗衰老的作用，含丰富的蛋白质、脂肪、矿物质及维生素，能养阴润肺，滋补肝肾。芝麻中所含的维生素 E，具有促进细胞分裂和延缓衰老的功效，且芝麻中所含的亚油酸等不饱和脂肪酸，容易被人体分解、吸收和利用，促进胆固醇代谢，并有助于消除动脉血管壁上的胆固醇沉积。

原典

种胡麻法，或治畦圃①，或垄田亩。土碎、草净之极，然后以地灰微湿，拌匀麻子而撒种之。早春三月种，迟者不出大暑前。早种者花实亦待中秋乃结。耨草之功惟锄是视。其色有黑、白、赤三者。其结角长寸许，有四棱者房小而子少，八棱者房大而子多。皆因肥瘠所致，非种性也。收子榨油每石得四十斤余，其枯用以肥田。若饥荒之年，则留供人食。

注释

① 畦圃：田地起畦。

译文

种植芝麻的方法，有的起畦，有的作垄。把土块尽可能地打碎并把杂草清除，然后用潮湿的草木灰拌匀芝麻种子来撒播。早种的芝麻在三月种，晚种的芝麻要在大暑前播种。早种的芝麻要到中秋才能开花结实。除草全靠锄。芝麻有黑、白、红三种颜色。其所结的果实，长约一寸。果实有四棱的，果小粒少；有八棱的，果大粒多。这都是由于土地肥瘦所造成的，跟品种的特性没有关系。每石芝麻可榨油四十斤，剩下的枯渣可用来肥田；若碰上饥荒的年份，就留给人吃。

如何种植芝麻

由于芝麻茎秆直立，遮阴面积少，所以芝麻常用来与矮秆作物混作，如甘薯、花生、大豆等作物可与芝麻混作或间作。一般在甘薯地隔 1 ~ 2 行沟内间作 1 行芝麻或每隔 2 ~ 4 行花生间作 1 行芝麻。芝麻比较耐旱，而豆类比较耐湿，芝麻与豆类混作有利于预防旱涝。

12　菽

原典

凡菽种类之多，与稻、黍相等，播种收获之期，四季相承。果腹之功在人日用，盖与饮食相终始。一种大豆[①]，有黑、黄两色，下种不出清明前后。黄者有五月黄、六月爆、冬黄三种。五月黄收粒少，而冬黄必倍之。黑者刻期八月收。淮北长征骡马必食黑豆，筋力乃强。

凡大豆视土地肥硗、耨草勤怠、雨露足悭，分收入多少。凡为豉、为酱、为腐，皆于大豆中取质焉。江南又有高脚黄，六月刈早稻方再种，九、十月收获。江西吉郡种法甚妙：其刈稻田竟不耕垦，每禾稿头中[②]拈豆三、四粒，以指极之，其稿凝露水以滋豆，豆性充发[③]，复浸烂稿根以滋。已生苗之后，遇无雨亢干，则汲水一升以灌之。一灌之后，再耨之余，收获甚多。凡大豆入土未出芽时，防鸠雀害，驱之惟人。

注释

① 大豆：豆科大豆属，有黑、黄两种，黄色的又叫黄豆。

② 禾稿头中：收割后的稻茬。

③ 充发：为水所泡而充涨。

译文

豆子的种类与稻、黍的种类一样多，播种和收获时间持续在一年四季内。人们将豆子视为日常饮食中始终离不开的重要食品。一种是大豆，有黑、黄两种颜色，播种期都在清明节前后。黄色的有“五月黄”“六月爆”和“冬黄”三种。“五月黄”产量低，“冬黄”则要比它高一倍。黑豆一定要到八月才能收获。淮北地区长途运载货物的骡、马，一定要吃黑豆，才能筋强力壮。

大豆收获的多少，要视土质的好坏、锄草勤与不勤、雨水充足与否而定。豆豉、豆酱和豆腐都是以大豆为原料的。江南还有一种叫“高脚黄”的大豆，等到六月割了早稻时才种，九、十月便可收获。江西吉安一带大豆的种法十分巧妙，收割后的稻茬田，不再翻耕，只在每蔸稻茬中用手指捅进三、四粒种豆，稻茬所凝聚的露水滋润着种豆，豆子胚芽长出以后，又有浸烂的稻根来滋养。豆子出苗后，遇到干旱无雨的时候，每蔸需浇灌约一升水。浇水以后，再除草一次，就可以获得丰收了。大豆播种后没发芽之时，要防避鸠雀祸害，这时就得有人去驱赶。

不同豆子的不同功效

红豆有良好的润肠通便、降血压、降血脂、调节血糖、抗癌、减肥等作用，且对心脏病、肾病、水肿有一定疗效。

绿豆有清热解毒的作用，能帮助人体排泄毒素，降低胆固醇、保肝、抗过敏。

黄豆对泻痢、腹胀等病症有辅助食疗的作用，是高血压、冠心病、动脉硬化、肥胖、糖尿病等患者的理想食品，还有助于延缓衰老。

白芸豆能提高人体免疫能力、预防呼吸道疾病。

黑豆能促进肾脏排出毒素，有很强的补肾养肾、活血润肤的作用。

原典

一种绿豆，圆小如珠。绿豆必小暑方种，未及小暑而种，则其苗蔓延数尺，结荚甚稀。若过期至于处暑，则随时开花结荚，颗粒亦少。豆种亦有二，一曰摘绿，荚先老者先摘，人逐日而取之。一曰拔绿，则至期老足，竟亩[①]拔取也。凡绿豆磨、澄、晒干为粉，荡片、搓索[②]，食家珍贵。做粉溲浆灌田甚肥。凡畜藏绿豆种子，或用地灰、石灰、马蓼，或用黄土拌收，则四、五月间不愁空蛀。勤者逢晴频晒，亦免蛀。凡已刈稻田，夏秋种绿豆，必长接斧柄，击碎土块，发生乃多。

凡种绿豆，一日之内遇大雨扳土则不复生。既生之后，防雨水浸，疏沟浍[③]以泄之。凡耕绿豆及大豆田地，耒耜欲浅，不宜深入。盖豆质根短而苗直，耕土既深，土块曲压，则不生者半矣。“深耕”二字不可施之菽类，此先农之所未发者。

注释

① 竟亩：整块田地。

② 荡片、搓索：做成粉皮，搓成粉条。

③ 浍：小沟。

绿　豆

译文

一种是绿豆，圆小如珠。绿豆必须在小暑时分播种，若在小暑以前下种，豆秧就会蔓生至好几尺长，结的豆荚却非常稀少。如果过了小暑甚至到了处暑才播种，那就会随时开花结荚，且豆粒数目会很少。绿豆也有两个品种，一种叫做“摘绿”，其豆荚先老的先摘，人们每天都要摘取；另一种叫做“拔绿”，要等全部成熟时再一起收获。把绿豆磨成粉浆，澄去浆水，晒干可制成淀粉、粉皮、粉条，这都是人们十分喜爱的食品。做豆粉剩下的粉浆水可以用来浇灌田地，肥效很高。储藏绿豆种子，有的人用草木灰、石灰，有的人用马蓼，有的人用黄土和种子拌匀后再进行收藏，这样，即使在四、五月间也不愁被虫蛀。勤快的人，每逢晴天时就将绿豆拿出来晾晒，也能避免虫蛀。夏秋两季在已经收割后的稻田里种绿豆，必须使用接长了柄的斧头，将土块打碎，这样才能长出较密的苗。

绿豆播种后，如果在当天遇上了大雨，土壤板结后，就长不出豆苗来了。绿豆出苗以后，要防止被雨水浸泡，应该及时将田地里的水排出。种绿豆和大豆时，耕地要浅而不能太深。因为豆子是根短苗直的作物，耕土过深的话，豆芽就会被土块压弯，起码会有一半长不出苗来。因此，“深耕”并不适用于豆类，这是过去的农民所不曾了解的。

储藏绿豆时的注意事项

采收储存绿豆时应分期分批，及时采收，一般分 2 ~ 3 批。绿豆种皮容易吸湿受潮，若储藏过程中温度高、湿度大，就易丧失发芽率，甚至霉烂变质。因此，绿豆种子可用麻袋装好后在干燥、通风、低温条件下储存。

原典

一种豌豆，此豆有黑斑点，形圆同绿豆，而大则过之。其种十月下，来年五月收。凡树木叶迟[①]者，其下亦可种。

一种蚕豆，其荚似蚕形，豆粒大于大豆。八月下种，来年四月收。西浙桑树之下遍繁种之。盖凡物树叶遮露则不生，此豆与豌豆，树叶茂时彼已结荚而成实矣。襄、汉上流，此豆甚多而贱，果腹之功不啻[②]黍稷也。

一种小豆，赤小豆入药有奇功，白小豆（一名饭豆）当餐助嘉谷。夏至下种，九月收获，种盛江淮之间。

一种穞（音吕）豆，此豆古者野生田间，今则北土盛种。成粉、荡皮可敌绿豆。燕京负贩者，终朝呼穞豆皮，则其产必多矣。

一种白扁豆，乃沿篱蔓生者，一名蛾眉豆。

其他豇豆、虎斑豆、刀豆，与大豆中分青皮、褐色之类，间繁一方者，犹不能尽述。皆充蔬、代谷，以粒烝民者，博物者其可忽诸！

注释

① 树木叶迟：有的树木春天生叶较晚。

② 不啻：不只、不止、不仅仅等。

豌　豆

译文

一种是豌豆，这种豆有黑斑点，形状圆圆的有些像绿豆，但又比绿豆大。十月播种，来年五月收获。在生叶较晚的树下也可以种植。

一种是蚕豆，它的豆荚像蚕形，豆粒比大豆要大。八月下种，来年四月收获，浙江西部地区的人在桑树下普遍种植。本来有树叶遮盖，作物就长不好，但蚕豆和豌豆等到树叶繁茂时，已经结荚长成豆粒了。在湖北襄河和汉水上游一带，产的蚕豆多且价格便宜，作为粮食的功效并不比黍、稷差。

一种是小豆。红小豆，入药有很高的特殊疗效。白小豆（也叫饭豆），可以当饭吃——饭食里掺进它会更好吃。小豆夏至时播种，九月收获，大量种植于长江、淮河之间的地区。

一种是穞（音吕）豆，从前野生在田里，现在北方已经大量种植了，用来做淀粉、粉皮，可抵得上绿豆。北京的小商贩整天叫卖“穞豆皮”，可见它的产量一定是很大的了。

一种是白扁豆，它是沿着篱笆而蔓生的，也叫蛾眉豆。

其他如豇豆、虎斑豆、刀豆与大豆中的青皮、褐皮等品种，仅在个别地方有种植，就不能一一详尽叙述了。这些豆类都是寻常百姓用来当做蔬菜或代替粮食吃的，关心自然的、见识广博的读书人，怎么能够忽视它们呢！

蚕 豆

白扁豆

乃服①第二

原典

宋子曰：人为万物之灵，五官百体，赅而存焉。贵者垂衣裳，煌煌山龙②，以治天下。贱者裋褐、枲裳③，冬以御寒，夏以蔽体，以自别于禽兽。是故其质则造物之所具也。属草木者，为枲、麻、苘④、葛，属禽兽与昆虫者为裘褐、丝绵。各载其半，而裳服充焉矣。

天孙机杼⑤，传巧人间。从本质而见花，因绣濯而得锦。乃杼柚⑥遍天下，而得见花机之巧者，能几人哉？“治乱”“经纶”字义，学者童而习之，而终身不见其形象，岂非缺憾也！先列饲蚕之法，以知丝源之所自。盖人物相丽，贵贱有章，天实为之矣。

注释

① 乃服：此作衣服解。

② 煌煌山龙：古代高贵者衣服上所装饰的山、龙等华丽图案。

③ 枲裳：麻织的粗衣。枲：麻的一种。

④ 苘：俗称青麻。

⑤ 天孙机杼：天孙指天上的织女。机杼指织机与梭。

⑥ 杼柚：杼，持纬者；柚，受经者，都是织机上的梭子，一纬一经。

译文

宋子说：人为万物之灵长，五官和全身肢体都长得很齐备。尊贵的帝王穿着富丽堂皇的龙袍而统治天下。穷苦的百姓穿着粗制的短衫和毛布，冬天用来御寒，夏天借以遮掩身体，以此来与禽兽相区别。因此，人们所穿着的衣服的原料是自然界所提供的。其中属于植物的有棉、麻、葛，属于禽兽昆虫的有裘皮、毛、丝、绵。二者各占一半，于是衣服充足了。

巧妙如同天上的织女那样的纺织技术，已经传遍了人间。人们把原料纺成带有花纹的布匹，又经过刺绣、染色而造就华美的锦缎。尽管人间织机普及天下，但是真正见识过花机巧妙的又能有多少呢？像“治乱”“经纶”这些词的原意，文人学士们自小就学习过，但他们终其一生都没有见过它的实际形象，对此难道人们不感到遗憾吗？现在我先来讲讲养蚕的方法，让大家明白丝是从何而来的。大概是人和衣服相互映衬，其中的贵与贱自然分明，这实在是上天的安排吧！

01　蚕种

原典

凡蛹变蚕蛾，旬日破茧而出，雌雄均等。雌者伏而不动，雄者两翅飞扑，遇雌即交，交一日、半日方解。解脱之后，雄者中枯①而死，雌者即时生卵。承藉卵生者，或纸或布，随方所用（嘉、湖用桑皮厚纸，来年尚可再用）。一蛾计生卵二百余粒，自然粘于纸上，粒粒匀铺，天然无一堆积。蚕主收贮，以待来年。

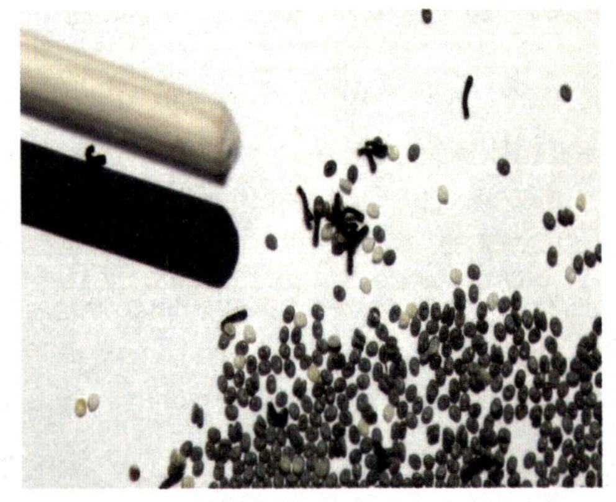

蚕　卵

注释

① 中枯：体内精气枯竭。

译文

蚕由蛹变成蚕蛾，需要经过约 10 天的时间才能破茧而出，雌蛾和雄蛾数目大致相等。雌蛾伏着不活动，雄蛾振动两翅飞扑，遇到雌蛾就要交配，交配半天甚至一天才分开。分开之后，雄蛾因体内精力枯竭而死，雌蛾立刻就开始产卵。用纸或布来承接蚕卵，各地的习惯有所不同（嘉兴、湖州用桑皮厚纸，来年还可再用）。一只雌蛾可产卵 200 多粒，所产下的蚕卵自然地粘在纸上，一粒一粒均匀铺开，天然无一堆积。养蚕的人把蚕卵收藏起来，准备第二年用。

蚕卵颜色及组成

蚕卵的颜色，刚产下时为淡黄色或黄色，经 1 ~ 2 天变为淡赤豆色、赤豆色，再经 3 ~ 4 天后又变为灰绿色或紫色，此时为固定色，不再发生变化。蚕卵外层是坚硬的卵壳，里面是卵黄与浆膜，受精卵中的胚胎在发育过程中不断摄取营养，逐渐发育成蚁蚕，它从卵壳中爬出来，卵壳空了之后变成白色或淡黄色。

02 蚕浴

原典

凡蚕用浴法①，惟嘉、湖两郡。湖多用天露、石灰，嘉多用盐卤水②。每蚕纸一张，用盐仓走出卤水二升，掺水浸于盂内，纸浮其面（石灰仿此）。逢腊月十二即浸浴，至二十四日，计十二日，周即漉起，用微火烘干。从此珍重箱匣中，半点风湿不受，直待清明抱产。其天露浴者，时日相同。以篾盘盛纸，摊开屋上，四隅小石镇压。任从霜雪、风雨、雷电，满十二日方收。珍重待时如前法。盖低种经浴，则自死不出，不费叶故，且得丝亦多也。晚种不用浴。

注释

①蚕用浴法：浴蚕是古人用人工淘汰低劣蚕种的办法。

②盐卤水：制盐时产生的苦味溶液，可用来消毒。

译文

对蚕种进行浸浴的只有嘉兴、湖州两个地方。湖州多采用天露浴法和石灰浴法，嘉兴则多采用盐水或卤水浴法。每张蚕纸用从盐仓流出来的卤水约两升掺水倒在一个盆盂内，纸便会浮在水面上（石灰浴仿照此法）。每逢腊月十二日开始浸种，到二十四日为止，共12天，到时就把蚕纸捞起，用微火将水分烤干。然后小心妥善保存在箱、盒里，不让蚕种受半点风寒湿气，直到清明才取出孵化。天露浴的时间与前述方法相同，将蚕纸摊开平放在屋顶的竹箧盘上，四角用小石块压住，任凭它经受霜雪、风雨、雷电吹打，满12天再收起来。保存时间与前述方法相同。大概是孱弱的蚕种经过浴种就会死掉不出，所以这样处理不会浪费桑叶，且蚕吐丝也多。而对于一年中孵化、饲养两次的“晚蚕”则不需要浴种。

03 种忌

原典

凡蚕纸用竹木四条为方架，高悬透风避日梁枋之上，其下忌桐油、烟煤火气。冬月忌雪映，一映即空。遇大雪下时，即忙收贮，明日雪过，依然悬挂，直待腊月浴藏[①]。

注释

① 浴藏：即浴种、收藏。

译文

用四条竹木棍做成方架，把蚕纸高挂在通风、避阳光的房梁上，其下部忌放桐油和烟熏火燎。冬天避免雪的映照，否则就会变成空壳。因此，遇到下大雪时，要赶紧将蚕种收藏起来，等到第二天雪停了以后，依旧把它挂起来，直到十二月浴种之后再进行收藏。

04 种类

原典

凡蚕有早、晚二种[①]。晚种每年先早种五六日出（川中者不同），结茧亦在先，其茧较轻三分之一。若早蚕结茧时，彼已出蛾生卵，以便再养矣（晚蛹戒不宜食）。凡三样浴种，皆谨视原记。如一错误，或将天露者投盐浴，则尽空不出矣。凡

茧色惟黄、白二种。川、陕、晋、豫有黄无白，嘉、湖有白无黄。若将白雄配黄雌，则其嗣变成褐茧。黄丝以猪胰[2]漂洗，亦成白色，但终不可染缥白、桃红二色。

蚕

注释

① 早、晚二种：早蚕，一年孵化一次的蚕。晚蚕，一年孵化两次的蚕。

② 猪胰：肥皂，从猪脂肪中提取的。

译文

蚕分早蚕和晚蚕两种，晚蚕每年比早蚕先孵化五、六天（四川的蚕不是这样的），结茧也在早蚕之前，但它的茧比早蚕的茧轻三分之一。当早蚕结茧时，晚蚕已出蛾产卵了，可用来继续喂养（晚蚕的蚕蛹不能吃）。用三种不同方法浸浴的蚕种，无论采用其中哪一种都要认真记准原来的标记，一旦弄错了，如将天露浴的蚕种放到盐卤水中进行盐浴，那么蚕卵就会全部变空，培育不出蚕来了。茧的颜色只有黄色和白色两种，四川、陕西、山西、河南有黄色的茧而没有白色的茧，嘉兴和湖州有白色的茧而没有黄色的茧。如果将白色茧的雄蛾和黄色茧的雌蛾相交配，它们的下一代就会结出褐色的茧。黄色的蚕丝如果用猪胰漂洗，也可以变成白色，但终究不能漂成纯白，也不能染上桃红色。

原典

凡茧形亦有数种，晚茧结成亚腰葫芦样，天露茧尖长如榧子形，又或圆扁如核桃形。又一种不忌泥涂叶者[1]，名为贱蚕，得丝偏多。凡蚕形亦有纯白、虎斑、纯黑、花纹数种，吐丝则同。今寒家有将早雄配晚雌者，幻出嘉种，一异也。野蚕[2]自为茧，出青州、沂水等地，树老即自生。其丝为衣，能御雨及垢污。其蛾出即能飞，不传种纸上。他处亦有，但稀少耳。

注释

①不忌泥涂叶者：桑叶沾泥，则蚕不食，只有此种蚕不忌。

②野蚕：对应于桑蚕或家蚕而言的一种蚕。

译文

茧的形状也有几种。晚蚕的茧结成束腰的葫芦形，经过天露浴的蚕结的茧尖长很像榧子形，也有的茧结得像核桃形。还有一种蚕不怕吃带泥土的桑叶，叫“贱蚕”，吐丝反而多。蚕的体色有纯白、虎斑、纯黑、花纹色几种，吐丝都是一样的。现在的贫苦人家有用雄性早蚕蛾与雌性晚蚕蛾相交配而培育出良种的，真是很不寻常啊！有一种野蚕，它不用人工饲养管理而能自己结茧，多产于山东的青州及沂水一带，当树叶枯黄时自然就会有长出的野蚕蛾。用这种蚕吐的丝织成的衣服，能防雨且耐脏。野蚕蛾钻出茧后就能飞走，不在蚕纸上产卵传种。别的地方也有野蚕，只是不多罢了。

蚕砂也是宝

蚕砂又名蚕矢，是家蚕的干燥粪便。性味甘温，入肝、脾、胃经，有燥湿、祛风、和胃化浊、活血定痛之功。常用于风湿痹痛、头风、头痛、皮肤瘙痒、腰腿冷痛、腹痛吐泻等症状。古人将蚕砂炒热后装入袋中，趁热敷于患处，可治诸关节疼痛及半身不遂。民间用蚕砂作枕芯的填充物，有清肝明目之效。

05 抱养

原典

凡清明逝三日，蚕妙[①]即不偎衣衾暖气，自然生出。蚕室宜向东南，周围用纸糊风隙，上无棚板者宜顶格[②]，值寒冷则用炭火于室内助暖。凡初乳蚕，将桑叶切为细条。切叶不束稻麦稿为之，则不损刀。摘叶用瓮坛盛，不欲风吹枯悴。

注释

①蚕妙：幼蚕。

②顶格：以木为格，扎于屋顶，糊纸。

译文

清明节过后3天，蚕卵不必遮盖衣被来保暖就可以自然生出了。蚕室的位置最好是面向东南方，周围透风的缝隙要用纸糊好，室内房顶上没有棚板的要装上棚板。遇到天气寒冷温度低的时候，室内还要使用炭火来加温。喂养初生的蚕宝宝时，要把桑叶切成细条。切桑叶的砧板要用稻麦秆捆扎成，这样就不会损坏刀口了。摘回来的桑叶要用陶瓮、陶坛子装好，不要被风吹干了水分。

原典

二眠以前，腾筐[①]方法皆用尖圆小竹筷提过。二眠以后则不用箸，而手指可拈矣。凡腾筐勤苦，皆视人工。怠于腾者，厚叶与粪湿蒸，多致压死。凡眠齐时，皆吐丝而后眠。若腾过，须将旧叶些微拣净。若粘带丝缠叶在中，眠起之时，恐其即食一口，则其病为胀死。三眠已过，若天气炎热，急宜搬出宽亮所，亦忌风吹。凡大眠后，计上叶十二餐方腾，太勤则丝糙。

注释

①腾筐：养蚕欲洁，为清除蚕筐中的蚕粪及残叶，须将蚕移入另一筐内，称腾筐。

译文

蚕在二眠以前，腾筐的方法都是用尖圆的小竹筷把蚕夹过去。二眠以后就用不着竹筷，可直接用手捡了。腾筐次数的多少，关键在于人工。若懒得腾筐，堆积的残叶和蚕粪太多，就会变得湿热，有时会把蚕给压死。蚕总是先吐丝而后一齐睡眠，在这个时候腾筐，需要把零碎的残叶都拣干净了，如果还有粘着丝的残叶留下来的话，蚕觉醒之后，哪怕只吃一口残叶，也会得病胀死。三眠过后，如果天气炎热，应赶快将其搬到宽敞凉爽的房间里，但也忌受风。大眠之后，要喂食12次桑叶以后再腾筐，腾筐次数太多，蚕吐的丝就会变得粗糙。

06 养忌

原典

凡蚕畏香，复畏臭。若焚骨灰、淘毛圊[①]者，顺风吹来，多致触死。隔壁煎鲍鱼、宿脂[②]，亦或触死。灶烧煤炭，炉爇沉檀，亦触死。懒妇便器[③]摇动气侵，亦有损伤。若风则偏忌西南，西南风太劲，则有合箔皆僵者。凡臭气触来，急烧残桑叶，烟以抵之。

注释

① 毛圊：粪坑。

② 宿脂：放置时间过长而变质的猪油。

③ 懒妇便器：懒惰妇人所用的便溺器具，必甚污秽。

译文

蚕既怕香味，又怕臭味。如果烧骨头或掏厕所的臭味顺风吹来，接触到蚕，往往会把蚕熏死。隔壁煎咸鱼或不新鲜的肥肉之类的气味也能把蚕熏死。灶里烧煤炭或香炉里燃沉香、檀香，这些气味接触到蚕时也会把蚕熏死。懒妇的便桶摇动时散发出的臭气，也会损伤蚕。如果是刮风，蚕最怕西南风，西南风太猛时，有满筐的蚕都冻僵的。每当臭气袭来时，要赶紧烧起残桑叶，用烟来抵挡它。

07　叶料

原典

凡桑叶无土不生。嘉、湖用枝条垂压，今年视桑树傍生条，用竹钩挂卧，逐渐近地面，至冬月则抛土压之，来春每节生根，则剪开他栽。其树精华皆聚叶上，不复生葚与开花矣。欲叶便剪摘，则树至七、八尺即斩截当顶，叶则婆娑可扳伐，不必乘梯缘木[①]也。其他用子种者，立夏桑葚紫熟时取来，用黄泥水搓洗，并水浇于地面，本秋即长尺余。来春移栽，倘浇粪勤劳，亦易长茂。但间有生葚与开花者，则叶最薄少耳。又有花桑，叶薄不堪用者，其树接过，亦生厚叶也。

注释

① 缘木：爬树。

译文

桑树在各处都可种植。嘉兴和湖州用压条法培植，选当年桑树的侧枝用竹钩坠挂，使它逐渐接近地面，到冬天就用土压住枝条。第二年春天，每节树枝都能长出根来，这时便可剪开再进行移植了。用这种方法培植成的桑树，养分

都会聚积在叶片上，不再开花结实了。为了便于剪摘桑树叶子，可等到桑树长到七八尺高时，截去树尖，繁茂的枝叶就会披散下来，就不必再登梯爬树采叶了。此外，还可用桑树的种子进行种植，立夏时紫红色的桑葚果子成熟时，摘下后用黄泥水搓洗，然后连水一块浇灌在地里，当年秋天就可长到一尺多高，第二年春天再进行移栽。如果浇水施肥较频繁，枝叶也会很容易长得茂盛。但其中也有开花结果的，叶子就会又薄又少。还有一种桑树名叫花桑，叶子太薄不能用，但这种桑树通过嫁接也能长出厚叶。

原典

又有柘[①]叶一种，以济桑叶之穷。柘叶浙中不经见，川中最多。寒家用浙种，桑叶穷时，仍啖[②]柘叶，则物理一也。凡琴弦、弓弦丝，用柘养蚕，名曰棘茧，谓最坚韧。

凡取叶必用剪，铁剪出嘉郡桐乡者最犀利，他乡未得其利。剪枝之法，再生条次月叶愈茂，取资既多，人工复便。凡再生条叶，仲夏以养晚蚕，则止摘叶而不剪条。二叶摘后，秋来三叶复茂，浙人听其经霜自落，片片扫拾以饲绵羊，大获绒毡之利。

注释

① 柘：又称黄桑，叶子可喂蚕。

② 啖：喂养。

译文

另外还有一种柘树的叶子，可以弥补桑叶的不足。柘树在浙江并不常见，四川最多。穷苦人家饲养的蚕，在桑叶不够时，也让蚕吃柘树叶，同样能够将蚕喂养大。琴弦和弓弦所用的丝，都是用柘叶喂的蚕吐的丝做的，名叫“棘茧”，据说这种丝最为坚韧。

采摘桑叶，必须用剪刀，以嘉兴桐乡出的铁剪刀最为锋利，其他地方的都比不过它。桑树剪枝得法，第二个月就能长出很多叶。这样取得的桑叶不仅多，而且摘取方便。再生枝条的桑叶，农历五月份便可用来喂养晚蚕，那时就只采摘桑叶而不再进行剪枝了。第二茬的桑叶在摘取以后，第三茬叶子到秋天又长得很茂盛了，浙江人让它经霜自落，然后将落叶全都收拾起来，用来饲养绵羊，剪取更多羊毛，从而取得更加可观的收益。

桑叶的保存方法

在高温的夏天里，采回的桑叶堆放久了会发黄变质，在气候干燥的秋天也会干枯变硬。可在 1 斤（1 斤 =500 克）清水中加入 5 毫升发酵液，用该液体将桑叶喷湿，然后将桑叶装入编织袋或堆在地上，用塑料布盖好，如此下来，即使保存 24 小时，桑叶仍然鲜绿如初。

08 食忌

原典

凡蚕大眠以后，径食[①]湿叶。雨天摘来者，任从铺地加餐；晴日摘来者，以水洒湿而饲之，则丝有光泽。未大眠时，雨天摘叶用绳悬挂透风檐下，时振其绳，待风吹干。若用手掌拍干，则叶焦而不滋润，他时丝亦枯色。凡食叶，眠前必令饱足而眠，眠起即迟半日上叶无妨也。雾天湿叶甚坏蚕，其晨有雾，切勿摘叶。待雾收时，或晴或雨，方剪伐也。露珠水亦待旰干[②]而后剪摘。

注释

① 径食：直接喂食。

② 旰干：晾干。

译文

蚕到大眠以后，就可直接吃潮湿的桑叶。雨天摘来的叶子，也可随便放在地上拿来给它吃。晴天摘来的叶子，要用水淋湿后再去喂蚕，这样结出的丝才更有光泽。蚕在未大眠时，雨天摘的桑叶要用绳子悬挂在通风的屋檐下，经常抖动绳子，让风吹干。若用手掌轻轻拍干，叶子就不会新鲜滋润，将来蚕吐的丝也就没有光泽。喂养时，一定要让蚕在睡眠前吃饱吃足，睡醒后，即使晚半天喂叶子也不会有什么影响。雾天潮湿的桑叶对蚕的危害很大，因此，一旦看见早晨有雾，就不要去采摘桑叶了。等雾散以后，无论晴雨都可以对桑叶进行剪摘。带露珠的桑叶要等太阳出来把露水晒干后再进行剪摘。

蚕的成长历程

蚕以桑叶为生，不断吃桑叶后身体便成白色，一段时间后便开始蜕皮。蜕皮约一天时间，如睡眠般不吃不动，这叫“休眠”。经过一次蜕皮后，就是二龄幼虫。它蜕一次皮就算增加一岁，幼虫共要蜕皮 4 次，成为五龄幼虫，再吃桑叶 8 天成为熟蚕，此时便开始吐丝结茧。

09 病症

原典

凡蚕卵中受病，已详前款。出后湿热积压，防忌在人。初眠腾[①]时，用漆盒者不可盖掩逼出气水。凡蚕将病，则脑上放光，通身黄色，头渐大而尾渐小；并及眠之时，游走不眠，食叶又不多者，皆病作也。急择而去之，勿使败群。凡蚕强美者必眠叶面，压在下者或力弱或性懒，作茧亦薄。其作茧不知收法，妄吐丝成阔窝者，乃蠢蚕，非懒蚕也。

注释

①腾：清理蚕的排泄，除沙。

译文

蚕卵所遇的病害，前面已经谈过了。蚕孵化出来后要防止湿热、堆压，这关键在于养蚕人的工作状况。在蚕初眠腾筐时，用漆盒装的，就打开盖，以便水分蒸发。蚕要发病时，脑部透明发亮，全身发黄，头渐大而尾渐小。此外，有些蚕在该睡眠时仍游走不眠，吃的桑叶又不多，这都是病态的表现，应立即挑拣扔掉，以免传染蚕群。健康而色泽好的蚕一定会在叶面上睡眠，压在桑叶下面的蚕，不是体弱，就是不健康，所结的茧也薄。那种结茧、吐丝都不按规则形状排列，而是胡乱吐丝结成松散丝窝的，是不正常的蚕而不是懒蚕。

蚕座消毒也能用石灰

新鲜石灰粉是现代养蚕生产中应用最广、最经济有效的蚕座消毒剂。用它来进行蚕座消毒有两个作用：一是病蚕粪便、体液、消化液与石灰液及石灰接触后，可杀死表面的病原；二是可以起到隔离病蚕，防止蚕座感染和干燥蚕座、抑制病菌繁殖的作用。

10 老足

原典

凡蚕食叶足候[①]，只争时刻。自卵出妙，多在辰、巳二时，故老足[②]结茧亦多辰、巳二时。老足者，喉下两唊通明，捉时嫩一分则丝少。过老一分，又吐去丝，茧壳必薄。捉者眼法高，一只不差方妙。黑色蚕不见身中透光，最难捉。

译文

当蚕吃够了桑叶并日趋成熟的时候，要特别注意抓紧时间捉蚕结茧。蚕卵孵化在上午 7~11 点，所以成熟的蚕结茧也多在这个时间。老熟的蚕胸部透明，捉蚕时，如果捉的蚕嫩一分、不够成熟的话，吐丝就会少些；如果捉的蚕过老一分，因为它已吐掉一部分丝，这样茧壳必然会比较薄些。捉蚕的人要善于分辨蚕的成熟程度，如果能够做到一只不错才算高手。体色黑的蚕，它即便到了老熟时也看不见身体透明的部分，因此最难辨捉。

注释

① 足候：成熟的时候。

② 老足：发育成熟的蚕。

11　结茧

原典

凡结茧必如嘉、湖，方尽其法。他国[①]不知用火烘，听蚕结出。甚至丛秆之内、箱匣之中，火不经，风不透。故所为屯、漳等绢，豫、蜀等绸，皆易朽烂。若嘉、湖产丝成衣，即入水浣濯百余度，其质尚存。其法析竹编箔，其下横架料木约六尺高，地下摆列炭火（炭忌爆炸），方圆去四、五尺即列火一盆。初上山时，火分两[②]略轻少，引他成绪[③]，蚕恋火意，即时造茧，不复缘走。

译文

处理蚕所结的茧时，必须采用嘉兴、湖州那样的方法，才算最好的方法。其他地方都不懂得用火烘烤除湿，而是任由蚕随便吐丝、四处结茧，

注释

① 他国：此国为郡国之国，他国即其他州府。

② 分两：分量，此指火力程度。

③ 成绪：吐出丝缕的头绪。

山　箔

导致蚕茧有时结在丛秆当中或者箱匣里，既不通风也不透气。因此，用这种蚕丝织成的屯溪、漳州的绢及河南、四川等地的绸，都容易朽烂。如果用嘉兴、湖州产的蚕丝做衣服，即使放在水里洗上100多次，丝质还是完好的。嘉兴、湖州的做法是，削竹篾编成蚕箔，在下面用木料搭上一个离地约六尺高的木架子，地面放置炭火（注意在这里不能用可能爆炸的炭），前后左右每隔四五尺就摆放一个火盆。蚕开始上山结茧时，火力稍小一些，蚕因为喜欢暖和而被诱引马上开始结茧，不再到处爬动。

原典

茧绪既成，即每盆加火半斤，吐出丝来随即干燥，所以经久不坏也。其茧室不宜楼板遮盖，下欲火而上欲风凉也，凡火顶上者，不以为种，取种宁用火偏者。其箔上山用麦稻稿斩齐，随手纠捩①成山，顿插箔上。做山之人最宜手健。箔竹稀疏，用短稿略铺洒，防蚕跌坠地下与火中也。

注释

① 纠捩：扭结。

译文

当茧衣结成之后，每盆火再添上半斤炭，蚕吐出的丝就会随即干燥，所以丝能经久不坏。供蚕结茧的屋子不应当用楼板遮盖，因为结茧时下面要用火烘，而上面需要通风。凡是火盆正顶上的蚕茧不能用作蚕种，取种要用离火盆稍远的。蚕箔上的山簇，是用切割整齐的稻秆和麦秸随手扭结而成的，垂直插放在蚕箔上。做山簇的人最好是手艺纯熟的。蚕箔编得稀疏的，可以在上面略铺一些短稻草秆，以防蚕掉到地下或火盆中。

蚕结茧前的特征

蚕在结茧前的主要特征有：拉的屎会异常大，屎里的叶子颗粒能看到，叶子几乎没有被消化的样子且身体呈透明状。通常蚕只大便，而在结茧前会出现小便或大小便一起出现的情况，这都表明蚕即将结茧了。值得注意的是，蚕在结茧时要放在有夹角的地方，不要放在光平的地方。

12　取茧

原典

凡茧造三日，则下箔而取之。其壳外浮丝，一名丝匡者，湖郡老妇贱价买去（每斤百文），用铜钱坠打成线，织成湖绸。去浮[①]之后，其茧必用大盘摊开架上，以听[②]治丝、扩绵[③]。若用厨箱掩盖，则浥郁[④]而丝绪断绝矣。

注释

①去浮：除去浮丝。

②听：准备。

③治丝、扩绵：缫丝、制丝绵。

④浥郁：受潮，霉湿。

译文

蚕结茧3天后，就可拿下蚕箔进行取茧。蚕茧壳外面的浮丝名叫“丝匡”，湖州的老年妇女用很便宜的价钱买回去（每斤约一百文钱），用铜钱坠子做纺锤，打线，织成湖绸。剥掉浮丝以后的蚕茧，在大盘里摊开并放在架子上，准备缫丝或造丝绵。若用橱柜、箱子装盖起来，就会因湿气郁结疏解不良而造成断丝。

延长缫丝期限的方法

在常温下，采茧七、八日后蚕蛹即会化蛾。若要延长缫丝的期限，必须采用专门的方法杀蛹贮茧。我国在汉代前有日晒法，即利用太阳能将蛹杀死。后来采用盐浥法，用盐杀蛹，获得的茧丝质量也有所改善。元代有笼蒸之法，利用热能杀蛹。清代开始出现烘茧，此法效率高，直到今天还在使用，但对茧子损伤亦较大。

13　物害

原典

凡害蚕者，有雀、鼠、蚊三种。雀害不及茧，蚊害不及早蚕，鼠害则与之相终始。防驱之智[①]是不一法[②]，唯人所行也（雀屎粘叶，蚕食之立刻死烂）。

注释

①防驱之智：预防和消除的办法。

②不一法：不光一种方法。

译文

危害蚕的动物有麻雀、老鼠、蚊子三种。麻雀危害不到茧，蚊子危害不到早蚕，老鼠的危害则始终存在着。防害除害的办法是多种多样的，随人施行（麻雀屎粘在桑叶上，蚕吃了会立即死亡、腐烂）。

14 择茧

原典

凡取丝必用圆正独蚕茧，则绪不乱。若双茧并四、五蚕共为茧，择去取绵用。或以为丝则粗甚。

译文

缫丝用的茧，必须选择茧形圆滑端正的单茧，这样缫丝时丝绪就不会乱。如果是双宫茧或由四五条蚕一起结的同宫茧，就应该挑出来造丝绵。如果用来缫丝，丝就会太粗而容易断头。

剥 茧

缫丝之前，首先要剥茧，因为蚕开始吐丝时是一层乱丝，因裹在茧壳外面，所以称为“茧衣”。只有剥去茧衣，丝绪才会暴露出来。剥下的茧衣称为“丝絮”，强力很低，无法用于织作，但可填充在夹衣中间起保暖作用。剥茧之后，为防止蛹化为蛾，咬破茧壳，要及时缫丝。

15 造绵

原典

凡双茧并缫丝锅底零余，并出种茧壳，皆绪断乱不可为丝，用以取绵。用稻灰水煮过（不宜石灰），倾入清水盆内。手大指去甲净尽，指头顶开四个，四四数足，用拳顶开又四四十六拳数，然后上小竹弓。此《庄子》所谓“洴澼絖”[①]也。

注释

①洴澼絖：指在水中漂洗绵絮。

译文

双茧和缫丝后残留在锅底的碎丝断茧，以及种茧出蛾后的茧壳，丝绪都已断乱，不能再用来缫丝，只能用来造丝绵。将这些造丝绵的茧子用稻灰水（不宜用石灰）煮过之后，倒在清水盆内。将两个大拇指的指甲剪干净，用指头顶开四个蚕茧，套在左手并拢的四个指头上作为一组，连续套入四个蚕茧后，取下，为一个小抖。做完四组，再用两手拳头把它们一组一组地顶开，拉宽到一定范围，连拉四个小抖共十六个茧，然后套在小竹弓上，这就是《庄子》中所说的“洴澼絖”。

原典

湖绵独白净清化者，总缘手法之妙。上弓之时，惟取快捷，带水扩开。若稍缓，水流去，则结块不尽解，而色不纯白矣。其治丝余者名锅底绵，装绵衣、衾内以御重寒，谓之“挟纩”[①]。凡取绵人工，难于取丝八倍，竟日只得四两余。用此绵坠打线织湖绸者，价颇重。以绵线登花机者名曰花绵，价尤重。

注释

① 挟纩：里面装有丝绵的衣或被。

译文

唯有湖州的丝绵特别洁白、纯净，是由于造丝绵的人手法巧妙。往竹弓上套时，必须动作敏捷，带水拉开。如果动作稍慢一点儿，水已流去，丝绵就会板结，不能完全均匀地拉开，颜色看起来也不纯白了。缫丝剩下的，叫“锅底绵”，把这种丝绵装入衣被里用来御寒，叫丝绵被，即“挟纩”。制作丝绵的工夫要比缫丝所花的工夫多八倍，每人劳动一整天也只得四两多丝绵。用这种绵坠打成线织成湖绸，价值很高。用这种绵线在花机上织出来的产品叫做“花绵”，价钱更贵。

16 治丝

原典

凡治丝先制缫车，其尺寸、器具开载后图。锅煎极沸汤，丝粗细视投茧多寡，穷日之力一人可取三十两。若包头丝[①]，则只取二十两，以其苗长也。凡绫罗丝[②]，一起投茧二十枚，包头丝只投十余枚。凡茧滚沸时，以竹签拨动水面，

丝绪自见。提绪入手，引入竹针眼，先绕星丁头[3]（以竹棍做成，如香筒样），然后由送丝竿[4]勾挂，以登大关车。

治 丝

注释

① 包头丝：古人以丝巾包头发，故而用以织包头之丝即称“包头丝”。

② 绫罗丝：用以织绫罗衣料的丝，较包头丝粗。

③ 星丁头：导丝用的滑轮。

④ 送丝竿：移丝竿。

译文

缫丝，要先制作缫车，其尺寸、部件及组合构造都列在后面的插图中。缫丝时先将锅内的水烧开，把蚕茧放进锅中，生丝的粗细取决于投入锅中的蚕茧的多少，一个人劳累一天，只能得到三十两。如果织造包头巾用的丝，就只能得到二十两，因为那种丝比较细。织绫罗用的丝，一次要投进去二十个蚕茧，织造包头巾用的丝，只需投十几个蚕茧。当茧在锅内滚沸时，用竹签拨动水面，丝头自然就会出现，将丝头提在手中，穿过竹针眼，先绕过星丁头（用竹棍做成，如香筒的形状），再挂在送丝竿上，然后连接到大关车上。

现代缫丝技术

传统的缫丝技术与机械改革相结合，形成了近现代的缫丝机。它的机械动作不再依靠人工，而是用电动机取代了脚踏手摇的方式。缫丝机的出现，使原来的一台只能缫一绪至几绪，发展为一台能同时缫几百绪，并且一个缫丝工可以看管一百多绪，大大提高了生产效率，节省了人力。

原典

断绝之时，寻绪丢上，不必绕接。其丝排匀不堆积者，全在送丝竿与磨木[①]之上。川蜀缫车制稍异，其法架横锅上，引四、五绪而上，两人对寻锅中绪，然终不若湖制之尽善也。

凡供治丝薪[②]，取极燥无烟湿者，则宝色不损。丝美之法有六字：一曰“出口干”，即结茧时用炭火烘。一曰“出水干”，则治丝登车时，用炭火四、五两盆盛，去关车五寸许，运转如风转时，转转火意照干，是曰出水干也（若晴光又风色，则不用火）。

注释

①磨木：原涂本插图中作磨不，后诸本改作磨木，误，今仍作磨木（磨墩）。此为使移丝竿摆动或脚踏摇柄。

②薪：柴火。

译文

遇到断丝，只要找到绪头搭上去即可，不必绕结原来的丝。如果想要丝在大关车上排列均匀而不堆积在一起，关键要靠送丝竿和脚踏摇柄相互配合好。四川生产的缫车结构稍有不同，缫丝的方法是把支架横架在锅上，两人面对面站在锅旁寻找绪头，一次牵引四五缕丝上车，但这种方法终究不如湖州制作的缫车完善。

供缫丝用的柴火，要选择非常干燥且无烟的，这样的话丝的色泽就不会损坏。使丝质量好的办法有六字口诀：一叫“出口干”，即蚕结茧时用炭火烘干；一叫“出水干”，就是把丝绕上大关车时，用盆盛装四五两炭生火，放在离大关车五寸左右的地方，当大关车飞快旋转时，丝一边转一边被火烘干，这就是所谓的“出水干”（如果是晴天又有风，就不用火烘烤了）。

17　调丝

原典

凡丝议织时，最先用调[①]。透光檐端宇下以木架铺地，置竹四根于上，名曰络笃。丝匡竹上，其傍倚柱高八尺处，钉具斜安小竹偃月挂钩，悬搭丝于钩内，手中执篗旋缠，以俟牵经、织纬之用。小竹坠石为活头[②]，接断之时，扳之即下。

注释

①调：绕丝。

②活头：指“活套”。

译文

即将织丝时，先要调丝。在光线明亮的屋檐下进行，将木架平放在地上，木架上竖立起四根竹竿，叫做“络笃”。丝套在四根竹上，在络笃旁边靠近立柱上八尺高的地方，用铁钉固定一根斜向的小竹竿，上面装一个半月形的挂钩，将丝悬挂在钩子上，手里拿着大关车旋转绕丝，以备牵经和卷纬用。小竹竿的一头垂下一个小石块为活头，断丝时，一拉小绳，小钩就落下来了。

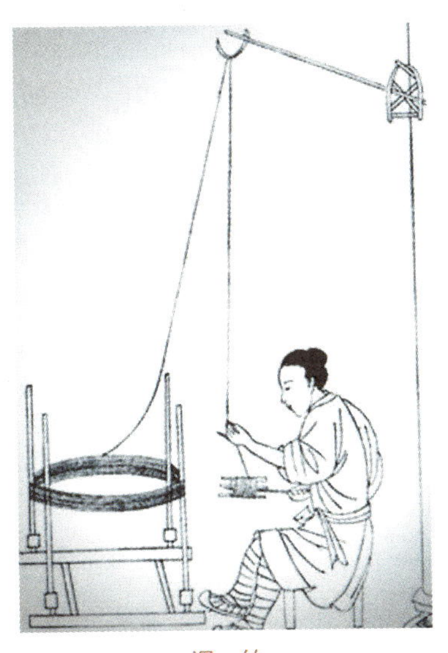

调 丝

18 纬络

原典

凡丝既篗①之后，以就经纬。经质用少而纬质用多。每丝十两，经四纬六，此大略也。凡供纬篗，以水沃湿丝，摇车转铤②而纺于竹管之上（竹用小箭竹）。

注释

① 既篗：用绕丝棒绕完丝。

② 铤：丝锭。

纺 纬

译文

丝绕在大关车上后，就可做经纬线了。经线用丝少，纬线用丝多。每十两丝，大约要用经线四两、纬线六两。绕到大关车上的丝，先用水淋湿浸透以后，再摇动大关车转锭将丝缠绕于竹管之上（竹管是用小箭竹做的）。

现代织布技术

现代织布机中无梭织机是将纬纱卷装从梭子中分离出来，或是仅携带少量的纬纱以小而轻的引纬器代替大而重的梭子，为高速引纬提供了有利的条件。在纬纱的供给上，又直接采用筒子卷装，通过储纬装置进入引纬机构，使织机摆脱了频繁的补纬动作。

19　经具

原典

凡丝既籰之后，牵经就织。以直竹竿穿眼三十余，透过篾圈，名曰溜眼。竿横架柱上，丝从圈透过掌扇，然后缠绕经耙之上。度数既足，将印架捆卷。既捆，中以交竹二度，一上一下间丝，然后扱于筘内（此筘非织筘①）。扱筘之后，以的杠②与印架相望，登开五、七丈。或过糊者，就此过糊。或不过糊，就此卷于的杠，穿综③就织。

注释

① 织筘：为织机之部件，呈梳状，将经线穿入梳齿，使其按一定宽度排列，以控制织品的宽度，故又称定幅筘。

② 的杠：织机上卷绕经线的经轴。

③ 综：织机上使经线上下交错以受纬线的部件。

牵经工具

译文

丝绕在大关车上后，便可牵拉经线准备织造了。在一根直竹竿上钻出三十多个孔，穿上一个名叫“溜眼”的篾圈。把这条竹竿横架在柱子上，丝通过篾圈再穿过“掌扇”，然后缠绕在经耙上。当达到足够长度时，就用印架卷好、系好。卷好后，中间用两根交棒把丝分隔成上下两层，然后再穿入梳筘里（这个梳筘不是织机上的织筘）。穿过梳筘后，把经轴与印架相对拉开五丈到七丈远。若需要浆丝，就在这时进行；若不需要，就直接卷在经轴上，这样就可以穿综筘而投梭织造了。

现代缫丝工艺流程

现代缫丝工艺流程包括煮熟茧的索绪、理绪、茧丝的集绪、拈鞘、缫解、部分茧子的茧丝缫完或中途断头时的添绪和接绪、生丝的卷绕和干燥。

首先，将无绪茧放入盛有 90℃左右高温汤的索绪锅内，使索绪帚与茧层表面相互摩擦，索得丝绪。应注意柞蚕茧时须用手索绪，且不能在封口部位索绪。

其次，除去茧层表面杂乱的绪丝，理出正绪后，再将若干粒正绪茧的绪丝合并，经接绪装置轴孔引出，穿过集绪器（又称磁眼）、上鼓轮、下鼓轮后，利用本身前后两段相互拈绞成丝鞘。

当茧子缫完或中途落绪时，为保持生丝的纤度规格和连续缫丝，须将备置的正绪茧的绪丝添上，称为添绪。由于一粒茧的茧丝纤度粗细不一，为保证生丝质量，立缫添绪时除保证定粒外，还须进行配茧，即每绪保持一定的厚皮茧和薄皮茧的数量比例。

最后由丝鞘引出的丝，必须有条不紊地卷绕成一定的形式且在卷绕时都要进行干燥。

20 过糊

原典

凡糊用面筋内小粉为质。纱、罗所必用，绫、绸或用或不用。其染纱不存素质[①]者，用牛胶水为之，名曰清胶纱。糊浆承于筘上，推移染透，推移就干。天气晴明，顷刻而燥，阴天必藉风力之吹也。

注释

① 素质：丝的本来性质。

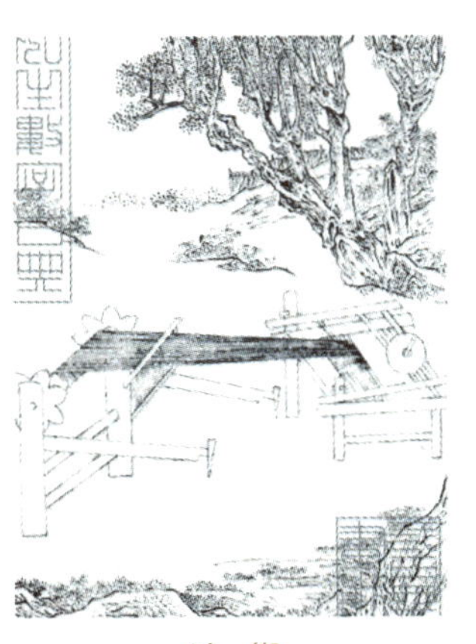

过糊

译文

浆丝用的糊要以揉面筋沉下的小粉为原料。织纱、罗必须要浆丝，织绫和绸的丝则可浆可不浆。有些丝染过色后失去了原来的特性，就要用牛胶水来浆，这种纱叫“清胶纱”。浆丝的糊料要放在梳筘上，来回推移梳筘使丝浆透、放干。若天气晴朗，丝很快就干，阴天时就要借助风力把丝吹干。

21 边维

原典

凡帛不论绫、罗，皆别牵边，两傍[①]各二十余缕。边缕必过糊，用筘推移梳干。凡绫、罗必三十丈、五六十丈一穿，以省穿接繁苦。每匹应截画墨于边丝之上，即知其丈尺之足。边丝不登的杠，别绕机梁之上。

注释

① 傍：旁边。

译文

丝织品不管是厚的绫还是薄的罗，都要另外进行牵边，两边都要各牵引丝二十多根。边丝必须要上浆，用筘推移梳干。一般来说，绫罗的经丝，每三十丈或五六十丈穿一次筘，这样就可以减少穿筘时的繁忙和辛苦。丝的长度每够一匹的时候就应该用墨在边丝上留个记号，就可以知道是织够一匹了。边丝不必绕在的杠上，而是另外绕在织机的横梁上。

22 经数

原典

凡织帛，罗、纱筘以八百齿为率[①]。绫、绢筘以一千二百齿为率。每筘齿中度经过糊者，四缕合为二缕，罗、纱经计三千二百缕，绫、绸经计五千、六千缕。古书八十缕为一升，今绫、绢厚者，古所谓六十升布[②]也。凡织花文必用嘉、湖出口、出水，皆干丝为经，则任从提挈，不忧断接。他省者即勉强提花，潦草而已。

译文

织纱、罗用的筘以800个齿为标准，织绫、绢用的筘则以1200个齿为标准。每个筘齿中穿入上浆的经线，4根合成2根，罗、纱的经线共计有3200根，绫、绸的经线总计有5000～6000根。古书记载每80根为1升，现在较厚的绫、绢也就是古时所说的60升布。织带花纹的丝织品须用嘉兴、湖州两地在结茧和缫丝时

注释

①率：标准。

②六十升布：六十升布即2.2尺，有4800根线。

都烘干了的丝作为经线，这种丝可任意提拉也不必担心会断头。其他地区的丝，即使能勉强当做提花织物，也是相对粗糙而不是很精致的。

23 花机式

原典

凡花机通身度长一丈六尺，隆起花楼[①]，中托衢盘[②]，下垂衢脚[③]（水磨竹棍为之，计一千八百根）。对花楼下掘坑二尺许，以藏衢脚（地气湿者，架棚二尺代之）。提花小厮坐立花楼架木上。机末以的杠卷丝，中用叠助木两枝，直穿二木，约四尺长，其尖插于筘两头。

译文

提花机全长一丈六尺，其高高耸起的是花楼，中间托着的是衢盘，下面垂着的是衢脚（用加水磨光滑的竹棍做成，共有1800根）。在花楼的正下方挖一个约两尺深的坑，用来安放衢脚（如果地底下潮湿，就可以架两尺高的棚来代替）。提花的小工，坐在花楼的木架子上。花机的末端用的是的杠卷丝，中间用叠助木两根，垂直穿接两根约四尺长的木棍，木棍尖端分别插入织筘的两头。

注释

①花楼：控制提花机上经线起落的机件。

②衢盘：调整经线开口部位的机件。

③衢脚：使经线复位的提花机部件。

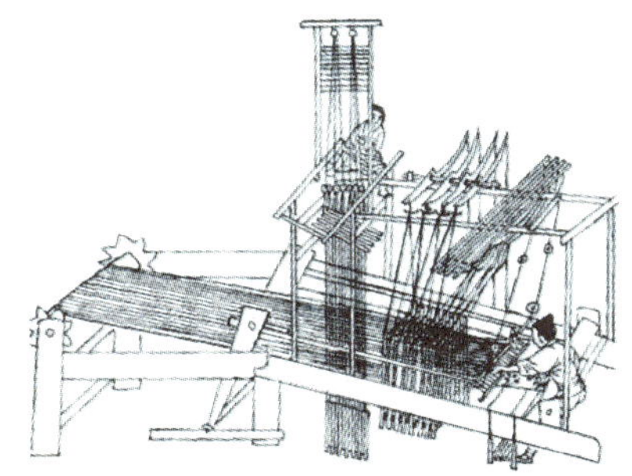

花机图

原典

叠助，织纱罗者，视织绫绢者减轻十余斤方妙。其素罗不起花纹，与软纱绫绢踏成浪梅小花者，视素罗只加桄[①]二扇。一人踏织自成，不用提花之人，闲住花楼，亦不设衢盘与衢脚也。其机式两接[2]，前一接平安，自花楼向身一接斜倚低下尺许，则叠助力雄。若织包头细软，则另为均平不斜之机。坐处斗二脚，以其丝微细，防遏叠助之力也。

译文

织纱、罗的叠助木比织绫、绢的要轻十多斤才算好。素罗不起花纹，要在软纱、绫、绢上织出波浪纹和梅花等小花纹，只需比织素罗多加两片综框。由一个人踏织就可，而不用一个人闲坐在提花机的花楼上，也不用设置衢盘与衢脚。花机的形制分两段，前一段水平安放，自花楼朝向织工的一段，向下倾斜一尺多，这样叠助木的力量就会大些。如果织包头纱一类的细软织物，要重新安放不倾斜的花机。在人坐的地方装上两个脚架，这是因为织包头纱的丝很细，要防止叠助木的冲力过大。

注释

① 桄：同“框”。

② 两接：两截。

24　腰机式

原典

凡织杭西、罗地等绢，轻素等绸，银条、巾帽等纱，不必用花机，只用小机。织匠以熟皮一方置坐下，其力全在腰尻之上，故名腰机。普天织葛、苎、棉布者，用此机法，布帛更整齐坚泽[1]，惜今传之犹未广也。

注释

① 坚泽：结实，有光泽。

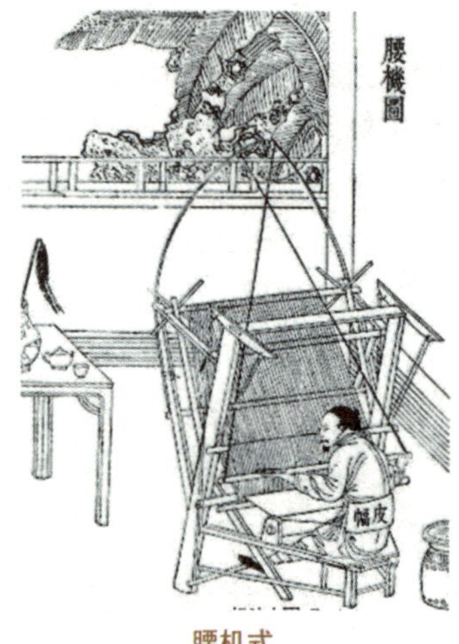

腰机式

译文

织杭西和罗地等绢与轻素等绸，以及银条和巾帽等纱，都不必使用提花机，而只用小织机就可以了。织匠用一块熟皮当靠背，操作时全靠腰部和臀部用力，所以又叫腰机。各地织葛、苎麻、棉布的，都用这种织机，织品更加整齐结实且具有光泽。只可惜这种机器的织法至今还没有普遍传开。

25 结花本

原典

凡工匠结花本[①]者，心计最精巧。画师先画何等花色于纸上，结本者以丝线随画量度，算计分寸秒忽[②]而结成之。张悬花楼之上，即织者不知成何花色，穿综带经，随其尺寸度数提起衢脚，梭过之后居然花现。盖绫绢以浮轻而现花，纱罗以纠纬而现花。绫绢一梭一提，纱罗来梭提，往梭不提。天孙机杼，人巧备矣。

注释

①结花本：挑花结本，根据画稿花纹图案，用经纬交织挑制出花纹，其中最重要的工序是挑花。

②秒忽：极小，甚微，这里指计算精确。

译文

负责织花纹工序的工匠，心思最为巧妙。无论画师将什么样的图案画在纸上，工匠都能用丝线按照画样量度，精确细微地算计分寸而编结出织花的纹样来。花样张挂在花楼上，即便织工不知道会织出什么花样，只要穿综带经，按照织花的纹样尺寸、度数，提起纹针，穿梭织造，图案就会呈现出来了。绫绢是以突起的经线来形成花样的，纱罗是以绞纠纬线来形成花样的。因此，织绫绢是投一梭提一次衢脚，织纱罗是来梭时提，去梭时不提。天上织女的那种纺织技术，现在人间的巧匠也都能较全面地掌握了。

26 穿经

原典

凡丝穿综度经，必用四人列坐。过筘之人手执筘耙先插，以待丝至。丝过筘，则两指执定，足五、七十筘，则绦结之。不乱之妙，消息全在交竹[①]。即接断，就丝一扯即长数寸。打结之后，依还原度，此丝本质自具之妙也。

注释

①交竹：一种工具，可将丝上下分开，不致紊乱。

译文

将蚕丝穿过综和织筘，需要四个人前后排列坐着操作。穿筘的人手握筘钩，先穿过筘齿，等对面的人把丝递过来准备接丝。丝经过筘后，就用两个手指捏住，每穿好 50 ～ 70 个筘齿，就把丝合起来编一个结。丝之所以能够不乱，其中的奥妙全在将丝分开的交竹上。如果是接断丝，把丝一拉就伸长几寸。打上结后又缩到原来的长度，这种良好的弹性是丝本身就具有的。

27 分名

原典

凡罗，中空小路以透风凉，其消息全在软综之中。衮头[①]两扇打综，一软一硬。凡五梭、三梭（最厚者七梭）之后，踏起软综，自然纠转诸经，空路不粘。若平过不空路而仍稀者曰纱，消息亦在两扇衮头之上。直至织花绫绸，则去此两扇，而用桄综[②]八扇。

凡左右手各用一梭交互织者，曰绉纱。凡单经曰罗地，双经曰绢地，五经[③]曰绫地。凡花分实地与绫地，绫地者光，实地者暗。先染丝而后织者曰缎（北地屯绢，亦先染过）。就丝绸机上织时，两梭轻，一梭重，空出稀路者，名曰秋罗，此法亦起近代。凡吴、越秋罗，闽、广怀素[④]，皆利缙绅当暑服，屯绢则为外官、卑官逊别锦绣用也。

注释

① 衮头：相当于花机中的老鸦翅，即织地纹的提花杠杆。

② 桄综：辘踏牵动的综，八扇桄棕可起伏织成花纹。

③ 五经：经线每隔四根提起一根，叫五经。

④ 怀素：熟罗。

译文

“罗”这种丝织物，中间有一小列纱孔排成横路，用来透风取凉，织造的关键全在织机上的绞综上。用两扇衮头一软一硬，打综既可织成平纹，又可起绞孔。一般织五梭或者三梭（多的能织七梭）之后，提起绞综，自然就会使经丝绞起纱孔，形成清晰的网眼。如果一直织下去，不起条纹而普遍有孔的，叫做纱，织造的关键在绞综的两扇衮头上。直到织花绫绸时，才去掉两扇衮头，改用桄综八扇。

左右手各用一梭交互织成的叫绉纱。单起单落织成的叫罗地，双起双落织成的叫绢地，五经同时织成的叫绫地。提花织物分平纹地与绫纹地两种结构，绫纹地光亮，而平纹地较暗。先染丝而后织成质地较厚密的织物叫缎（北方的屯绢也是先染色的）。丝在织机上若织两梭平纹，一梭起绞综，形成横路的，叫秋罗。这种织法也是近代才出现的。江苏和浙江的秋罗以及福建、广东的熟纱，都是大官们用来做夏服的，屯绢则是不够资格穿锦绣的地方官、小官所用的。

28 熟练[1]

原典

凡帛织就犹是生丝，煮练方熟。练用稻稿灰入水煮。以猪胰脂陈宿一晚，入汤浣之，宝色烨然。或用乌梅者，宝色略减。凡早丝为经、晚丝为纬者，练熟之时每十两轻去三两。经、纬皆美好早丝，轻化只二两。练后日干张急，以大蚌壳磨使乖钝，通身极力刮过，以成宝色。

注释

①熟练：煮练。利用化学药剂除去丝胶的过程。

译文

丝织品织成后仍是生丝，要经过煮练，才能成为熟丝。煮练的方法是将生丝用稻秆灰加水一起煮，并用猪胰脂浸泡一晚，再放进水中洗濯，这样丝色就能很鲜艳。也有用乌梅水煮的，丝色就会差些。用早蚕的丝为经线，晚蚕的丝为纬线，煮过后，每十两会减轻三两。若经纬线都是用上等的早丝，那么十两只减轻二两。煮过后要用热水洗掉碱性并立即绷紧晾干，然后用磨光滑的大蚌壳，用力将丝织品全面地刮过，使它呈现出光泽来。

生丝的特点

生丝柔软滑爽，手感丰满，拉伸度好，富有弹性，光泽柔和且吸湿性强，对人体无刺激性，是高级纺织材料。生丝可以织制组织结构不同的各类丝织品，如用作服装、室内用品、工艺品、装饰品等。

生丝还具有很高的比强度、优良的电绝缘性、良好的绝热性和易燃但燃烧缓慢的特性，在工业、国防和医学方面都有重要用途，如可用生丝制作绝缘材料、降落伞、人造血管等。

天工开物

古法今观——中国古代科技名著新编

29　龙袍

原典

凡上供龙袍，我朝局在苏、杭。其花楼高一丈五尺，能手两人扳提花本，织来数寸即换龙形。各房斗合[①]，不出一手。赭黄亦先染丝，工器原无殊异，但人工慎重与资本皆数十倍，以效忠敬之谊。其中节目微细，不可得而详考云。

注释

㉒各房斗合：各个部分组织合成。

译文

供皇帝用的龙袍，我朝的织染局设在苏州和杭州两地。龙袍的纱机花楼高达一丈五尺，由两个技术精湛的织造能手手提花样提花，每织成几寸以后，就变换织成另一段龙形的图案。一件龙袍要由几部织机分段织成，而不是由一个人完成的。所用的丝要先染成赭黄色，所用的织具本来没有什么特别，但织工须小心谨慎，工作繁重，人工和成本都要多增加几十倍，以此表示对朝廷忠诚敬重的心意。至于织造过程中的许多细节，就无法详细考察清楚了。

绣着九龙的龙袍

龙袍通身绣九条金龙。正龙绣得正襟危坐，一派威严，行龙绣得极富活力，似动非动。四条正龙绣在龙袍最显要的位置——前胸、后背和两肩，四条行龙绣在前后衣襟部位，这样前后望去都是五条龙，这寓意九五之尊。但是我们这样粗略地算下来却只有8条金龙，这与史书上记载的有出入，于是有人认为皇帝是真龙天子，本身就是一条金龙，穿上龙袍后金龙数就达到9条了。其实这第9条金龙绣在里面的衣襟上，要掀开外面的衣襟才能看到。

龙　袍

30 倭缎

原典

凡倭缎[1]制起东夷，漳、泉海滨效法为之。丝质来自川蜀，商人万里贩来，以易胡椒归里。其织法亦自夷国传来。盖质已先染，而斫绵夹藏经面，织过数寸即刮成黑光。北虏互市者见而悦之。但其帛最易朽污，冠弁之上顷刻集灰，衣领之间移日损坏。今华夷皆贱之，将来为弃物，织法可不传云。

注释

① 倭缎：日本织缎。

译文

倭缎制法起自日本，福建漳州、泉州等沿海地区也曾加以仿造。它的丝料来自四川，由商贩从万里之外贩来，同时再买些胡椒回去卖。倭缎织法也是从日本传来的，先将丝进行染色，作为纬线织入经线之中。织成数寸以后，就用刀削断经丝即成绒缎，然后刮成黑光。当时北方的少数民族在互市贸易时一看见就很喜欢。但这种丝织品容易被弄脏，用它做的帽子很快便会集满灰尘，用它织成的衣服，衣领上的绒毛也很容易破损。因此现在我国各民族都不喜欢它，将来这种倭缎一定会被抛弃，织法也不会再被流传下去。

31 布衣

原典

凡棉衣御寒，贵贱同之。棉花古书名枲麻[1]，种遍天下。种有木棉、草棉两者，花有白、紫二色。种者白居十九，紫居十一。凡棉春种秋花，花先绽者逐日摘取，取不一时。其花粘子于腹，登赶车而分之。去子取花，悬弓弹化（为挟纩温衾、袄者，就此止功）。弹后以木板擦成长条以登纺车，引绪纠成纱缕。然后绕籰，牵经就织。凡纺工能者一手握三管纺于铤上（捷则不坚）。

注释

① 枲麻：大麻的雄株，不是棉花。

译文

用棉衣御寒，不分贵贱。在古书中棉花被称为“枲麻”，全国各地都有种植。棉花有木棉和草棉两种，花有白色和紫色两种。其中种白棉花的占十分之九，种紫棉花的占十分之一。棉花春天种下，秋天结棉桃，先裂开吐絮的棉桃先摘回，而不是同时摘取。棉籽是同棉絮粘在一起的，要用轧花、脱籽的赶车将棉籽挤出去。棉花去籽后，再用悬弓来弹松（用来做棉被和棉衣的棉絮，就加工到这一步为止）。棉花弹松后用木板搓成长条，再用纺车纺成棉纱，然后绕在大关车上便可牵经织造了。熟练的纺纱工，一只手能同时握住三个纺锤，把三根棉纱纺在锭子上（纺得太快，棉纱就不结实了）。

赶棉车

擦　条　　　纺　缕

弹　棉

原典

凡棉布寸土皆有，而织造尚松江，浆染尚芜湖。凡布缕紧则坚，缓则脆。碾石[①]取江北性冷质腻者（每块佳者值十余金）。石不发烧，则缕紧不松泛。芜湖巨店首尚佳石。广南为布薮，而偏取远产，必有所试矣。为衣敝浣，犹尚寒砧捣声，其义亦犹是也。

外国朝鲜造法相同，惟西洋则未核其质，并不得其机织之妙。凡织布有云花、斜文、象眼等，皆仿花机而生义。然既曰布衣，太素足矣。织机十室必有，不必具图。

注释

①碾石：浆染棉布时所用。

棉布的洗涤注意事项

洗涤棉布时应注意洗涤温度要视棉布色泽而定，通常最佳水温为40～50℃，颜色艳丽或深色制品水温不宜过高，洗涤时间不宜过久，以免褪色。白色无汗渍棉布可煮洗。带有汗渍的棉布制品不宜高温洗涤，以免汗渍中的蛋白质凝固而黏附在纤维上，从而出现黄色斑。

译文

各地都生产棉布，但织得最好的是松江，浆染最好的是芜湖。棉纱纺得紧，布就结实耐用，纺得松，布就不结实。碾石要从江北性冷质滑的石头中选好的（每块好的能值十多两银子）。这样碾布时石头不容易发热，棉纱就紧，不松懈。芜湖的大布店最注重用这种好碾石。广东是棉布集中地，但偏要用远地出产的碾石，一定是试用过后才这样做的。正如人们浆洗旧衣服时喜欢放在性冷的石砧上捶打，道理也是如此。

朝鲜棉布的织法与此相同，只是对西洋棉布还没有进行研究，也不了解那里机织的特点。棉布上可以织出云花、斜纹、象眼等花纹，都是仿照花机丝织品的花样而织的。但既然叫做布衣，用最朴实的织法就行了。每十家中必有一架织机，可见织机在百姓中用得十分普遍，因此就不必附图了。

32　枲著

原典

凡衣衾挟纩御寒，百人之中止一人用茧绵，余皆枲著[①]。古缊袍今俗名胖袄。棉花既弹化，相衣衾格式[②]而入装之。新装者附体轻暖，经年板紧，暖气渐无，取出弹化而重装之，其暖如故。

注释

①枲著：麻布衣，这里指棉袄。

②格式：款式，样子。

译文

做棉衣和棉被御寒，采用丝绵的人只有百分之一，其余的都是用的棉絮。古代的棉袍，大致相当于今天人们通常所说的胖袄。将棉花弹松后，根据衣被的样式套进去。新的棉衣和棉被穿盖起来既轻柔又暖和，用过几年后，就会变得紧实板结，逐渐不暖和了，这时再将棉花取出来弹松软，重新装制，又会变得像原来一样暖和了。

33 夏服

原典

凡苎麻无土不生。其种植有撒子、分头两法（池郡[①]每岁以草粪压头，其根随土而高，广南青麻撒子种田茂甚）。色有青、黄两样。每岁有两刈者，有三刈者，绩为当暑衣裳、帷帐。

凡苎皮剥取后，喜日燥干，见水即烂。破析时则以水浸之，然只耐二十刻，久而不析则亦烂。苎质本淡黄，漂工化成至白色（先取稻灰、石灰水煮过，入长流水再漂，再晒，以成至白）。纺苎纱能者用脚车，一女工并敌三工，惟破析时穷日之力只得三、五铢重。织苎机具与织棉者同。凡布衣缝线、革履串绳，其质必用苎纠合。

注释

① 池郡：今安徽贵池。

制作夏服的麻布

译文

苎麻到处都可以生长，种植方法有播种子和分根两种（安徽贵池地区每年都把草粪堆在苎麻根上，麻根随着压土而长高，广东的青麻是在田里播撒种子而种植的，生长得非常茂盛）。苎麻有

青色和黄色两种。每年有收割两次的，也有收割三次的，纺织成布后可用来做夏天的衣服和帐幕。

苎麻剥皮后，最好在太阳下晒干，否则浸水就会腐烂。将麻皮撕破成纤维时要先用水浸泡，但只能浸泡四五个小时，时间久了不撕破就会烂掉。苎麻本来是淡黄色的，经过漂洗后会变成白色（先用稻草灰、石灰水煮过，然后放到流水中漂洗晒干，就会变得特别白）。一个熟练的纺苎纱能手使用脚踏纺车，能达到三个普通纺工的效率。但将麻皮撕破成纤维时，一个人干一天，也只能得麻三五铢重。织麻布的机具与织棉布的相同。缝布衣的线，绱皮鞋的串绳，都是用苎麻搓成的。

苎麻的多重价值

苎麻不仅能用来纺织，还能用来治病。它的根是利尿解热的良药，并有安胎的作用。叶为止血剂，可治创伤出血。根、叶并用可治急性淋浊、尿道炎出血等症状。嫩叶还可作蚕饲料。种子能榨油，供制肥皂和食用。除了这些，苎麻还具有膳食营养。用苎叶做的苎叶饭，能耐饥渴、长力气、除皮肤疾患，强身健骨，是老少皆宜的天然食品。

原典

凡葛蔓生，质长于苎数尺。破析至细者，成布贵重。又有苘麻一种，成布甚粗，最粗者以充丧服。即苎布有极粗者，漆家以盛布灰，大内以充火炬。又有蕉纱，乃闽中取芭蕉皮析绩为之，轻细之甚，值贱而质枵[①]，不可为衣也。

注释

①质枵：质地松虚。

译文

葛是蔓生的，它的纤维比苎麻要长几尺，用撕得很细的葛纤维织成的布十分贵重。还有一种苘麻，织成的布很粗，最粗的布用来做丧服。即使是苎麻布也有极粗的，供油漆工包油灰，皇宫里用它来制作火炬。还有一种蕉纱，是福建地区人们用芭蕉皮破析后纺成的，非常轻盈纤弱，价值低微而丝缕质地稀薄，不能用来做衣服。

34 裘

原典

凡取兽皮制服统名曰裘。贵至貂、狐，贱至羊、麂[①]，值分百等。貂产辽东外徼建州地及朝鲜国。其鼠好食松子，夷人夜伺树下，屏息悄声而射取之。一貂之皮方不盈尺，积六十余貂仅成一裘。服貂裘者立风雪中，更暖于宇下。眯入目中，拭之即出，所以贵也。

色有三种，一白者曰银貂，一纯黑，一黯黄（黑而长毛者，近值一帽套已五十金）。凡狐、貉亦产燕、齐、辽、汴诸道。纯白狐腋裘价与貂相仿，黄褐狐裘值貂五分之一，御寒温体功用次于貂。凡关外狐取毛见底青黑，中国者吹开见白色，以此分优劣。

注释

① 麂：哺乳动物的一属，像鹿，腿细而有力，善于跳跃，皮很软，可以制革。

译文

凡用兽皮做成的衣服，统称为“裘”。贵重的有貂皮、狐皮，便宜的有羊皮、麂皮，价格的等级有上百种之多。貂产在关外辽东、吉林等地区，直到朝鲜一带。貂喜欢吃松子，那里的猎人夜里悄悄躲藏在树下守候并伺机射取。一张貂皮不到一尺见方，一件皮衣要用 60 多张貂皮连缀起来才能做成。穿貂皮衣的人站在风雪中，比在屋里还觉得暖和。遇到灰沙进入眼睛，用貂皮毛一擦就抹出来了，所以十分贵重。

貂皮的颜色有三种，一种白色的叫“银貂”，一种纯黑色的，一种暗黄色的（近来一个黑色的、毛较长的貂皮帽套，已经能值五十多两银子了）。狐狸和貉产在河北、山东、辽宁和河南等地。纯白色的狐腋下的皮衣价钱和貂皮差不多，黄褐色的狐皮衣价钱是貂皮衣的五分之一，御寒保暖的功效比貂皮要差些。关外的狐皮，拨开毛露出的皮板是青黑色的，内地的狐皮把毛吹开露出的皮板则是白色的，用这种方法来区分优劣。

貂毛也分公母

公貂与母貂的毛皮存在着相当大的差异，公貂毛皮大而丰厚，做成的大衣穿起来有分量感，母貂毛皮则较柔软，做成的大衣穿时轻盈，用量较多且母貂貂皮身较窄且细小，毛较短且细密而轻盈，表毛长而有光泽，制成品也较名贵。

原典

羊皮裘母贱子贵。在腹者名曰胞羔（毛文略具），初生者名曰乳羔（皮上毛似耳环脚），三月者曰跑羔，七月者曰走羔（毛文渐直）。胞羔、乳羔为裘不膻。古者羔裘为大夫之服，今西北缙绅亦贵重之。其老大羊皮硝熟[①]为裘，裘质痴重，则贱者之服耳，然此皆绵羊所为。若南方短毛革，硝其鞟[②]如纸薄，止供画灯之用而已。服羊裘者，腥膻之气习久而俱化，南方不习者不堪也。然寒凉渐杀，亦无所用之。

注释

①硝熟：用石灰、芒硝鞣制皮革。

②鞟：皮革去毛之后称鞟。

译文

羊皮衣服，老羊皮价格低廉而羔皮衣贵重。孕育在胎中而未生出来的羊羔叫“胞羔”（皮上略有一些毛纹），刚刚出生的叫做“乳羔”（皮上的毛卷得像耳环的钩脚一样），三个月大的叫做“跑羔”，七个月大的叫做“走羔”（毛纹逐渐变直了）。用胞羔、乳羔做皮衣没有羊膻气。古时羔皮衣只有士大夫们才能穿，而现今西北的地方官吏也能讲究地穿羔皮衣了。老羊皮经过芒硝鞣制之后，做成的皮衣很笨重，是穷人们穿的，而且这些都是绵羊皮做的。如果是南方的短毛羊皮，经过芒硝鞣制之后皮板就变得像纸一样薄，只能用来做画灯了。穿羊皮袄的人，对羊皮的腥膻气味，穿久了就习惯了，南方不习惯穿的人就受不了。但是，往南天气逐渐变暖，皮衣也就没什么用处了。

原典

麂皮去毛，硝熟为袄、裤，御风便体，袜、靴更佳。此物广南繁生外，中土则积集聚楚中，望华山为市皮之所。麂皮且御蝎患，北人制衣而外，割条以缘衾边，则蝎自远去。虎豹至文，将军用以彰身；犬豕至贱，役夫用以适足[①]。西戎尚獭皮，以为毳衣领饰。襄黄之人穷山越国射取而远货，得重价焉。殊方异物如金丝猿，上用为帽套；扯里狲御服以为袍，皆非中华物也。兽皮衣人，此其大略，方物则不可殚述。飞禽之中有取鹰腹、雁胁毳毛，杀生盈万，乃得一裘，名天鹅绒者，将焉用之？

注释

①适足：为皮靴。

译文

麂子皮去了毛，经过芒硝鞣制后做成袄、裤，穿起来又轻便又暖和，做鞋子、袜子就更好些。这种动物广东很多，在中原地区则集中于湖南、湖北一带，望华山是买卖麂皮的地方。麂皮还能防御蝎患，北方人除了用麂皮做衣服之外，还用麂皮做被子边，这样蝎子就会躲得远远的。虎豹皮的花纹最美丽，将军们用来做战服；猪皮和狗皮最便宜，脚夫苦力用它来做靴子、鞋子穿。西部少数民族最注重用水獭皮做成细毛皮衣的领子。湖北襄黄人翻山越岭去猎取它，卖到很远的地方去，可赚很多钱。异域他乡的珍奇物产，如金丝猴的皮，皇帝用来做帽套；猞猁狲皮，皇帝用来做皮袍，这都不是内地出产的。以上是人类用兽皮做衣服的大致情形，各地的特产在这里就不能详细叙述了。在飞禽之中，有用鹰的腹部和大雁腋部的细毛做衣服的，杀上万只才能做一件所谓的“天鹅绒”衣服。可是，耗费这么大，用这个又有什么意思呢？

麂皮鞋

35　褐毡

原典

凡绵羊有二种，一曰蓑衣羊[①]，剪其毳为毡、为绒片，帽袜遍天下，胥此出焉。古者西域羊未入中国，作褐为贱者服，亦以其毛为之。褐有粗而无精，今日粗褐亦间出此羊之身。此种自徐、淮以北州郡无不繁生。南方惟湖郡饲畜绵羊，一岁三剪毛（夏季稀革不生）。每羊一只，岁得绒袜料三双。生羔牝牡合数得二羔，故北方家畜绵羊百只，则岁入计百金云。

注释

① 蓑衣羊：蒙古羊，因其外毛披散得像蓑衣而得名。

译文

绵羊有两种，一种叫蓑衣羊，剪下它的细毛用来制成毛毡或者绒片，全国各地的绒帽、绒袜子等原料都来自这种羊。古时西域的羊还没有传到内地之前，专门为穷人制作的粗陋的毛布衣，就是用这种羊毛做的。毛布只有粗糙的没有精致的，现在的粗毛布，有的也是用这种羊毛织成的。这种羊在徐州、淮河流域及其以北地区喂养得很多。南方只有湖州喂养绵羊，一年剪羊毛三次（绵羊夏季不长新毛）。一只羊的毛一年可得到做三双绒袜的原料。一只公羊和一只母羊配种后可生两只小羊，所以一个北方家庭如果喂养一百只绵羊，一年便可以收入一百两银子。

蓑衣羊

原典

一种矞芳羊[1]（番语），唐末始自西域传来，外毛不甚蓑长，内毳细软，取织绒褐，秦人名曰山羊，以别于绵羊。此种先自西域传入临洮，今兰州独盛，故褐之细者皆出兰州。一曰兰绒，番语谓之孤古绒，从其初号也。山羊毳绒亦分两等，一曰挡绒，用梳栉挡下，打线织帛，曰褐子、把子诸名色。一曰拔绒，乃毳毛精细者，以两指甲逐茎挦下，打线织绒褐。此褐织成，揩面如丝帛滑腻。每人穷日之力打线只得一钱重，费半载工夫方成匹帛之料。若挡绒打线，日多拔绒数倍。凡打褐绒线，冶铅为锤，坠于绪端，两手宛转搓成。

注释

① 矞芳羊：羊的一种。

译文

另外一种羊叫“矞芳羊”（西部民族的称呼），唐末从西域地区传入。这种羊外毛不是很长，内毛很细软，可用来织绒毛布。陕西人把它叫山羊，以此区别于绵羊。这种羊先从西域地区传到甘肃临洮，现在以兰州为最多，所以细软的毛布都出自甘肃兰州，因此又名兰绒。少数民族把它叫做孤古绒，这是沿用早期的叫法。山羊的细毛绒也分为两种：一种叫挡绒，是用梳子从羊身上梳下来的，打线织成绒毛布有褐子、把子等名称。另一种叫拔绒，是细毛中比较精细的，用两个手指甲逐条从羊身上拔下，再打线织成绒毛布。这种毛布织成后，摸起来像丝织品那样光滑柔软。每人打线辛苦一天也只能得到一钱重的毛料，要花半年才够织成一匹织品的原料。如果是用挡绒打成线，一天能比拔绒多好几倍。打绒线的时候，用铅锤坠着线端，用手宛转揉搓而成。

绵羊皮的特性与用途

绵羊皮毛束的脂腺、汗腺较繁多，皮板轻薄，手感柔软光滑而细腻，毛孔细小、无规则且均匀分布，呈扁圆形，制成成品后特别松软，延伸性大，摸起来像丝绒一样，但强度低，容易烂，只能做皮革服装、手套，不能做鞋面和手袋。如今的绵羊皮也打破了传统的风格，可加工成压纹、可洗、印花等多种风格的制品。

原典

凡织绒褐机大于布机，用综八扇，穿经度缕，下施四踏轮，踏起经隔二抛纬，故织出纹成斜现。其梭长一尺二寸，机织、羊种皆彼时归夷①传来（名姓再详），故至今织工皆其族类，中国无与也。凡绵羊剪毳，粗者为毡，细者为绒。毡皆煎烧沸汤投于其中搓洗，俟其粘合，以木板定物式，铺绒其上，运轴赶成。凡毡绒白、黑为本色，其余皆染色，其氍毹②、氆氇③等名称，皆华夷各方语所命。若最粗而为毯者，则驽马诸料杂错而成，非专取料于羊也。

注释

① 归夷：归化之夷，即内附的少数民族。

② 氍毹：新疆地区少数民族制造的有花纹的毛织地毯。

③ 氆氇：藏族生产的斜纹毛织物，用作衣料。

译文

织绒毛布的机器，用综片八扇，经线从此通过，下面装四个踏轮，每踏起两根经线，才过一次纬线，因此就能织成斜纹。织机的梭子长一尺二寸，这种织机和羊种都是当时过来的新疆少数民族传来的（名称还有待查考），所以到现在织工还是那个民族的人，很少有内地人。从绵羊身上剪下的细毛，粗的能做毡子，细的可做绒。做毡子时将羊毛放到沸水中搓洗，等到黏合后，再用木板格成一定的式样，把绒铺在上面，转动机轴轧成。毡绒的本色是白与黑，其他颜色都是染成的。至于“氍毹”“氆氇”等都是各地方的方言。最粗的毯子，里面掺杂着各种劣马的毛，并不是用纯羊毛制成的。

彰施第三

原典

宋子曰：霄汉之间云霞异色，阎浮之内花叶殊形。天垂象而圣人则之，以五彩彰施于五色，有虞氏岂无所用其心哉？飞禽众而凤则丹，走兽盈而麟则碧，夫林林青衣，望阙而拜黄朱[①]也，其义亦犹是矣。君子曰："甘受和，白受采。"世间丝、麻、裘、褐皆具素质，而使殊颜异色得以尚焉，谓造物不劳心者，吾不信也。

注释

①林林青衣，望阙而拜黄朱：林林指众多。青衣指百姓。黄朱指身着黄袍的帝王和穿红袍的大官。

译文

宋子说：天上的云霞五颜六色，地上的花叶千姿百态。大自然呈现的种种美丽景象，上古圣人便加以模仿，按照五彩的颜色将衣服染成青、黄、赤、白、黑五种颜色，虞舜当初就有意这样做。飞禽众多，只有凤凰丹红超群；走兽成群，唯独麒麟青碧异常。那些身穿青衣的平民望着皇宫，向穿黄袍、红袍的帝王将相们遥拜，这也是同样的道理。有君子说："甜味容易与其他各种味道相调合，白的底子上容易染成各种色彩。"世界上的丝、麻、皮和粗布都是素的底色，因而才能染上各种颜色，如果说造物没有花费心思，我是不相信的。

01　诸色质料

原典

大红色：其质红花饼[①]一味，用乌梅水煎出，又用碱水澄数次。或稻稿灰代碱，功用亦同。澄得多次，色则鲜甚。染房讨便宜者，先染芦木打脚[②]。凡红花最忌沉、麝，袍服与衣香共收，旬月之间其色即毁。凡红花染帛之后，若欲退转，但浸湿所染帛，以碱水、稻灰水滴上数十点，其红一毫收转，仍还原质。所收之水藏于绿豆粉内，放出染红，半滴不耗。染家以为秘诀，不以告人。

注释

① 红花饼：由菊科的红花制成的饼，用以染红。

② 打脚：打底色。

译文

染大红色：原料只有红花饼一种，用乌梅水煎煮出来后，再用碱水澄清几次。如果用稻草灰代替碱水，效果大致相同。多澄清几次之后，颜色就会非常鲜艳。有的染家图便宜，先将织物用黄芦木水染上黄色打底子。红花最怕沉香和麝香，如果红色衣服与这类香料放在一起，一个月之内衣服的颜色就要褪掉了。用红花染过的红色丝帛，如果想要回到原来的颜色，只要把所染的丝帛浸湿，滴上几十滴碱水或者稻灰水，红色就可以完全褪掉恢复原来的颜色了。将洗下来的红色水倒在绿豆粉里进行收藏，下次再用它来染红色，效果半点也不会耗损。染坊把这种方法作为秘方而不肯向外传播。

染色加工与环保

与古代相对环保的染色技术相比，现代染色加工面临的最大压力就是环境压力。目前着重要解决的是含致癌芳香胺和重金属的禁用染料的替代，应严格选用各类化学品，治理“三废”，节水节能，监测和控制产品的生态标准等。这些问题不解决，染色加工的生存也将有问题。

原典

莲红、桃红色，银红、水红色：以上质亦红花饼一味，浅深分两加减而成。是四色皆非黄茧丝所可为，必用白丝方现。

木红色：用苏木煎水，入明矾、棓子[①]。

紫色：苏木为地，青矾尚之。

赭黄色：制未详。

鹅黄色：黄檗煎水染，靛水盖上。

金黄色：芦木煎水染，复用麻稿灰淋，碱水漂。

茶褐色：莲子壳煎水染，复用青矾水盖。

大红官绿色：槐花煎水染，蓝淀盖，浅深皆用明矾。

豆绿色：黄蘗水染，靛水盖。今用小叶苋蓝煎水盖者，名草豆绿，色甚鲜。

油绿色：槐花薄染，青矾盖。

注释

①棓子：五倍子。

译文

染莲红色、桃红色、银红色、水红色：以上四种颜色所用的原料也是红花饼，颜色的深浅根据所用的红花饼分量的多少而定。黄色的蚕茧丝不能染成这四种颜色，只有白色的蚕茧丝才可以。

染木红色：用苏木煎水，再加入明矾、五倍子染成。

染紫色：用苏木水染上底色，再用青矾作为配料一起渲染而成。

染赭黄色：制法不太清楚。

染鹅黄色：先用黄蘗煮水染上底色，再用蓝靛水套染。

染金黄色：先用黄芦木煮水染色，再用麻秆灰淋水，然后用碱水漂洗。

染茶褐色：用莲子壳煎水染色，再用青矾水染成。

染大红官绿色：先用槐花煎水染色，再用蓝靛套染，浅色和深色都要用明矾来进行调节。

染豆绿色：用黄蘗水染上底色，再用蓝靛水套染。现在用小叶苋蓝煎水套染的，叫做草豆绿，颜色十分鲜艳。

染油绿色：用槐花稍微染一下，再用青矾水染成。

原典

天青色：入靛缸浅染，苏木水盖。

葡萄青色：入靛缸深染，苏木水深盖。

蛋青色：黄蘗水染，然后入靛缸。

翠蓝、天蓝二色：俱靛水分深浅。

玄色：靛水染深青，芦木、杨梅皮①等分煎水盖。又一法，将蓝芽叶水浸，然后下青矾、棓子同浸，今布帛易朽。

月白、草白二色：俱靛水微染，今法用苋蓝煎水，半生半熟染。

象牙色：芦木煎水薄染，或用黄土。

藕褐色：苏木水薄染，入莲子壳、青矾水薄盖。

注释

①杨梅皮：杨梅树的树皮，含单宁，有固色作用。

译文

染天青色：放进靛缸里稍微染一下，再用苏木水套染而成。

染葡萄青色：放进靛缸里染成深蓝色，再用深苏木水套染而成。

染蛋青色：用黄蘗水染，然后放入靛缸中染成。

染翠蓝、天蓝色：这两种颜色都是用蓝靛水染成，只是深浅各有不同。

染玄色：先用蓝靛水染成深青色，再用黄芦木和杨梅树皮各一半煎水套染。还有一种方法是：在蓝芽嫩叶水中先浸染过，然后再放进有青矾、五倍子的水中一块浸泡；但是用这种方法浸染，容易使布和丝帛腐烂。

染月白、草白色：都是用蓝靛水稍微染一下，现在的方法是用苋蓝煮水，煮到半生半熟的时候染。

染象牙色：用黄芦木煎水稍微染一下，或者用黄土染。

染藕褐色：用苏木水稍微染一下后，再放进莲子壳和青矾一起煮的水中进行渲染。

原典

附：染包头青色：此黑不出蓝靛，用栗壳或莲子壳煎煮一日，漉起[①]，然后入铁砂、皂矾锅内，再煮一宵即成深黑色。

附：染毛青布色法：布青初尚芜湖，千百年矣，以其浆碾成青光，边方外国皆贵重之。人情久则生厌。毛青乃出近代，其法取松江美布染成深青，不复浆碾，吹干，用胶水掺豆浆水一过。先蓄好靛，名曰标缸，入内薄染即起。红焰之色隐然，此布一时重用。

注释

① 漉起：捞起，沥起。

译文

附染包头青色的染法：这种黑色不是用蓝靛染出来的，而是用栗子壳或莲子壳放在一块儿熬煮一整天，然后捞出来将水沥干，再加入铁砂、皂矾放进锅里面煮一整夜，就会变成深黑色。

附染毛青布色的染法：青色布最初流行于安徽芜湖地区，到现在已有近千年的历史了。因为这种颜色的布经过浆碾之后带有青光，边远地区和国外的人都很珍爱它，将青布视为贵重的布料；但是人们用的时间长了，也就不那么稀罕它了。毛青色是近代才出现的，方法是用松江产的上等好布，先染成深青色，不再浆碾。吹干后，用掺胶水和豆浆的水过一遍，再放在预先装好的质量优良的靛蓝“标缸”里，稍微渲染一下就立即取出，于是布上就会隐隐约约带有红光。这种布曾经很受欢迎。

02 蓝淀

原典

凡蓝五种，皆可为淀[①]。茶蓝即菘蓝，插根活。蓼蓝、马蓝[②]、吴蓝[③]等皆撒子生。近又出蓼蓝小叶者，俗名苋蓝，种更佳。

凡种茶蓝法，冬月割获，将叶片片削下，入窖造淀。其身斩去上下，近根留数寸。薰干，埋藏土内。春月烧净山土使极肥松，然后用锥锄（其锄勾末向身，长八寸许），刺土打斜眼，插入于内，自然活根生叶。其余蓝皆收子撒种畦圃中。暮春生苗，六月采实，七月刈身[④]造淀。

注释

① 淀：蓝淀，蓝色植物染料。

② 马蓝：又名山蓝或大叶冬蓝。

③ 吴蓝：豆科的木蓝。

④ 身：茶蓝茎秆。

菘 蓝

译文

蓝有五种，都可以用来制作深蓝色的染料，即蓝淀。茶蓝也就是菘蓝，扦插就能成活。蓼蓝、马蓝和吴蓝等都是播撒种子种植的。近来又出现了一种小叶的蓼蓝，俗称“苋蓝”，是一个更好的蓝品种。

种植茶蓝的方法是，在冬天割取茶蓝时，把叶子一片片剥下来，放进花窖里制成蓝淀。把茎秆的两头切掉，只在靠近根部的地方留下几寸长的一段，熏干后再埋在土里贮藏。到第二年春天，放火将山上的杂草烧掉，使土壤变得疏松肥沃，然后用锥锄（这种锄的锄钩朝向内，约长八寸）掘土，在土里打出斜眼，将保存的茶蓝根茎插进去，就会自然生根长叶。其余的几种蓝都是把种子撒在园圃中，春末就会出苗，到六月采收种子，七月就可将蓝茎割回来用于造淀了。

原典

凡造淀，叶与茎多者入窖，少者入桶与缸。水浸七日，其汁自来。每水浆一石下石灰五升，搅冲数十下，淀信即结。水性定时，淀沉于底。近来出产，闽人种山皆茶蓝，其数倍于诸蓝。山中结箬篓[①]，输入舟航。其掠出浮沫晒干者，曰靛花。凡靛入缸必用稻灰水先和，每日手执竹棍搅动，不可计数，其最佳者曰标缸。

注释

①结箬篓：装入竹篓。

译文

制蓝淀时，茎和叶多的放进花窖里，少的放在桶里或缸里，加水浸泡7天，就自然出来了。每一石蓝液加入石灰5升，搅打几十下，就会凝结成蓝淀。水静放以后，蓝淀就积沉在底部。近来出产的蓝淀，多是福建人种植的茶蓝所制，其数量比其他蓝的总和还要多几倍，在山上装入竹篓子再装上船往外运。制作蓝淀时，把撇出的浮沫晒干后就叫“靛花”。放在缸里的蓝淀一定要先用稻灰水搅拌调匀，每天用竹棍搅拌无数次，其中质量最好的叫做“标缸”。

蓝淀的营养价值

椭圆形蓝紫色的蓝淀果，不仅味道酸甜可口，而且浆果中含7种氨基酸和维生素C，可生食，又可提供色素，亦可酿酒、做饮料和果酱，花蕾、果、花又是蜜源。除具有极高的食用价值外，蓝靛果全植株含有桃叶珊瑚甙，种子含花色甙，果实含有芸香甙、花青甙等，具有极高的药用价值。它的果实不仅有清热解毒的功效，而且对降压、提高血球数、治疗小儿厌食症都有一定疗效。

03 红花

原典

红花，场圃撒子种，二月初下种。若太早种者，苗高尺许即生虫如黑蚁，食根立毙。凡种地肥者，苗高二三尺。每路打橛[①]，缚绳横拦，以备狂风拗折。若瘦地，尺五以下者，不必为之。

红花入夏即放绽，花下作梂[②]汇多刺，花出

注释

①每路打橛：每一行都打上桩子。

②梂：球状花萼。

梂上。采花者必侵晨带露摘取。若日高露旰，其花即已结闭成实，不可采矣。其朝阴雨无露，放花较少，旰摘无妨，以无日色故也。红花逐日放绽，经月乃尽。入药用者不必制饼。若入染家用者，必以法成饼然后用，则黄汁净尽，而真红乃现也。其子煎压出油，或以银箔贴扇面，用此油一刷，火上照干，立成金色。

译文

红花是在田圃里播撒种子种植的，二月初就下种。如果种得太早，花苗长到一尺左右时，就会长出像黑蚂蚁似的虫子咬食花的根部，使花苗死亡。凡是种在肥沃地的红花，花苗能长到二尺到三尺高。这时应该给每行红花打桩子，横拴绳子将红花拦起来，以防红花被狂风吹断。若种在贫瘠地里，花苗高度在一尺半以下就不必这样做了。

红花到了夏天就会开花，结出球状花托和花苞，花托的苞片上有很多刺，花就长在球状花托上。采花人一定要在天刚亮红花还带着露水时摘取，若等到太阳升起、露水干后，花已经闭合就不能摘了。如果遇上下雨天，没有露水的早晨，花开得比较少，晚点摘也可以，因为没有太阳照射。红花逐日开放，大约一个月才能开完。作为药用的红花不必制成花饼。若是用来制染料则必须按照一定的方法制成花饼后再用，这样黄色的汁液已经除尽了，真正的红色就显出来了。红花的籽经过煎压后可以榨出油，如果用银箔贴在扇面上，再刷上一层这种油，在火上烘干后，马上就会变成金黄色。

红 花

04 造红花饼法

原典

带露摘红花，捣熟以水淘，布袋绞去黄汁。又捣以酸粟或米泔清。又淘，又绞袋去汁，以青蒿[①]覆一宿，捏成薄饼，阴干收贮。染家得法，“我朱孔扬”，所谓猩红也（染纸吉礼用，亦必用紫铆，不然全无色）。

注释

①青蒿：一年生草本植物，茎直立，上部多分枝，具纵棱线。还可作中药。

译文

摘取还带着露水的红花，捣烂并用水淘洗后，装入布袋里并拧去黄汁；再次捣烂，用已发酵的淘米水再进行淘洗，接着装入布袋中拧去汁液；然后用青蒿覆盖一个晚上，捏成薄饼，阴干后收藏好。如果染色的方法得当，就可以把衣裳染成鲜艳的猩红色（染喜庆、贺礼用的东西，也必须用这种紫铆来染，否则就会一点儿颜色都没有）。

红花与苏木的区别

红花除了可做染料外，还可做药。要注意红花与苏木的功用是十分相近的，二者均具活血祛瘀、通经止痛之效，且二者都可和血、破血，攻补兼施。然而红花性温，苏木性凉且能祛风，红花专治血分，苏木兼能散表里之风。

05 附：燕脂

原典

燕脂古造法以紫铆[①]染绵者为上，红花汁及山榴花汁者次之。近济宁路但取染残红花滓为之，值甚贱。其滓干者名曰紫粉，丹青家或收用，染家则糟粕弃也。

注释

①紫铆：一种植物，花可作为红色或黄色染料。

译文

制造燕脂的古方，以紫铆做成并可染丝的为上品，用红花汁和山榴花汁做的要差一些。近来，山东济宁一带有人用染剩的红花渣滓来做的，很便宜。干的渣滓叫“紫粉”，画家们有时用到它，而染坊则把它当作废物扔掉。

06 槐花

原典

凡槐树十余年后方生花实。花初试未开者曰槐蕊，绿衣所需，犹红花之成红也。取者张度筜稠其下[①]而承之。以水煮一沸，漉干捏成饼，入染家用。既放之，花色渐入黄，收用者以石灰少许洒拌而藏之。

注释

①张度筜稠其下：在树下密布竹筐。

译文

槐树生长十几年后才能开花结果，它最初长出的花还没开放时叫槐蕊，就像染红色要用红花一样，染绿衣服就要用到它。采摘时将竹筐成排放在槐树下将槐蕊收集起来。将槐花加水煮开，捞起沥干后捏成饼，给染坊用。已开的花慢慢变成黄色，有的人把它们收集起来撒上少量石灰拌匀后，收藏备用。

药用槐花

槐花被历代医家视为“凉血的要药”。槐花性味苦凉，无毒，归肝、大肠经，具有清热泻火、凉血止血的作用。主治肠风便血、痔血、血痢、尿血、血淋、崩漏、吐血、衄血、肝火头痛、目赤肿痛、喉痹、失音、痈疽疮疡。

而从西医的角度看，槐花含芦丁、槲皮素、鞣质、槐花二醇、维生素 B 等物质。

粹精[①]第四

原典

宋子曰：天生五谷以育民，美在其中，有“黄裳”之意焉[②]。稻以糠为甲，麦以麸为衣，粟、粱、黍、稷毛羽隐然。播精而择粹，其道宁终秘也。饮食而知味者，食不厌精。杵臼之利，万民以济，盖取诸“小过[③]”。为此者岂非人貌而天者哉?

注释

①粹精：粮食加工，此处为米面。

②有“黄裳”之意焉：在此借喻粮食颗粒外有黄衣包裹，而其精华则在其中。

③“小过”：卦象，艮为山，震为木，或上动下静，正是木杵捣石臼之形。

译文

宋子说：自然界中生长的各种谷物养活了人，而谷粒包藏在黄色谷壳里，像身披“黄裳”一样美。稻以糠皮为壳，麦以麸皮做外衣，粟、粱、黍、稷都如同隐藏在毛羽之中。通过扬簸和碾磨等工序将谷物去壳、加工成米和面，这种道理是显而易见的。讲究饮食的人，都希望粮食加工得越精细越好。杵臼的使用，解决谷物加工问题的同时也带来了巨大的便利，这大概是受到了《小过》中卦意的启示吧。发明这类技术的人，难道是一般人而非天才吗?

01　攻稻

原典

凡稻刈获之后，离稿取粒。束稿于手而击取者半，聚稿于场而曳牛滚石以取者半。凡束手而击者，受击之物或用木桶，或用石板。收获之时雨多霁少，田稻交湿不可登场者，以木桶就田击取。晴霁稻干，则用石板甚便也。

译文

稻子收割之后，就要进行脱粒。脱粒的方法中，用手握稻秆摔打来脱粒

的约占一半；把稻子铺在晒场上，用牛拉石磙进行脱粒的也占一半。手工脱粒是手握稻秆在木桶上或石板上摔打。收获稻子的时候，如果遇上多雨少晴的天气，稻田和稻谷都很潮湿，不能把稻子收到晒场上去脱粒时，就用木桶在田间就地脱粒。如果遇上晴天，稻子也很干，使用石板脱粒就很方便了。

稻场击稻

湿田击稻

原典

凡服牛曳石滚压场中，视人手击取者力省三倍。但作种之谷，恐磨去壳尖，减削生机。故南方多种之家，场禾多藉牛力，而来年作种者则宁向石板击取也。

凡稻最佳者九穰一秕[①]，倘风雨不时，耘耔失节，则六穰四秕者容有之。凡去秕，南方尽用风车扇去。北方稻少，用扬法，即以扬麦、黍者扬稻，盖不若风车之便也。

注释

① 九穰一秕：十个谷壳中九个饱满，一个空瘪。

译文

用牛拉石磙压场脱粒，要比手工摔打省力二倍。但留着当种子的稻谷，恐怕磨掉稻壳壳尖而减少发芽的机会，因此南方种植水稻较多的人家，大部分稻谷都用牛力脱粒，但是来年留为种子的稻谷就宁可在石板上摔打脱粒。

最好的稻谷每 10 颗有 9 颗是颗粒丰满的，只有一颗是秕谷。若风雨不调，耘耔不及时，那稻谷也可能出现只有六成饱满而四成是秕子的情况。去掉秕谷的方法，南方都用风车扇去。北方稻子少，多用扬场的方法，也就是用扬麦子和黍子那样的办法来扬稻子，这总的来说不如用风车方便。

赶稻及菽

原典

凡稻去壳用砻①，去膜用舂、用碾。然水碓主舂，则兼并砻功，燥干之谷入碾亦省砻也。凡砻有二种，一用木为之，截木尺许（质多用松），斫合成大磨形，两扇皆凿纵斜齿，下合植榫穿贯上合，空中受谷。木砻攻米二千余石，其身乃尽。凡木砻，谷不甚燥者入砻亦不碎，故入贡军国漕储千万，皆出此中也。一土砻，析竹匡围成圈，实洁净黄土于内，上下两面各嵌竹齿。上合篙空受谷，其量倍于木砻。谷稍滋湿者入其中即碎断。土砻攻米二百石，其身乃朽。凡木砻必用健夫，土砻即孱妇弱子可胜其任。庶民饔飧皆出此中也。

注释

① 砻：破壳去谷的碾磨型农具。

土　砻

译文

稻谷去壳用砻，去糠皮用舂或碾。但用水碓来舂，同时起了砻的作用，干燥的稻谷用碾加工也可不用砻。砻有两种，一种是用木头做，锯下一尺多长的原木（多用松木）加工成磨盘形状，两扇都凿出纵斜齿，下扇安一根轴穿进上扇，将上扇中间挖空以便稻谷能从孔中注入。木砻如果加工到 2000 多石米就不能再用了。用木砻加工，即便是不太干燥的稻谷也不会被磨碎，因此上缴的军粮、官粮，无论是漕运或库存以千万石计，都用木砻加工。另一种是土砻，用竹编成圆筐，中间用干净的黄土填充压实，上下两扇都镶上竹齿。上扇安竹篾漏斗来装稻谷，稻谷从上扇用竹篾围成的孔中注入，土砻的装谷量比木砻要多一倍。稻谷稍微潮湿一点，在土砻中就会被磨碎。土砻加工 200 石米就坏了。使用木砻必须是身体强壮的劳动力，而土砻即使是体弱力小的妇女儿童也能胜任。老百姓吃的米都是用土砻加工的。

原典

凡既砻，则风扇以去糠秕，倾入筛中团转。谷未剖破者浮出筛面，重复入砻。凡筛大者围五尺，小者半之，大者其中心偃隆而起，健夫利用。小者弦高二寸，其中平窒，妇子所需也。

凡稻米既筛之后，入臼而舂，臼亦两种。八口以上之家掘地藏石臼其上，臼量大者容五斗，小者半之。横木穿插碓头（碓嘴冶铁为之，用醋滓合上），足踏其末而舂之。不及则粗，太过则粉，精粮从此出焉。晨炊无多者，断木为手杵，其臼或木或石以受舂也。既舂以后，皮膜成粉，名曰细糠，以供犬豕之豢。荒歉之岁[①]，人亦可食也。细糠随风扇播扬分去，则膜尘净尽而粹精见矣。

注释

①荒歉之岁：粮食欠收的年份。

译文

稻谷用砻磨过以后，要用风车扇去糠秕，然后再倒进筛子里转圈儿筛过，未破壳的稻谷便浮到筛面上来，再倒入砻中进行加工。大的筛子周长五尺，小的筛子周长约为大筛的一半。

风扇车

大筛的中心稍微隆起，供强壮的劳动力使用。小筛的边高只有两寸，中心微凸，供妇女儿童使用。

稻米筛过以后，放到臼里舂，臼也有两种。八口以上的人家，一般是在地上挖坑埋石臼。大臼的容量是五斗，小臼的容量约为大臼的一半。另外用一条横木穿插入碓头（碓嘴是用铁做的，用醋滓将它和碓头黏合上），用脚踩踏横木的末端舂米。舂得不够时，米就会粗糙，舂得太过，米就细碎了，精米就是这样加工出来的。人口不多的人家就截木做成手杵，用木头或石头做臼来舂米。舂过以后糠皮都变成了粉，叫做“细糠”，用来喂猪狗。遇到荒年，人也可以吃。细糠被风车扇净后，糠皮、灰尘都被去除干净，留下的就是加工出来的大米了。

现代稻米加工

现代稻米加工完成后会对大米进行抛光，这是加工精制米、优质大米时必不可少的工序。抛光是借助摩擦作用将米粒表面的浮糠擦除，提高米粒表面的光洁度，同时有助于大米保鲜。

原典

凡水碓，山国之人居河滨者之所为也。攻稻之法省人力十倍，人乐为之。引水成功，即筒车灌田同一制度也。设臼多寡不一。值流水少而地窄者，或两三臼；流水洪而地室宽者，即并列十臼无忧也。

水　碓

江南信郡碓之法巧绝。盖水碓所愁者，埋臼之地卑则洪潦为患，高则承流不及。信郡造法即以一舟为地，橛桩维之。筑土舟中，陷臼于其上。中流微堰石梁，而碓已造成，不烦椓木壅坡[①]之力也。又有一举而三用者，激水转轮头，一节转磨成面，二节运碓成米，三节引水灌于稻田，此心计无遗者之所为也。

注释

① 壅坡：筑坡。

译文

水碓是山区里住在河边的人们创造的。用它来加工稻谷，要比人工省力十倍，因此人们都乐意使用水碓。利用水力带动水碓和利用筒车浇水灌田是同样的方法。设臼的多少没有一定的限制，如果流水量小而地方也狭窄，就设置两至三个臼；如果流水量大而地方又宽敞，那么并排设置十个臼也不成问题。

江西上饶一带建造水碓的方法非常巧妙。建造水碓的困难在于选择埋臼的地方，如果臼石设在地势低处，可能会被洪水淹没；臼石设在地势太高的地方，水又流不上去。上饶一带造水碓的方法是用一条船作为地，把船系在木桩上。在船中填土埋臼，再在河的中流筑一个小石坝，这样小碓也就造成功了，打桩筑坡的劳力也就可以节省下来了。此外，水碓还一举三用：利用水流的冲击来使水轮转动，用第一节带动水磨磨面，第二节带动水碓舂米，第三节用来引水浇灌稻田，这是考虑得非常周密的人们所创造的。

原典

凡河滨水碓之国，有老死不见砻者，去糠去膜皆以臼相终始，惟风筛之法则无不同也。

凡碾[①]砌石为之，承藉、转轮皆用石。牛犊、马驹惟人所使，盖一牛之力，日可得五人。但入其中者，必极燥之谷，稍润则碎断也。

注释

① 碾：即磨。

译文

在使用水碓的河滨地区，有人一辈子也没见过砻，那里的稻谷去壳、去糠皮始终都用臼，唯独使用风车和筛子，到处都一样。

碾则是用石头砌成的，碾盘和转轮也都是用石头做的。用牛犊或马驹来拉碾都可以，随人自便。一头牛干一天的劳动量，相当于五个人一天的劳动量，但是要碾的稻谷必须是晒得很干燥的，稍微潮湿一点儿，米就细碎了。

碾

02　攻麦

原典

凡小麦其质为面。盖精之至者，稻中再舂之米；粹之至者，麦中重罗之面也。

小麦收获时，束稿击取，如击稻法。其去秕法，北土用扬，盖风扇流传未遍率土[①]也。凡扬不在宇下，必待风至而后为之。风不至，雨不收，皆不可为也。

凡小麦既扬之后，以水淘洗尘垢净尽，又复晒干，然后入磨。凡小麦有紫、黄二种，紫胜于黄。凡佳者每石得面一百二十斤，劣者损三分之一也。

凡磨大小无定形，大者用肥健力牛曳转，其牛曳磨时用桐壳掩眸，不然则眩晕。其腹系桶以盛遗[②]，不然则秽也。次者用驴磨，斤两稍轻。又次小磨，则止用人推挨者。

注释

① 率土：全国。

② 遗：牛的排泄物。

译文

小麦是面粉的原料。稻谷最精华的部分是舂过多次的稻米，小麦最精粹的部分是反复罗过多次的小麦面。

收获小麦时，用手握住麦秆摔打脱粒，和稻子手工脱粒的方法相同。去掉秕麦的方法，北方多用扬场的办法，这是因为风车的使用还没有普及全国。扬场不能在屋檐下进行，而且一定要等有风的时候。没有风或者下雨时都不能扬场。

小麦扬过后，用水将尘垢洗净，再晒干，然后入磨。小麦有紫皮和黄皮两种，其中紫皮的比黄皮的好些。好的小麦每石可磨得面粉一百二十斤，差一点的要减少三分之一。

磨的大小没有一定规格，大的磨要用肥壮有力的牛来拉。牛拉磨时要用桐壳遮住牛的眼睛，否则牛会转晕。牛的肚子上要系上一只桶用来盛装牛的排泄物，否则会把面弄脏了。小一点儿的磨用驴来拉，重量相对较轻些。再小一点儿的磨则只需用人来推。

石磨面粉的好处

现在普遍认为，低速研磨、低温加工成的石磨面粉不会破坏小麦中的营养物质，因此石磨面粉最大程度地保留了小麦中的蛋白质等各种营养物质，特别是石磨面粉中的胡萝卜素和维生素 E 是其他面粉的十八倍。

原典

凡力牛一日攻[①]麦二石，驴半之。人则强者攻三斗，弱者半之。若水磨之法，其详已载《攻稻·水碓》中，制度相同，其便利又三倍于牛犊也。凡牛、马与水磨，皆悬袋磨上，上宽下窄。贮麦数斗于中，溜入磨眼。人力所挨则不必也。

磨面水磨

注释

① 攻：即磨麦。

译文

一头牛一天能磨两石麦，一头驴一天只磨一石；强壮的人一天能磨三斗，而体弱的人只能磨一斗半。至于使用水磨的办法，已经在《攻稻·水碓》一节的记述中详细讲述过了，方法是一样的，但水磨的功效却要比牛犊的效率高出三倍。

用牛、马或水磨磨面，都要在磨上方悬挂一个上宽下窄的袋子，里面装上几斗小麦，使其慢慢自动滑入磨眼，而人力推磨时就用不着了。

原典

凡磨石有两种，面品由石而分。江南少粹白上面者，以[①]石怀沙滓，相磨发烧，则其麸并破，故黑䴬掺和面中，无从罗去也。江北石性冷腻，而产于池郡之九华山者美更甚。以此石制磨，石不发烧，其麸压至扁秕之极不破，则黑疵一毫不入，而面成至白也。凡江南磨二十日即断齿，江北者经半载方断。南磨破麸得面百斤，北磨只得八十斤，故上面之值增十之二，然面筋、小粉皆从彼磨出，则衡数已足，得值更多焉。

注释

①以：因为的意思。

译文

磨的石料有两种，面粉品质随石料的差异而有所不同。江南很少出上等的精白面粉，就是因为磨石里含有渣滓，磨面时会发热，以致带色的麸皮破碎与面掺和在一起而无法罗去。江北的石料性凉而且细腻，池州九华山出产的石料质地更好。用这种石头制成的磨，磨面时石头不会发热，麸皮虽然也轧得很扁但不会破碎，所以麸皮一点儿都不会掺混到面里，这样磨成的面粉就非常白。江南的磨用 20 天就可能磨钝磨齿，而江北的磨要用半年才能磨钝磨齿。南方的磨由于把麸子一起磨碎，所以可以磨得 100 斤面，北方的磨就只得 80 斤上等面粉，所以上等面粉的价钱就要贵十分之二。但是从北方的磨里磨出来的麸皮还可以提取面筋和小粉，所以磨面的总体分量也足够了，而得到的收益就更多了。

原典

凡麦经磨之后，几番入罗，勤者不厌重复。罗筐之底用丝织罗地绢为之。湖丝所织者，罗面千石不损，若他方黄丝所为，经百石而已朽也。凡面既成后，寒天可经三月，春夏不出二十日则郁坏[①]。为食适口，贵及时[②]也。

凡大麦则就舂去膜，炊饭而食，为粉者十无一焉。荞麦则微加舂杵去衣，然后或舂或磨以成粉而后食之。盖此类之，视小麦，精粗贵贱大径庭也。

面　罗

注释

①郁坏：受潮而变质。

②及时：随磨随吃。

译文

麦子磨过后，还要多次入罗，勤劳的人不怕重复劳作。罗的底是用丝织的罗地绢制作的。如果用湖州出产的丝做罗底，罗 1000 石面也不坏。如果用其他地方的黄丝织成，罗 100 石面就坏了。面粉磨好以后，在寒冷的季节里可以存放三个月，春夏时节存放不到 20 天就会受潮而变质。因此，为了使面能质真味美，就必须随磨随吃。

大麦一般是舂掉外皮后用来煮成饭而食用的，把大麦磨成面粉的不到十分之一。荞麦则是先用杵棒稍微舂一下，捣掉外皮，然后再舂或磨成面来吃。这些粮食与小麦相比，精粗贵贱就差得太远了。

03 攻黍、稷、粟、粱、麻、菽

原典

凡攻治小米，扬得其实，舂得其精，磨得其粹。风扬、车扇而外，簸法生焉。其法篾织为圆盘，铺米其中，挤匀扬播。轻者居前，簸弃地下；重者在后，嘉实存焉。凡小米舂、磨、扬、播制器，已详《稻》《麦》之中。惟小碾一制在《稻》《麦》之外。北方攻小米者，家置石墩，中高边下，边沿不开槽。铺米墩上，妇子两人相向，接手而碾之。其碾石圆长如牛赶石，而两头插木柄。米堕边时，随手以小彗①上。家有此具，杵臼竟悬②地。

小　碾

注释

① 小彗：小扫帚。

② 悬：悬置而不用也。

译文

小米是这样加工的：扬净后得到实粒，舂后得到小米，磨后得到小米粉。除去风扬、车扇两法外，还有一种簸法。簸法是用蔑条编成圆盘，把谷子铺在上面，均匀地扬簸。轻的扬到前面，从箕口丢弃在地下。重的留在后面，那就是饱满的实粒了。小米加工用的舂、磨、扬、簸等工具，已经详述于《攻稻》《攻麦》两节中。只是小碾，在《攻稻》《攻麦》两章节没有谈到。北方加工小米，是在家里安置一个石墩，中间高，四边低，边沿不开槽。碾时，把谷子铺在墩上，妇女两人面对面，相互用手交接碾柄来碾压。碾石是长圆形的，好像牛拉的石磙子，两头插上木柄。米落到碾的边沿时，就随手用小扫帚扫进去。家里有了这种工具，就用不着杵臼了。

原典

凡胡麻刈获，于烈日中晒干，束为小把，两手执把相击。麻粒绽落，承藉以簟席也。凡麻筛与米筛小者同形，而目密五倍。麻从目中落，叶残角屑皆浮筛上而弃之。

凡豆菽刈获，少者用枷，多而省力者仍铺场，烈日晒干，牛曳石赶而压落之。凡打豆枷，竹木竿为柄，其端锥圆眼，拴木一条，长三尺许，铺豆于场，执柄而击之。凡豆击之后，用风扇扬去荚叶，筛以继之，嘉实[①] 洒然入廪矣。是故舂、磨不及麻，硙碾不及菽也。

打 枷

注释

① 嘉实：饱满的果实。

译文

芝麻收割后，在烈日下晒干，扎成小把，两手各拿一把相互拍打，芝麻壳就会裂开，芝麻粒也就脱落了，下面用席子接着。芝麻筛和小的米筛形状相同，但筛眼比米筛密五倍。芝麻粒从筛眼中落下，叶屑和碎片等杂物浮在筛上被抛掉。

豆类收获后，量少的用连枷脱粒，如果量多，省力的办法仍是铺在晒场上，在烈日下晒干，用牛拉石磙来脱粒。打豆的连枷，是用竹竿或木杆作柄，柄的前端钻个圆孔，拴上一根长约三尺左右的木棒。把豆铺在场上，手执枷柄甩打。豆打落后，用风车扇去荚叶，再筛一遍，就可得到饱满的豆粒入仓了。因此，芝麻用不着舂和磨，豆类用不着碾和磑。

作咸第五

原典

宋子曰：天有五气，是生五味[①]。润下作咸，王访箕子而首闻其义焉。口之于味也，辛酸甘苦经年绝一无恙。独食盐禁戒旬日，则缚鸡胜匹，倦怠恹然。岂非“天一生水”[②]，而此味为生人生气之源哉？四海之中，五服[③]而外，为蔬为谷，皆有寂灭之乡，而斥卤[④]则巧生以待。孰知其所已然？

注释

①五味：按中国古代“五行说”，东方木，味酸；南方火，味苦；西方金，味辛；北方水，味咸；中央土，味甘。

②“天一生水”：“五行说”的一套，即“天以一生水，地以二生火”。

③五服：五百里甸服，五百里侯服，五百里绥服，五百里要服，五百里荒服。是为五服。

④斥卤：盐卤。

译文

宋子说：自然界有五种气，由此产生五种味道。水性向下渗透并具有咸味这一事，周武王访问箕子后才开始懂得这个道理。对人来说，五味中的辣、酸、甜、苦，长期缺少其中任何一种对人的身体都没有多大影响，唯独盐，十天不吃，人就会像得了重病一样无精打采、软弱无力，甚至连只鸡也抓不住。这不正好说明自然界产生了水，而水中产生的咸味是人生命的源泉吗？全国各地，无论是在京郊、内地，还是僻远的边疆，到处都有不长蔬菜和谷物等庄稼的不毛之地，但食盐却能巧妙分布各处以待人享用。有谁知道这是什么道理呢？

01 盐产

原典

凡盐产最不一，海、池、井、土、崖、砂石，略分六种，而东夷树叶，西戎光明不与焉。赤县之内，海卤居十之八，而其二为井、池、土碱。或假人力，或由天造。总之，一经舟车穷窘①，则造物应付出②焉。

注释

① 舟车穷窘：交通不便的地方。

② 造物应付出：造物，大自然。应付出，自然产生。

译文

食盐的种类很多。大体可分为海盐、池盐、井盐、土盐、崖盐和砂石盐六种，但东部少数民族地区出产的树叶盐和西部少数民族地区出产的光明盐没算在内。我国幅员辽阔，海盐的产量约占五分之四，其余五分之一是井盐、池盐和土盐。这些食盐有的是靠人工提炼，有的则是天然生成。总之，凡是在交通运输不便、外地食盐难以运到的地方，大自然都会就地提供食盐以备人使用。

02 海水盐

原典

凡海水自具咸质，海滨地高者名潮墩，下者名草荡，地皆产盐。同一海卤，传神而取法则异。

一法，高堰地，潮波不没者，地可种盐。种户各有区画经界，不相侵越。度诘朝①无雨，则今日广布稻麦稿灰及芦茅灰寸许于地上，压使平匀。明晨露气冲腾，则其下盐茅②勃发，日中晴霁，灰、盐一并扫起淋煎。

布灰种盐

注释

① 诘朝：第二天。

② 盐茅：盐像茅草一样丛生。

译文

海水本身就含盐质。海滨地势高的地方叫潮墩，地势低的地方叫草荡，这些地方都产盐。同样是用海盐，但制取海盐所用的方法却各不相同。

一种方法是在海潮不能浸漫的岸边高地上取盐，各户都有自己的地段和界线，互不侵占。估计第二天无雨，就在当天将一寸多厚的稻、麦稿灰及芦苇、茅草灰遍地撒上、压紧并使其平匀。第二天早上，地下湿气和露气都很重，灰下便已经结满了盐。等到雾散天晴，过了中午就可将灰和盐一起扫起来，拿去淋洗和煎炼。

原典

一法，潮波浅被地，不用灰压，候潮一过，明日天晴，半日晒出盐霜，疾趋扫起煎炼。

一法，逼[①]海潮深地，先掘深坑，横架竹木，上铺席苇，又铺沙于苇席上。俟潮灭顶冲过，卤气由沙渗下坑中，撤去沙、苇，以灯烛之，卤气冲灯即灭，取卤水煎炼。总之功在晴霁，若淫雨连旬，则谓之盐荒。又淮场地面，有日晒自然生霜如马牙者，谓之大晒盐。不由煎炼，扫起即食。海水顺风飘来断草，勾取煎炼，名蓬盐。

注释

① 逼：靠近、临近之意。

译文

另一种方法是，在潮水浅的地方，不用撒灰，只等潮水过后，若第二天天晴，半天就能晒出盐霜来，然后赶快扫起来，加以煎炼。

还有一种方法是在能被海潮淹没的地方预先挖一个深坑，上面横架竹或木棒，竹木上铺苇席，席上铺沙。当海潮盖顶淹过深坑时，卤气便通过沙子渗入坑内，将沙子和苇席撤去，用灯向坑里照一照，当卤气能把灯冲灭的时候，就可以取卤水出来煎炼了。总之，成功的关键在于能否天晴，若阴雨连绵多日，则称为“盐荒”。淮扬一带的盐场，人们靠日光把海水晒干，这种经过日晒而自然凝结的盐霜好像马牙似的，就叫“大晒盐”，不需再次煎炼，扫起来就可食用。此外，人们利用海水中顺风漂来的海草，捞起来熬炼而制出的盐叫作“蓬盐”。

食盐妙用多

盐不仅可以食用，还有深层清洁、杀菌排毒、舒经活血、收敛皮脂腺的作用。用盐洗头是油性头发的首选。你可以用厨房里的食用盐，也可以用市场上出售的现成的洗发盐。具体用法是：如果你只是头皮油腻，头发还不算太油的话，可以用洗发液正常清洗头发后，将洗发盐均匀涂抹于头皮之上，再配合指腹轻轻地按摩 3 ~ 5 分钟后，用清水洗净即可。建议每周 2 ~ 3 次。

原典

凡淋煎法，掘坑二个，一浅一深。浅者尺许，以竹木架芦席于上，将扫来盐料（不论有灰无灰，淋法皆同），铺于席上。四围隆起作一堤垱[①]形，中以海水灌淋，渗下浅坑中。深者深七、八尺，受浅坑所淋之汁，然后入锅煎炼。

注释

① 堤垱：即堤坝。

译文

淋洗、煎炼盐的方法是挖一浅、一深两个坑。浅的坑深一尺左右，用木或竹将芦苇架在坑上，将扫来的盐料（不论有灰还是无灰，淋洗方法都一样）铺在席上，四周堆得高些，做成堤坝形，中间用海水淋灌，盐卤水便可渗到浅坑之中。深坑深七到八尺，接收浅坑淋灌下的盐水，然后倒入锅里煎炼。

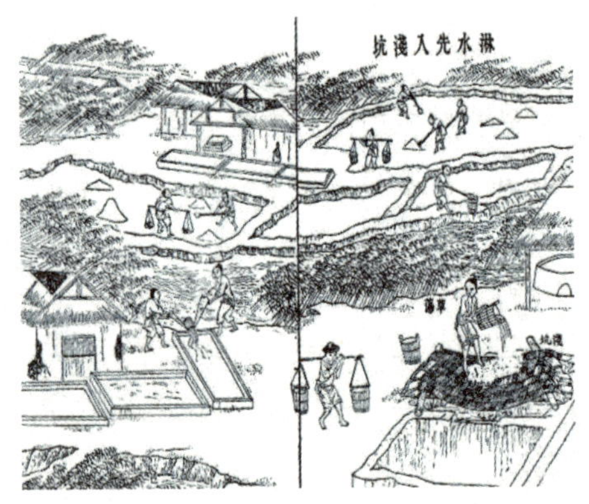

淋水先入浅坑

原典

凡煎盐锅古谓之“牢盆”[①]，亦有两种制度。其盆周阔数丈，径亦丈许。用铁者以铁打成叶片，铁钉拴合，其底平如盂，其四周高尺二寸，其合缝处一以卤汁结塞，永无隙漏。其下列灶燃薪，多者十二、三眼，少者七、八眼，共煎此盘。南海有编竹为者，将竹编成阔丈深尺，糊以蜃灰[②]，附于釜背。火燃釜底，滚沸延及成盐。亦名盐盆，然不若铁叶镶成之便也。凡煎卤未即凝结，将皂角[③]椎碎，和粟米糠二味，卤沸之时投入其中搅和，盐即顷刻结成。盖皂角结盐，犹石膏之结腐也。

牢盆煎炼海卤

注释

①牢盆：煮盐的器皿，类似堤坝的样子。

②蜃灰：蛤蜊壳烧成的灰。

③皂角：又名皂荚，能发泡，用以絮聚卤水中的杂质，促进食盐结晶。

译文

煎盐的锅古时叫“牢盆”，它的周长数丈，直径也有一丈多，只有两种规格和形制。其中一种是用铁做的，把铁锤打成叶片，再用铁钉铆合，盆的底部像盂那样平，盆深约一尺二寸，接口处经过卤汁结晶后堵塞住，就不再漏了。牢盆下面砌灶烧柴，灶眼多的能有十二三个，灶眼少的也有七八个，用柴火同时烧煮一个锅。南海地区还有另外一种制法，就是用竹篾编成一个锅围，锅围直径约一丈、深约一尺。在锅围上糊上蛤蜊灰并衔接在锅边。锅下烧火使卤水沸腾，直到结盐。这种盆叫“盐盆”，但总的来说不如用铁片做的方便省事。煎炼盐卤汁时，若没有即时凝结，可将皂角舂碎掺和小米糠一起投入沸腾的卤水里搅拌均匀，盐分便很快结晶成盐。加入皂角而使盐凝结，就好像做豆腐时使用石膏一样。

原典

凡盐淮、扬场者，质重而黑。其他质轻而白。以量较之，淮场者一升重十两，则广、浙、长芦者，只重六、七两。凡蓬草盐不可常期[①]，或数年一至，或一月数至。凡盐见水即化，见风即卤，见火愈坚。凡收藏不必用仓廪，盐性畏风不畏湿，地下叠稿三寸，任从卑湿无伤。周遭以土砖泥隙，上盖茅草尺许，百年如故也。

注释

①期：此处做可靠、可信，指望之意。

译文

淮扬一带出产的盐，又重又黑，其他地方出产的盐则又轻又白。从质量上比较，淮扬盐场的盐，一升重约十两，而广东、浙江、长芦盐场的盐就只有六七两。蓬草盐的来源不太可靠，蓬草有时好几年有一次，有时一个月就有好几次，因此不能经常指望它。盐遇到水就溶解，遇到风就流盐卤，碰上火却愈发坚硬。储藏盐不必用仓库。盐的特性是怕风吹但不怕地湿，只要在地上铺三寸来厚的稻草秆，任凭地势低湿也无妨害。若周围再用砖砌上，缝隙用泥封堵上，上面盖上一尺多厚的茅草，即使放置100年也不会发生变质。

食盐的存放

存放食盐忌选金属容器。因为食盐的化学成分为氯化钠，易发生化学上的原电池反应使金属容器被腐蚀，盐分受影响，所以盛放盐的容器应选用带盖的缸、罐等陶瓷容器，或有保护层的电镀金属容器等。

03　池盐

原典

凡池盐，宇内有二，一出宁夏，供食边镇；一出山西解池，供晋、豫诸郡县。解池界安邑、猗氏、临晋之间，其池外有城堞①，周遭禁御。池水深聚处，其色绿沉。土人种盐者，池旁耕地为畦垄，引清水入所耕畦中，忌浊水掺入，即淤淀盐脉。

池　盐

注释

①城堞：即城墙。

译文

我国有两个池盐产地，一处是在宁夏，出产的食盐供边远地区食用；另一处是在山西解池，出产的食盐供山西、河南各郡县食用。解池位于河南安邑、猗氏和临晋之间，它的四周筑有城墙用来保护盐池。池水深的地方，水呈现深绿色。当地制盐的人在池旁把耕地耕成畦垄，把池内清水引入畦垄之中。但是要注意提防浊水流入，否则将造成泥砂淤积盐脉。

原典

凡引水种盐，春间即为之，久则水成赤色。待夏秋之交，南风大起，则一宵结成，名曰颗盐，即古志所谓大盐也。凡海水煎者细碎，而此成粒颗，故得大名①。其盐凝结之后，扫起即成食味。种盐之人，积扫一石交官，得钱数十文而已。其海丰、深州引海水入池晒成者，凝结之时扫食不加人力，与解盐同。但成盐时日，与不藉南风则大异也。

注释

① 大名：“大盐”的称号。

译文

引池水制盐宜在春季进行，时间晚了水就变成红色的了。等到夏秋之交南风劲吹的时候，一夜之间就能凝结成盐，这种盐名叫“颗盐”，也就是古书上所说的“大盐”。因为海水煎炼的盐细碎，而池盐则呈颗粒状，所以得到了“大盐”的称号。池盐一经凝结成形后就可扫起供人食用。制盐的人，制成一石盐上交给官府，也不过只得几十文铜钱而已。在海丰和深州地区，把海水引入池内晒成的盐，凝结后扫起就可食用了，而不需再煎炼加工，这一点和池盐是一样的。但成盐的时间，以及它不需依靠南风吹这两点，就跟池盐大不相同了。

04 井盐

原典

凡滇、蜀两省远离海滨，舟车艰通，形势高上，其咸脉即蕴藏地中。凡蜀中石山去河不远者，多可造井取盐。盐井周围不过数寸，其上口一小盂覆之有余，深必十丈以外乃得卤性[①]，故造井功费甚难。

其器冶铁锥，如碓嘴形[②]，其尖使极刚利，向石上舂凿成孔。其身破竹缠绳，夹悬此锥。每舂深入数尺，则又以竹接其身使引而长。初入丈许，或以足踏碓梢，如舂米形。太深则用手捧持顿下。所舂石成碎粉，随以长竹接引，悬铁盏挖之而上。大抵深者半载，浅者月余，乃得一井成就。

注释

① 卤性：盐层。

② 碓嘴形：打钻工具的钻头，相当于顿钻，即冲击式钻井工具。

译文

云南和四川两省，离海滨地区很远，交通也不便利，地势又很高，因此这两个省的盐就蕴藏在当地的地下。在四川离河不远的石山上，大多都可以凿井取盐。盐井的圆周不过几寸，其上口用一个小盂便能盖上，而其深度必须要达到十丈以上，才能到达盐卤水层。因此凿井的代价很大，要花费很长时间，也很艰难。

凿井的工具，使用的是铁锥。铁锥的形状很像钻头，要把铁锥的尖端做得非常坚固锋利，才能用它在石上冲凿成孔。铁锥的锥身是用破开两半的竹片夹住，再用绳缠紧做成的。每凿进数尺深，就要用竹竿把它接上以增加它的身长。起初的这一丈多深，可以用脚踏锥梢，就像舂米那样。再深一些就用两手将铁锥举高然后再用力夯下去，这可能把石头舂得粉碎，随后把长竹接在一起再捆上铁勺，把碎石挖出来。打一眼深井大约需要半年的时间，而打一眼浅井一个多月就能够成功了。

原典

盖井中空阔，则卤气游散，不克结盐故也。井及泉后，择美竹长丈者，凿净其中节，留底不去。其喉下安消息[①]，吸水入筒，用长绠[②]系竹沉下，其中水满。井上悬桔槔、辘轳诸具，制盘驾牛。牛拽盘转，辘轳绞绠，汲水而上。入于釜中煎炼（只用中釜，不用牢盆），顷刻结盐，色成至白。

译文

如果井眼凿得过大，卤气就会游散，以致不能凝结成盐。当盐井凿到卤水层能打出水后，挑选一根长约一丈的好竹子，将竹内的节都凿穿，只保留最底下的一节，并在竹节的下端安一个吸水的单向阀门以便汲取盐水入筒。用长绳拴上这根竹筒，将它沉到井底之下，竹筒内就会汲满了盐水。井上安装桔槔或辘轳等提水工具。操作方法是套上牛，用牛拉动转盘而带动辘轳绞绳把盐水汲上来。然后将卤水倒进锅里煎炼，只用中等大小的锅，而不用牢盆，很快就能凝结成雪白的盐了。

注释

① 消息：相当于阀门。

② 长絙：长绳。

卓筒井的开凿方法

有一种小口深井，在凿井时使用“一字型”钻头，采用冲击方式舂碎岩石，注水或利用地下水，以竹筒将岩屑和水汲出，这种井就是卓筒井。卓筒井的井径仅碗口大小，因而其井壁不易崩塌。

原典

西川有火井[①]，事奇甚。其井居然冷水，绝无火气，但以长竹剖开去节，合缝漆布，一头插入井底，其上曲接，以口紧对釜脐，注卤水釜中。只见火意烘烘，水即滚沸。启竹而视之，绝无半点焦炎意。未见火形而用火神，此世间大奇事也。

凡川、滇盐井逃课掩盖至易，不可穷诘。

注释

① 火井：今之天然气井。

译文

四川有一种火井，非常奇妙，井里居然全是冷水，完全没有一点热气。但把长长的竹子劈开去掉竹节，再拼合起来用漆布缠紧，一头插入井底，另一头用曲管对准锅脐，把卤水接到锅里，只见卤水很快就沸腾起来了。可是打开竹筒一看，却没有一点烧焦的痕迹。看不见火的形象而起到了火的作用，这真是人世间的一大奇事啊！

四川、云南两省的盐井，很容易逃避官税，难以追查。

05　末盐

原典

凡地碱煎盐，除并州末盐外，长芦分司[①]地土人，亦有刮削煎成者，带杂黑色，味不甚佳。

注释

①长芦分司：明廷驻北海长芦盐场盐运使在沧州与青州分设两司，掌握盐业。

译文

用地碱煎熬的盐，除了并州的粉末盐之外，家住河北沿渤海湾一带的人们，也经常刮取地碱熬盐，但是这种盐含有杂质，颜色比较黑，味道也不太好。

06　崖盐

原典

凡西省阶、凤等州邑，海井交穷[①]。其岩穴自生盐，色如红土，恣人刮取，不假煎炼。

注释

①穷：没有。

译文

陕西省的阶州、凤县等地区，既没有海盐又没有井盐，但是当地的岩洞里却出产食盐，看上去很像红土块儿，任凭人们刮取食用，而不必通过煎炼。

盐的妙用

盐的功能很多，在日常生活、医疗、工业中都发挥着不可小觑的作用。如新买的铁锅，未用之前，先用一些食盐放在锅内炒一遍，炒至盐快焦的时候，将盐倒出，锅中的铁腥味便可除去。头痛时，用盐擦擦舌头，喝点盐开水，头痛就可以减轻。

甘嗜[①]第六

原典

宋子曰：气至于芳，色至于艳[②]，味至于甘，人之大欲存焉。芳而烈，艳而艳，甘而甜，则造物有尤异之思矣。世间作甘之味，十八产于草木，而飞虫竭力争衡，采取百花酿成佳味，使草木无全功。孰主张是，而颐养遍于天下哉？

注释

① 甘嗜：原意是喜欢喝酒和音乐。此处的意思是喜欢甜味。

② 艳：青黑色。

译文

宋子说，人们对芳香馥郁的气味、浓艳美丽的颜色、甜美可口的滋味，都有着强烈的欲望。有些芳香特别浓烈，有些颜色特别艳丽，有些滋味尤其可口，这些在自然界有着特殊的安排！世间具有甜味的东西，十之八九来自于甘蔗，而蜜蜂却极力争先，采集百花酿成佳蜜，使甘蔗不能独占全功。是谁在主宰这件事，而使天下人都为之受益呢？

01　蔗种

原典

凡甘蔗有二种，产繁[①]闽、广间，他方合并得其十一而已。似竹而大者为果蔗，截断生啖，取汁适口，不可以造糖。似荻而小者为糖蔗，口啖即棘伤唇舌，人不敢食，白霜、红砂皆从此出。凡蔗古来中国不知造糖，唐大历间[②]，西僧邹和尚游蜀中遂宁始传其法。今蜀中种盛，亦自西域渐来也。

注释

① 产繁：盛产于。

② “唐大历间”：这里有两处错误，一是邹和尚不是西僧，而是华人；二是据南朝梁时陶弘景《本草经》注，中国以蔗制糖早在六朝时已开始，不是始于唐。

译文

甘蔗有两种，主要盛产于福建和广东一带，其他各个地方所种植的，总共合起来也不过是这两地总产量的十分之一。其中甘蔗形状像竹子而又粗大的，叫果蔗，截断后可以直接生吃，汁液甜蜜可口，不适于造糖；另一种像芦荻那样细小的，叫糖蔗，生吃时容易刺伤唇舌，所以人们不敢生吃，白砂糖和红砂糖，都是用这种甘蔗制成的。在中国古代还不懂得如何用甘蔗造糖，唐朝大历年间，西域僧人邹和尚到四川遂宁县旅游时，才开始传授制糖的方法。现在四川大量种植甘蔗，也是从西域逐渐传播开来的。

原典

凡种荻蔗，冬初霜将至，将蔗斫伐，去杪[①]与根，埋藏土内（土忌洼聚水湿处）。雨水前五、六日，天色晴明即开出，去外壳，斫断约五、六寸长，以两个节为率。密布地上，微以土掩之，头尾相枕，若鱼鳞然。两芽平放，不得一上一下，致芽向土难发。芽长一、二寸，频以清粪水浇之，俟长六、七寸，锄起分栽。

凡栽蔗必用夹沙土，河滨洲土为第一。试验土色，掘坑尺五许，将沙土入口尝味，味苦者不可栽蔗。凡洲土近深山上流河滨者，即土味甘，亦不可种。盖山气凝寒，则他日糖味亦焦苦。去山四、五十里，平阳[②]洲土择佳而为之（黄泥脚地毫不可为）。

注释

①杪：指蔗的头部。

②平阳：地势平坦、阳光充足。

译文

种植荻蔗的方法是，在初冬将要下霜之前将荻蔗砍倒，去掉头和尾，埋在泥土里（注意不能埋在低洼、积水、潮湿的地方），在第二年“雨水”节气的前五六天，趁天气晴朗时将荻蔗挖出，剥掉外面的叶鞘，砍成五、六寸长一段，以每段都要留有两个节为准，把它们密排在地上，稍微盖上些土，让它们像鱼鳞似的头尾相枕。每段荻蔗上的两个芽都要平放，不能一上一下，致使向下的种芽难以萌发出土。到荻蔗芽长到一两寸的时候，要注意经常浇灌清粪水；等到长至六、七寸的时候，就要挖出来移植分栽了。

栽种甘庶必须选择沙壤土，靠近江河边的沙泥土最适合。鉴别土质的方法是挖一个深约一尺五寸的坑，将坑里的沙土放入口中尝尝味道，味道苦的沙土不能栽种甘蔗。靠近深山河流上游的淤积土，即便是土味甘甜也不能栽种甘蔗，这是因为山地气候寒冷，将来制成蔗糖的味道也是焦苦的。应该在距山四、五十里的平坦宽阔、阳光充足的沙泥土中，选择最好的地段来种植（黄泥土根本不适于种植）。

原典

凡栽蔗治畦，行阔四尺，犁沟深四寸。蔗栽沟内，约七尺列三丛，掩土寸许，土太厚则芽发稀少也。芽发三、四个或六、七个时，渐渐下土，遇锄耨时加之。加土渐厚，则身长根深，蔗免欹倒之患。凡锄耨不厌勤过[①]，浇粪多少视土地肥硗。长至一、二尺，则将胡麻或芸苔枯浸和水灌，灌肥欲施行内。高二、三尺则用牛进行内耕之。半月一耕，用犁一次垦土断旁根，一次掩土培根，九月初培土护根，以防斫后霜雪。

注释

① 不厌勤过：越勤越好。

译文

栽种甘蔗时要整地造畦，将畦垄耕成行距四尺、深四寸的沟。把甘蔗栽种在沟内，约七尺栽种三株，盖上一寸多厚的土，土太厚出芽就会稀少些。每株甘蔗长到三、四个或六、七个芽，就逐渐将两旁的土推到沟里，每逢中耕锄草时都要培土。培的土越来越厚，甘蔗秆长高而根也扎深了，这样就可避免倒伏的危险。中耕除草的活儿不嫌次数多，施肥的多少就要看土地的肥瘦程度了。等到甘蔗苗长到一两尺时，就要把胡麻或油菜籽枯饼浸泡后掺水一起浇灌，肥要浇灌在行内。等到甘蔗苗长高到两三尺时则要用牛进入行间进行耕作。每半月犁耕一次以切断一次旁根、翻土一次、培土一次。到了九月初则要大培土保护甘蔗根，以防甘蔗砍收后的宿根被霜雪冻坏。

可多次收割的甘蔗

甘蔗是一种神奇的植物，新种甘蔗时只需栽种甘蔗苗进行繁殖，不久就能生根，长出许多嫩芽，形成丛状。而收割时仅需收割甘蔗茎，可将根仍留在土壤内，来年，宿根便会重新分枝生茎，可再次收割。如此可反复七、八次，但在我国一般只能收割3次。

02　蔗品

原典

凡荻蔗造糖，有凝冰[①]、白霜、红砂三品。糖品之分，分于蔗浆之老嫩。凡蔗性至秋渐转红黑色，冬至以后由红转褐，以成至白。五岭以南无霜国土，蓄蔗不伐以取糖霜。若韶、雄以北，十月霜侵，蔗质遇霜即杀，其身不能久待以成白色，故速伐以取红糖也。

凡取红糖，穷十日之力而为之。十日以前其浆尚未满足，十日以后恐霜气逼侵，前功尽弃。故种蔗十亩之家，即制车、釜一副以供急用。若广南无霜，迟早惟人也。

注释

① 凝冰：冰糖。

译文

用荻蔗可以造出冰糖、白糖和红糖三个品种的糖。糖的品种不同，是由荻蔗的老嫩程度不同而决定的。荻蔗的外皮到秋天就会逐渐变成深红色，而冬至以后就会由红色转变为褐色，然后出现白色的蔗蜡。在华南五岭以南没有霜冻的地区，荻蔗冬天也被留在地里而不砍收，让它长得更好些以用来制造白糖；但是在广东韶关、南雄以北地区，十月份就会出现霜冻，蔗质一经霜冻就要受到破坏，那些地区的荻蔗就不能在地里留很长时间等它变成白色再收，因此要赶紧砍伐用来造红糖。

制造红糖必须在 10 天之内全力完成。因为 10 天以前荻蔗糖浆还没有长足，而 10 天以后又怕受霜冻的侵袭而导致前功尽弃，所以种蔗多达 10 亩的人家就要准备榨糖和煮糖用的车和锅以供急用。至于在广东南部没有霜冻的地区，荻蔗收割的早迟就随人自主安排了。

03　造糖

原典

凡造糖车，制用横板二片，长五尺，厚五寸，阔二尺，两头凿眼安柱，上榫出少许，下榫出板二、三尺，埋筑土内，使安稳不摇。上板中凿二眼，并列巨轴两根（木用至坚重者），轴木大七尺围方妙。两轴一长三尺，一长四尺五寸，其长者出榫安犁担。担用屈木，长一丈五尺，以便驾牛团转走。轴上凿齿分配雌雄，其合缝处须直而圆，圆而缝合。夹蔗于中，一轧而过，与棉花赶车①同义。

注释

① 赶车：轧棉机。

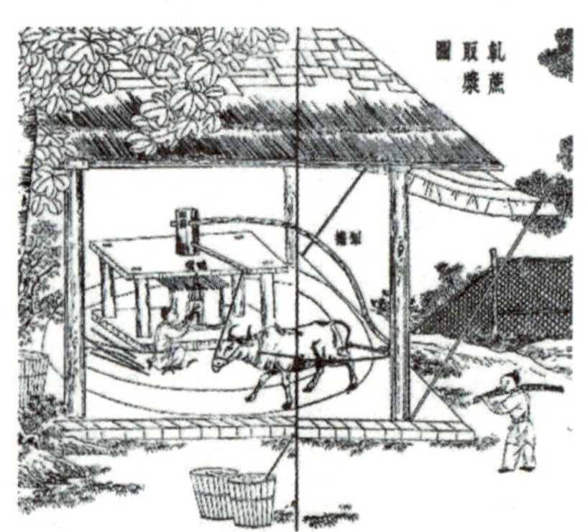

轧蔗取浆

译文

造糖用的轧浆车是在每块长约五尺、厚约五寸、宽约二尺的上下两块横板两端凿孔安上柱子而制成的。柱子上端的榫头从上横板露出少许，下端的榫头要穿过下横板二至三尺，才能埋在地下，使整个车身安稳而不摇晃。在上横板的中部凿两个孔眼，并排安放两根大木轴（用非常坚实的木料制成），做轴的木料的周长大于七尺为最好。两根木轴中一根长约三尺，另外一根长约四尺五寸，长轴的榫头露出上横板用来安装犁担。犁担是用一根长约一丈五尺的弯曲木材做成的，以便套牛轭使牛转圈走。轴端凿有相互配合的凹凸转动齿轮，两轴的合缝处必须又直又圆，这样缝才能密合得好。把甘蔗夹在两根轴之间一轧而过，这和轧棉机的道理是相同的。

原典

蔗过浆流，再拾其滓，向轴上鸭嘴扱入，再轧，又三轧之，其汁尽矣，其滓为薪。其下板承轴，凿眼，只深一寸五分，使轴脚不穿透，以便板上受汁也。其轴脚嵌安铁锭于中，以便捩转[①]。凡汁浆流板有槽枧，汁入于缸内。每汁一石下石灰五合[②]于中。凡取汁煎糖，并列三锅如“品”字，先将稠汁聚入一锅，然后逐加稀汁两锅之内。若火力少束薪，其糖即成顽糖[③]，起沫不中用。

注释

① 捩转：转动。

② 下石灰五合：蔗汁内杂质妨碍糖分结晶，加石灰可使杂质沉淀。五合，半升，一升为十合。

③ 顽糖：即胶糖，无法结晶。

译文

甘蔗经过压榨便会流出糖浆水，再把蔗渣插入轴上的“鸭嘴”处进行第二次压榨，然后又压榨第三次，蔗汁就会被压榨尽了，剩下的蔗渣可以用做烧火的燃料。下横板用来支撑木轴，装木轴的地方只凿了一寸五分深的一个小孔，使轴脚不能穿透下横板，以便在板面上接蔗汁。轴的下端要安装铁条和锭子以便于转动。蔗汁通过下横板上的槽导流进糖缸里。每石蔗汁加入石灰约半升。在取用蔗汁熬糖时，把三口铁锅排列成品字形，先把浓蔗汁集中在一口锅里，然后再把稀蔗汁逐渐加入其余两口锅里。如果是柴火不够火力不足，哪怕只少一把火，也会把糖浆熬成质量低劣的顽糖，满是泡沫而没有用处了。

04 造白糖

原典

凡闽、广南方，经冬老蔗，用车同前法。榨汁入缸，看水花为火色。其花煎至细嫩，如煮羹沸，以手捻试，粘手则信来矣。此时尚黄黑色，将桶盛贮，凝成黑沙。然后以瓦溜（教陶家烧造）置缸上。其溜上宽下尖，底有一小孔，将草塞住，倾桶中黑沙①于内。待黑沙结定，然后去孔中塞草，用黄泥水②淋下。其中黑滓入缸内，溜内尽成白霜。最上一层厚五寸许，洁白异常，名曰洋糖（西洋糖绝白美，故名）。下者稍黄褐。

注释

①黑沙：蔗汁熬煮后的浓液冷却时呈黑色，即黑色糖膏。

②黄泥水：取黄泥水上层溶液，起脱色、除蜜作用。

澄结糖霜瓦器

译文

福建、广东南方一带有过冬的成熟老甘蔗，其压榨的方法与前面所讲过的方法一样。将榨出的糖汁引入糖缸中，熬糖时要通过观察蔗汁沸腾时的水花来控制火候。当熬到水花呈细珠状，好像煮开的羹糊时，就用手捻试一下，如果黏手就说明已经熬到火候了。这时的糖浆还是黄黑色，把它盛装在桶里，让它凝结成糖膏，然后把瓦溜（请陶工专门烧制而成）放在糖缸上。这种瓦溜上宽下尖，底下留有一个小孔，用草将小孔塞住，把桶里的糖膏倒入瓦溜中。等糖膏凝固以后就除去塞在小孔中的草，用黄泥水从上淋浇下来，其中黑色的糖浆就会淋进缸里，留在瓦溜中的则全变成了白糖。最上面的一层约有五寸多厚，非常洁白，名叫“西洋糖”（西洋糖非常白，因此而得名），下面的一层稍带黄褐色。

原典

造冰糖者将洋糖煎化，蛋青澄去浮滓，候视火色。将新青竹破成篾片，寸斩①撒入其中。经过一宵，即成天然冰块。造狮、象、人物等，质料精粗由人。凡白糖有五品，“石山”为上，“团枝”次之，“瓮鉴”次之，“小颗”又次，“沙脚”为下。

注释

①寸斩：斩成一寸长。

译文

制造冰糖的方法是，将最上层的白糖加热溶化，用鸡蛋清澄清并去除掉面上的浮渣，要注意适当控制火候。将新鲜的青竹破截成一寸长的篾片，撒入糖液之中。经过一夜之后就自然凝结成天然冰块那样的冰糖。制作狮糖、象糖及人物等形状的糖，糖质的精粗就可随人们自主选用了。白糖分为五等，其中“石山”为最上等，“团枝”稍微差些，“瓮鉴”又差些，“小颗”更差些，“沙脚”则最差。

甘蔗的功效

由于甘蔗具有味甘、性寒，归肺、胃经的特性，因而它具有清热解毒、生津止渴、和胃止呕、滋阴润燥等功效。它能减轻口干舌燥、津液不足、小便不利、大便燥结、消化不良、反胃呕吐、呃逆、高热烦渴等症状。

05 饴饧

原典

凡饴饧①，稻、麦、黍、粟皆可为之。《洪范》云：“稼穑②作甘。”及此乃穷其理。其法用稻麦之类浸湿，生芽暴干，然后煎炼调化而成。色以白者为上，赤色者名曰胶饴，一时宫中尚之，含于口内即溶化，形如琥珀。南方造饼饵者，谓饴饧为小糖，盖对蔗浆而得名也。饴饧人巧千方以供甘旨，不可枚述。惟尚方用者名“一窝丝③”，或流传后代不可知也。

注释

①饴饧：古时用麦芽或谷芽熬成的糖。

②稼穑：播种并收获粮食。

③一窝丝：从饴糖制成的拔丝糖，酥松可口。

译文

饴饧可用稻、麦、黍和粟来做成。《尚书·洪范》篇中说：“粮食可产生甜味。”现在就可明白五行生五味的道理了。制作饴饧的方法是将稻麦之类泡湿，发芽后晒干，然后煎炼调化而成。色泽以白色的为上等品，红色的叫做“胶饴”，在皇宫内曾很受欢迎，这种糖含在嘴里就会溶化，外形像琥珀一样。南方制作糕点饼干的称饴饧为小糖，大概是以此区别于蔗糖而取的名字。饴饧制造的技巧和方法很多，人们巧妙地将饴饧制成各种美味食品，多得不能一一列举；但是宫廷中皇族们所吃的叫做“一窝丝”的糖，有没有流传到后世，就不知道了。

06　蜂蜜

原典

凡酿蜜蜂普天皆有，惟蔗盛之乡则蜜蜂自然减少。蜂造之蜜，出山崖、土穴者十居其八，而人家招蜂造酿而割取者，十居其二也。凡蜜无定色，或青或白，或黄或褐，皆随方土、花性而变。如菜花蜜、禾花蜜之类，百千其名不止也。

凡蜂不论于家于野，皆有蜂王。王之所居造一台如桃大，王之子世为王。王生而不采花，每日群蜂轮值，分班采花供王。王每日出游两度（春夏造蜜时），游则八蜂轮值以侍。蜂王自至孔隙口，四蜂以头顶腹①，四蜂傍翼飞翔而去，游数刻而返，翼顶如前。

注释

①顶腹：顶蜂王之腹。

译文

酿蜜的蜜蜂普天之下到处都有，但是在盛产甘蔗的地方，蜜蜂自然就会减少。蜜蜂所酿造的蜂蜜，其中十分之八是野蜂在山崖和土穴里酿造的，出自人工养蜂的蜜只占十分之二。蜂蜜没有固定的颜色，有青色的、白色的、黄色的、褐色的，随各地方的花性和种类的不同而不同。例如，菜花蜜、禾花蜜等，名目何止成百上千啊！

不论是野蜂还是家蜂，其中都有蜂王。蜂王居住的地方，造一个犹如桃子大小的台，蜂王之子世代继承王位。蜂王一生之中从来不外出采蜜，每天由群蜂轮流分班值日，采集花蜜供蜂王食用。蜂王（在春夏造蜜季节）每天出游两次，出游时，有 8 只蜜蜂轮流值班伺候。蜂王自己爬出洞穴口时，有 4 只蜂用头顶着蜂王的肚子，把它顶出，另外 4 只蜂在周围护卫着蜂王飞翔而去，游不多久就会回来，回来时还像出去时那样顶着蜂王的肚子并护卫着把蜂王送进蜂巢之中。

原典

畜家蜂者或悬桶檐端，或置箱牖下，皆锥圆孔眼数十，俟其进入。凡家人杀一蜂、二蜂皆无恙，杀至三蜂则群起螫之，谓之蜂反。凡蝙蝠最喜食蜂，投隙入中，吞噬无限。杀一蝙蝠悬于蜂前，则不敢食，俗谓之“枭令”。凡家蓄蜂，东邻分而之西舍，必分王之子而去为君，去时如铺扇拥卫[①]。乡人有撒酒糟香而招之者。

注释

① 铺扇拥卫：众蜂列如扇形，拥卫新蜂王。

译文

喂养家蜂的人，有的把蜂桶挂在房檐底下的一头，有的就把蜂箱放在窗子下面，都钻几十个小圆孔让蜂群进入。养蜂的人如果打死一两只家蜂没有什么问题，如果打死 3 只以上家蜂，蜜蜂就会群起而攻击蜇人，这叫做“蜂反”。蝙蝠最喜欢吃蜜蜂，一旦它钻空子进入蜂巢就会吃个没完没了。如果打死一只蝙蝠悬挂在蜂巢前方，其他的蝙蝠也就不敢再来吃蜜蜂了，俗话叫做“杀一儆百”。家养的蜜蜂从东邻分群到西舍时，一定会分一个蜂王之子去当新的蜂王，届时蜂群将组成扇形阵势簇拥护卫新的蜂王飞走。乡下养蜂的人常常喷洒甜酒糟以此香气来招引蜜蜂。

真假蜂蜜的辨别

真蜂蜜肉眼观看以浅白色质地为好。淡黄色或琥珀色的蜂蜜应以浅淡色，且光泽不是很透亮的为佳。而假蜂蜜色泽鲜艳，大多是用白糖或糖浆冒充的，所以看起来非常清澈透亮，以浅黄色或深黄色为主。

原典

凡蜂酿蜜，造成蜜脾[①]，其形鬣鬣然[②]。咀嚼花心汁吐积而成。润以人小遗，则甘芳并至，所谓“臭腐神奇”也。凡割脾取蜜，蜂子多死其中，其底则为黄蜡。凡深山崖石上有经数载未割者，其蜜已经时自熟，土人以长竿刺取，蜜即流下。或未经年而攀缘可取者，割炼与家蜜同也。土穴所酿多出北方，南方卑湿，有崖蜜[③]而无穴蜜[④]。凡蜜脾一斤炼取十二两。西北半天下，盖与蔗浆分胜云。

注释

① 蜜脾：蜜蜂营造的用以酿蜜的巢房。

② 鬣鬣然：如马鬃一样。

③ 崖蜜：野蜂在石崖中做巢后所生的蜜，又叫石蜜。

④ 穴蜜：北方野蜂在土穴中做巢酿蜜，也叫土蜜。

蜜　脾

译文

蜜蜂酿蜜时，先制造蜜脾，其样子如同一片排列整齐竖直向上的鬃毛。蜜蜂吸食咀嚼花蕊的汁液，一点一滴吐出来积累而酿成蜂蜜。再润以采来的人的小便，这样得到的蜜就特别甘甜芳香，这便是所谓“化臭腐为神奇”的作用吧！割取蜜脾炼蜜时，会有很多幼蜂和蜂蛹死在里面，蜜脾的底层是黄色的蜂蜡。深山崖石上的蜂蜜有的几年都没有割取过蜜脾，过了很长时间蜜脾就自己成熟了，当地人用长竹竿把蜜脾刺破，蜂蜜随即就会流下来。如果是刚酿不到一年而又能爬上去取下来的蜜脾，加工割炼的方法同家养的蜜蜂所酿造的蜂蜜是一样的。土穴中产的蜜多出产在北方，南方因为地势低，气候潮湿，只有“崖蜜”而无“穴蜜”。一斤蜜脾，可炼取十二两蜂蜜。西北地区所出产的蜜占全国的一半，因此可与南方出产的蔗糖相媲美了。

07 附：造兽糖

原典

凡造兽糖者，每巨釜一口，受糖五十斤。其下发火慢煎，火从一角烧灼，则糖头滚旋而起。若釜心发火，则尽尽沸溢于地。每釜用鸡子三个，去黄取清，入冷水五升化解。逐匙滴下，用火糖头之上，则浮沤①、黑滓尽起水面，以笊篱捞去，其糖清白之甚。然后打入铜铫②，下用自风慢火温之，看定火色然后入模。凡狮、象糖模，两合如瓦为之，杓写③糖入，随手覆转倾下。模冷糖烧，自有糖一膜靠模凝结，名曰享糖，华筵用之。

注释

① 浮沤：泡沫。

② 铜铫：有柄的小铜锅。

③ 写：同“泻”，指倾倒。

译文

制作兽糖的方法是在一口大锅中，放入白糖 50 斤，在锅底下慢慢加热熬煎，要让火从锅的一角徐徐烧热，就会看见溶化的糖液滚沸而起。如果是在锅底的中心部位加热的话，糖液就会急剧地沸腾溢到地上。每一锅要用 3 个鸡蛋，只取鸡蛋白，加入 5 升冷水调匀。一勺一勺滴入，加在滚沸而起的糖液上，糖液中的浮泡和黑渣就会全部浮起，这时用笊篱捞去，糖液就变得很洁白了。再把糖液转盛到带手柄的小铜釜里，下面用慢火保温，注意控制火候，然后倒入糖模中。狮糖模和象糖模是由两半像瓦一样的模子合成的，用勺把糖倒进糖模中，随手翻转，再把糖倒出。因为糖模冷而糖液热，靠近糖模壁的地方便能凝结成一层糖膜，名叫“享糖”，盛大的酒席上有时要用到它。

中卷

陶埏[1]第七

原典

宋子曰：水火既济而土合[2]。万室之国，日勤千人而不足[3]，民用亦繁矣哉。上栋下室以避风雨，而瓴建焉。王公设险以守其国，而城垣、雉堞[4]，寇来不可上矣。泥瓮坚而醴酒欲清，瓦登洁而醯醢[5]以荐。商周之际，俎豆以木为之，毋亦质重之思耶。后世方土效灵，人工表异，陶成雅器，有素肌、玉骨之象焉。掩映几筵，文明可掬，岂终固哉？

注释

①陶埏：陶指制瓦器，埏指以水和泥。

②水火既济而土合：此处活用为经过水和火的交互作用，黏土便凝固而成器了。

③万室之国，日勤千人而不足：万户之国，各方面的事务很繁多，就是每天有1000个人在忙碌，也仍然不够用。

④雉堞：女儿墙，城墙上远望呈锯齿状的小墙。

⑤醯醢：醯指醋；醢指肉鱼所做的酱。此处泛指祭祀时所用的调料和食物。

译文

宋子说：水与火都成功地起到了作用，泥土就能牢固地结合成为陶器和瓷器了。在上万户的城镇里，每天都有成千人在辛勤地制作陶器却还是供不应求，可见民间日用陶瓷的需求量是真够大的。修建大小房屋来避风雨，就要用到砖瓦。王公为了设置险阻以防守邦国，就要用砖来建造城墙和护身矮墙，使敌人攻不上来。泥瓮坚固，能使甜酒保持清彻；瓦器清洁，好用来盛装用于献祭的醋和肉酱。商周时代，礼器是用木制造的，无非是重视质朴、庄重的意思罢了。后来，各个地方都发现了不同特点的陶土和瓷土，人工又创造出各种精湛工艺，制成了优美洁雅的陶瓷器皿，有的像绢似的白如肌肤，有的质地光滑如玉石。摆设在桌子、茶几或宴席上交相辉映，所显现的色泽十分美观，让人爱不释手，难道这仅仅是因为它们坚固耐用吗？

01 瓦

原典

凡埏泥造瓦，掘地二尺余，择取无沙黏土而为之。百里之内必产合用土色，供人居室之用。凡民居瓦形皆四合分片。先以圆桶为模骨，外画四条界。调践熟泥[①]，叠成高长方条（然后用铁线弦弓），线上空三分，以尺限定，向泥不平戛一片，似揭纸而起，周包圆桶之上。待其稍干，脱模而出，自然裂为四片。凡瓦大小古无定式，大者纵横八、九寸，小者缩十之三。室宇合沟中，则必需其最大者，名曰沟瓦，能承受淫雨不溢漏也。

造瓦坯

注释

① 调践熟泥：用脚和熟陶泥。

译文

凡是和泥制造瓦片，需要掘地两尺多深，从中选择不含砂子的黏土来造。方圆百里之中，一定会有适合制造瓦片所用的黏土。民房所用的瓦是四片合在一起而成型的。先用圆桶做一个模型，圆桶外壁画出四条界线，把黏土踩和成熟泥，并将它堆成一定厚度的长方形泥墩。然后用一个铁线制成的弦弓向泥墩平拉，割出一片三分厚的陶泥，像揭纸张那样把它揭起来，将这块泥片包紧在圆桶的外壁上。等它稍干一些以后，将模子脱离出来，就会自然裂成四片瓦坯了。瓦的大小并没有一定的规格，大的长宽达八九寸，小的则缩小十分之三。屋顶上的水槽，必须要用被称为“沟瓦”的那种最大的瓦片，才能承受连续持久的大雨而不会溢漏。

仿古砖多功能的趋势和前途

仿古砖不是我国建陶业的产品，而是从国外引进的。仿古砖是从彩釉砖演化而来的，实质上是上釉的瓷质砖。与普通的釉面砖相比，其差别主要表现在釉料的色彩上面。仿古砖属建筑陶瓷，主要用于建筑物室内、外装饰，随着使用范围和使用群体的需求不断扩大，对防滑、耐磨、防污自洁、抗菌、抗静电、光变幻等功能提出了不同要求，从而派生出一系列具有特殊功能的仿古砖，如通过干式施釉、施高温干粒、表面改性，开发出防滑性能和耐磨性能十分优异的仿古砖等。总之，仿古砖多功能化的趋势和前途十分广阔。

原典

凡坯既成，干燥之后，则堆积窑中燃薪举火。或一昼夜或二昼夜，视窑中多少为熄火久暂。浇水转釉，与造砖同法。其垂于檐端者有滴水[①]，下于脊沿者有云瓦，瓦掩覆脊者有抱同，镇脊两头者有鸟兽诸形象。皆人工逐一做成，载于窑内受水火而成器则一也。

注释

① 滴水：瓦的名称，“滴水”瓦。下文“云”“抱同”等都为瓦名。

译文

瓦坯造成并干燥之后，堆砌在窑内，就用柴火烧。有的烧一昼夜，也有的烧两昼夜，这要根据瓦窑里瓦坯的具体数量来定。停火后，马上在窑顶浇水使瓦片呈现出蓝黑色的光泽，方法跟烧青砖是一样的。垂在檐端的瓦叫“滴水”瓦，用在屋脊两边的瓦叫做“云瓦”，覆盖屋脊的瓦叫做“抱同”瓦，装饰屋脊两头的各种陶鸟陶兽，都是人工一片一片逐渐做成后放进窑里烧成的，所用的水和火与普通瓦一样。

原典

若皇家宫殿所用，大异于是。其制为琉璃瓦[①]者，或为板片，或为宛筒。以圆竹与斫木为模，逐片成造，其土必取于太平府（舟运三千里方达京师，掺沙之伪，雇役、掳船之扰，害不可极。即承天皇陵，亦取于此，无人议正）造成，先装入琉璃窑内，每柴五千斤烧瓦百片。取出，成色以无名异[②]、棕榈毛等煎

汁涂染成绿，黛赭石、松香、蒲草等涂染成黄。再入别窑，减杀薪火，逼成琉璃宝色。外省亲王殿与仙佛宫观间亦为之，但色料各有配合，采取不必尽同，民居则有禁也。

注释

① 琉璃瓦：施绿、蓝、黄等色釉料的瓦，专用于宫殿、庙宇等建筑。

② 无名异：一种矿土，可做釉料。

译文

至于皇家宫殿所用瓦的制作方法，就大不相同了。例如琉璃瓦，有的是板片形的，也有的是半圆筒形的，都是用圆竹筒或木块做模型而逐片制成的。所用的黏土指定要从安徽太平府运来（用船运 3000 里才能到达京都，有掺砂的，也有强雇民工、抢船承运的，害处非常大。甚至承天皇陵也要用这种土，但是没有人敢提议纠正）。瓦坯造成后，装入琉璃窑内，每烧 100 片瓦要用 5000 斤柴。烧成功后取出来涂上釉色，用无名异和棕榈毛汁涂成绿色或青黑色，或者用赭石、松香及蒲草等涂成黄色。然后再装入另一窑中，用较低窑温烧成带有琉璃光泽的漂亮色彩。京都以外的亲王宫殿和寺观庙宇，也有用琉璃瓦的，各地都有它自己的色釉配方，制作方法不一定都相同，一般的民房则禁止用这种琉璃瓦。

02 砖

原典

凡埏泥造砖，亦掘地验辨土色，或蓝或白，或红或黄（闽、广多红泥，蓝者名善泥，江浙居多），皆以黏而不散、粉而不沙者为上。汲水滋土，人逐数牛错趾[①]，踏成稠泥，然后填满木框之中，铁线弓戛平其面，而成坯形。

注释

① 错趾：把牛赶上去踩踏。

泥造砖坯

译文

炼泥造砖，也要挖取地下的黏土，对泥土的成色加以鉴别。黏土一般有蓝、白、红、黄几种土色（福建和广东多红泥，江苏和浙江以名叫“善泥”的蓝色土居多），以黏而不散，土质细而没有砂的最为适宜。先要浇水以浸润泥土，再赶几头牛去踩踏，踩成稠泥。然后把稠泥填满木模子，用铁线弓削平表面，脱下模子就成砖坯了。

黏土砖的“破坏力”

在我国人均耕地资源不到世界平均水平 40% 的情况下，因城乡建房烧制黏土砖所需的黏土资源是我国可耕地中较优质的黏土，因此，烧制黏土砖一年下来竟要损毁良田 70 万亩，其对土地资源的破坏可见一斑。为转变这一严重浪费土地资源的传统烧制方式，国务院批转了原国家建材局等部门联合下发的“关于新型墙体材料的开发与推广意见”，并对全国 170 个大中城市提出了“禁止使用实心黏土砖的要求”。

原典

凡郡邑城雉、民居垣墙所用者，有眠砖、侧砖两色。眠砖方长条，砌城郭与民人饶富家，不惜工费直垒而上。民居算计者，则一眠之上施侧砖一路，填土砾其中以实之，盖省啬之义也。凡墙砖而外，甃地①者名曰方墁砖。榱桷②用以承瓦者曰楻板砖。圆鞠小桥梁与圭门与窀穸③墓穴者曰刀砖，又曰鞠砖。凡刀砖削狭一偏面，相靠挤紧，上砌成圆，车马践压不能损陷。

注释

① 甃地：以砖铺地。

② 榱桷：屋顶椽子。

③ 窀穸：即墓穴。

译文

建造各郡县的城墙和民房的院墙所用的砖，有“眠砖”和“侧砖”两种。眠砖是卧着铺砌的，郡县的城墙和有钱人家的墙壁，不惜工本，全部用眠砖一块一块叠砌上去。会精打细算的居民为了节省，在一层眠砖上面砌两条侧砖，中间再用泥土和砂石瓦砾之类填满。除了墙砖以外，还有其他的砖：铺砌地面用的叫做方墁砖，屋椽和屋桷斜枋上用来承瓦的叫做楻板砖，砌小拱桥、拱门和墓穴用的砖叫做刀砖，或者又叫做鞠砖。刀砖用的时候要削窄一边，紧密排列，砌成圆拱形，即便有车马践压也不会损坏坍塌。

原典

造方墁砖，泥入方框中，平板盖面，两人足立其上，研[①]转而坚固之，烧成效用。石工磨斫四沿，然后甃地。刀砖之直视墙砖稍溢一分，楻板砖则积十以当墙砖之一，方墁砖则一以敌墙砖之十也。

凡砖成坯之后，装入窑中，所装百钧[②]则火力一昼夜，二百钧则倍时而足。凡烧砖有柴薪窑，有煤炭窑。用薪者出火成青黑色，用煤者出火成白色。凡柴薪窑巅上偏侧凿三孔以出烟，火足止薪之候，泥固塞其孔，然后使水转釉。凡火候少一两则釉色不光；少三两，则名嫩火砖，本色杂现，他日经霜冒雪，则立成解散，仍还土质。火候多一两则砖面有裂纹。多三两则砖形缩小拆裂，屈曲不伸，击之如碎铁然，不适于用。巧用者以之埋藏土内为墙脚，则亦有砖之用也。凡观火候，从窑门透视内壁，土受火精，形神摇荡，若金银熔化之极然，陶长辨之。

注释

①研：磨削、打磨。

②百钧：30 斤为一钧。百钧则为 3000 斤。

砖瓦浇水转釉

译文

造方墁砖的方法是，将泥放进木方框中，上面铺上一块平板，两个人站在平板上面踩，把泥压实。烧成后由石匠先磨削方砖的四周而成斜面，然后就可以用来铺砌地面了。刀砖的价钱要比墙砖稍贵一些，楻板砖只值墙砖的十分之一，而方墁砖则要比墙砖贵十倍。

砖坯做好后就可以装窑烧制了。每装 3000 斤砖要烧一个昼夜，装 6000 斤则要烧上两昼夜才够火候。烧砖有的用柴薪窑，有的用煤炭窑。用柴烧成的砖呈青灰色，而用煤烧成的砖呈浅白色。柴薪窑顶上偏侧凿有三个孔用来出烟，当火候已足而不需要再烧柴时，就用泥封住出烟孔，然后在窑顶浇水使砖变成青灰色。烧砖时，即使火力缺少一成，砖也会没有光泽；火力缺少三成的话，就会烧成嫩火砖，现出坯土的原色，日后经过霜雪风雨侵蚀，就会立即松散而重新变回泥土。如果过火一成，砖面就会出现裂纹；过火三成，砖块就会缩小拆裂、弯曲不直且一敲就碎，如同一堆烂铁，就不再适于砌墙了。有些会使用材料的人把它埋在地里做墙脚，这也算是起到了砖的作用。烧窑时要注意从窑门往里面观察火候，砖坯受到高温的作用，看起来好像有点晃荡，就像金银完全熔化时的样子，这要靠老师傅的经验来辨认掌握。

原典

凡转釉之法[①]，窑巅作一平田样，四围稍弦起，灌水其上。砖瓦百钧用水四十石。水神透入土膜之下，与火意相感而成。水火既济，其质千秋矣。若煤炭窑视柴窑深欲倍之，其上圆鞠渐小，并不封顶。其内以煤造成尺五径阔饼，每煤一层，隔砖一层，苇薪垫地发火。

若皇家居所用砖，其大者厂在临清，工部分司主之。初名色有副砖、券砖、平身砖、望板砖、斧刃砖、方砖之类，后革去半。运至京师，每漕舫搭四十块，民舟半之。又细料方砖以甃正殿者，则由苏州造解。其琉璃砖色料已载《瓦》款。取薪台基厂[②]，烧由黑窑[③]云。

注释

① 转釉之法：砖坯在窑内还原气氛下烧结，再从窑顶浇水使燃料速冷，产生坚固有釉光的青砖或青瓦。

② 台基厂：在北京崇文门西。

③ 黑窑：在北京右安门内，明代专为宫内烧造砖瓦的官厂。

煤炭烧砖

译文

使砖变成青灰色的方法，是在窑顶堆砌一个平台，平台四周应该稍高一点，在上面灌水。每烧3000斤砖瓦要灌水40担。窑顶的水从窑壁的土层渗透下来，与窑内的火相互作用。借助水火的配合作用，就可以形成坚实耐用的砖块了。煤炭窑要比柴薪窑深一倍，顶上圆拱逐渐缩小，而不用封顶。窑里面堆放直径约一尺五寸的煤饼，每放一层煤饼，就添放一层砖坯，最下层垫上芦苇或者柴草以便引火烧窑。

皇宫里所用的砖，大厂设在山东临清县，由工部设立主管砖块烧制的专门机构。最初定的砖名有副砖、券砖、平身砖、望板砖、斧刃砖及方砖等名目，后来有一半左右被废除了。要将这些砖运到京都，按规定每只运粮船要搭运40块，民船可以减半。用来砌皇宫正殿的细料方砖，是在苏州烧成后再运到京都的。至于琉璃砖和釉料已在《瓦》那一节中详细记述了，据说它用的是“台基厂”的柴草并在黑窑中烧制而成的。

03 罂、瓮①

原典

凡陶家为缶②属，其类百千。大者缸瓮，中者钵盂，小者瓶罐，款制各从方土，悉数之不能。造此者必为圆而不方之器。试土寻泥之后，仍制陶车旋盘。工夫精熟者视器大小掐泥，不甚增多少，两人扶泥旋转，一捏而就。其朝廷所用龙凤缸（窑在真定曲阳与扬州仪真）与南直花缸，则厚积其泥，以俟雕镂，作法全不相同，故其值或百倍或五十倍也。

注释

①罂、瓮：罂，腹大口小的陶瓷瓶；瓮，盛液体的陶瓷器。

②缶：腹大口小的器皿。

译文

陶坊制造的缶种类很多。较大的有缸瓮，中等的有钵盂，小的有瓶罐。各地的式样都不太一样，难以一一列举。这类陶器，都是圆形的而不是方形的。通过实验找到适宜的陶土之后，还要制造陶车和旋盘。技术熟练的人按照将要制造的陶器的大小而取泥，放上旋盘，数量正好而不用增添多少。扶泥和旋转陶车要两人配合，用手一捏而成。朝廷所用的龙凤缸（窑设在河北省的真定和曲阳以及江苏省的仪真）和南直隶的花缸，要造得厚一些，以便于在上面雕镂刻花，这种缸的做法跟一般缸的制法完全不同，价钱也要贵五十倍到一百倍。

原典

凡罂缶有耳嘴者皆另为合上，以釉水涂粘。陶器皆有底，无底者则陕西炊甑[1]用瓦不用木也。凡诸陶器精者中外皆过釉，粗者或釉其半体。惟沙盆、齿钵之类，其中不釉，存其粗涩，以受研擂之功。沙锅、沙罐不釉，利于透火性以熟烹也。

译文

罂缶有嘴和耳，都是另外沾釉水粘上去的。陶器都有底，没有底的只有陕西以西地区蒸饭用的甑子。它是用陶土烧成的而不是用木料制成的。精制的陶器里外都会上釉；粗制的陶器有的只是下半体上釉。至于沙盆和齿钵之类，里面不上釉，使内壁保持粗涩，以便于研磨。沙煲和瓦罐不上釉，以利于传热煮食。

注释

①甑：古代蒸饭的一种瓦器。

造 瓶

上釉方法

陶瓷上釉方法中用得最普遍、最多的是浸釉法，就是把釉药很均匀地敷于坯体表面，即使再复杂的形体也不例外，同时具备了省时和容易操作的优点。至于将坯体浸入釉浆中的时间，通常是等整个坯体浸入釉浆时，约停 2~3 秒，即可取出。若是嫌釉药上得太薄，可以等到釉药干后，再来一次，但是千万不要在釉浆中浸泡过久以致釉上得太厚，以免形成烧成品时有釉层缺陷。

原典

凡釉质料随地而生，江、浙、闽、广用者蕨蓝草一味。其草乃居民供灶之薪，长不过三尺，枝叶似杉木，勒而不棘人（其名数十，各地不同）。陶家取来燃灰，布袋灌水澄滤[1]，去其粗者，取其绝细。每灰二碗掺以红土泥水一碗，搅令极匀，蘸涂坯上，烧出自成光色。北方未详用何物。苏州黄罐釉亦别有料。惟上用龙凤器则仍用松香与无名异也。

凡瓶窑烧小器，缸窑烧大器。山西、浙江分缸窑、瓶窑，余省则合一处为之。凡造敞口缸，旋成两截，接合处以木椎内外打紧，匝口坛、瓮亦两截，接合不便用椎，预于[②]别窑烧成瓦圈，如金刚圈形，托印其内，外以木椎打紧，土性自合。

造　缸

注释

① 澄滤：过滤。

② 预于：预先。

译文

制造陶釉的原料到处都有，江苏、浙江、福建和广东用的是一种蕨蓝草，它原是居民所用的柴草，不过三尺长，枝叶像杉树，捆缚它不感到棘手（这种草有几十个名称，各地的叫法也不相同）。陶坊把蕨蓝草烧成灰，装进布袋里，然后灌水过滤，除去粗的而只取其极细的灰末。每两碗灰末，掺一碗红泥水，搅匀，就变成了釉料，将它蘸涂到坯上，烧成后自然就会出现光泽。不了解北方用的是什么釉料，苏州黄罐釉用的是别的原料，供朝廷用的龙凤器却仍然用松香和无名异作为釉料。

瓶窑用来烧制小件的陶器，缸窑用来烧制大件的陶器。山西、浙江两省的缸窑和瓶窑是分开的，其他各省的缸窑和瓶窑则是合在一起的。制造大口的缸，要先转动陶车分别制成上下两截，然后再接合起来，接合处用木槌内外打紧。制造小口的坛瓮也是由上下两截接合成的，只是里面不便槌打，便预先烧制一个像金刚圈那样的瓦圈承托内壁，外面用木槌打紧，两截泥坯就会自然地黏合在一起了。

原典

凡缸、瓶窑不于平地，必于斜阜山冈之上，延长者或二、三十丈，短者亦十余丈，连接为数十窑，皆一窑高一级。盖依傍山势，所以驱流水湿滋之患，而火气又循级透上。其数十方成窑者，其中若无重值物，合并众力、众资而为之也。其窑鞠[1]成之后，上铺覆以绝细土，厚三寸许。窑隔五尺许，则透烟窗，窑门两边相向而开。装物以至小器，装载头一低窑，绝大缸瓮装在最末尾高窑。发火先从头一低窑起，两人对面交看火色。大抵陶器一百三十斤费薪百斤。火候足时，掩闭其门，然后次发第二火，以次结竟至尾云。

注释

①鞠：造。

瓶窑连接缸窑

译文

缸窑和瓶窑都不是建在平地上，而是必须建在山冈的斜坡上，长的窑有二、三十丈，短的窑也有十多丈，几十个窑连接在一起，一个比一个高。这样依傍山势，既可以避免积水，又可以使火力逐级向上渗透。几十个窑连接起来所烧成的陶器，其中虽然没有什么昂贵的东西，但也是需要好多人合资合力才能做到的。窑顶的圆拱砌成之后，上面要铺一层约三寸厚的细土。窑顶每隔五尺多开一个透烟窗，窑门是在两侧相向而开的。最小的陶件装入最低的窑，最大的缸瓮则装入最高的窑。烧窑是从最低的窑烧起，两个人面对面观察火色。大概陶器 130 斤，需要用柴 100 斤。当第一窑火候足够之时，关闭窑门，再烧第二窑，就这样逐窑烧直到最高的窑为止。

04 白瓷 附：青瓷

原典

凡白土曰垩土，为陶家精美器用。中国出惟五、六处，北则真定定州[1]、平凉华亭、太原平定、开封禹州，南则泉郡德化（土出永定，窑在德化）、徽郡婺源、祁门（他处白土陶范不粘，或以扫壁为墁）。德化窑惟以烧造

瓷仙、精巧人物、玩器，不适实用。真、开等郡瓷窑所出，色或黄滞无宝光。合并数郡不敌江西饶郡产。浙省处州丽水、龙泉两邑，烧造过釉杯碗，青黑如漆，名曰处窑。宋、元时龙泉华琉山下，有章氏造窑出款贵重，古董行所谓哥窑[2]器者即此。

注释

①真定定州：真定府定州，明代北直隶境内，今河北定县，产白瓷。

②哥窑：宋代章生一、章生二兄弟在浙江龙泉设的瓷窑，名重一时。

译文

白陶土叫做垩土，陶坊用它来制造精美的瓷器。我国只有五、六个地方出产这种垩土：北方有河北省的定县、甘肃省的华亭、山西省的平定及河南省的禹县，南方有福建省的德化（土出永定县，窑却在福建德化）、江西省的婺源和安徽省的祁门（其他地方出的白土，拿来造瓷坯不够黏，但可以用来粉刷墙壁）。德化窑是专烧瓷仙、精巧人物和玩具的，但不实用。河北省定县和河南省禹县的窑所烧制出的瓷器，颜色发黄，暗淡而没有光泽。上述所有地方的产品都没有江西景德镇所出产的瓷器好。浙江省的丽水和龙泉两县烧制出来的上釉杯碗，墨蓝的颜色如同青漆，这叫做处窑瓷器。宋、元时期龙泉郡的华琉山山脚下有章氏兄弟建的窑，出品极为名贵，这就是古董行所说的哥窑瓷器。

原典

若夫中华四裔驰名猎取者，皆饶郡浮梁景德镇之产也。此镇从古及今为烧器地，然不产白土。土出婺源、祁门两山：一名高梁山[1]，出粳米土，其性坚硬；一名开化山[2]，出糯米土，其性粢软。两土和合，瓷器方成。其土作成方块，小舟运至镇。造器者将两土等分入臼舂一日，然后入缸水澄。其上浮者为细料，倾跌过一缸，其下沉底者为粗料。细料缸中再取上浮者，倾过为最细料，沉底者为中料。既澄之后，以砖砌方长塘，逼靠火窑，以藉火力。倾所澄之泥于中吸干，然后重用清水调和造坯。

注释

①高梁山：高岭，所产瓷土称高岭土，质硬。

②开化山：在今安徽祁门，所产瓷土性软而黏。

译文

至于我国远近闻名、人人争购的瓷器，则都是江西饶郡浮梁县景德镇的产品。自古以来，景德镇都是烧制瓷器的名都，但当地却不产白土。白土出自婺源和祁门两地的山上：其中的一座山名叫高梁山，出粳米土，土质坚硬；另一座山名叫开化山，出糯米土，土质黏软。只有两种白土混合，才能做成瓷器。将这两种白土分别塑成方块，用小船运到景德镇。造瓷器的人取等量的两种瓷土放入臼内，舂一天，然后放入缸内用水澄清。缸里面浮上来的是细料，把它倒入另一口缸中，下沉的则是粗料。细料缸中再倒出上浮的部分便是最细料，沉底的是中料。澄过后，分别倒入窑边用砖砌成的长方形塘内，借窑的热力吸干水分，然后重新加清水调和造瓷坯。

白瓷的烧制

古代白瓷的制作，并不是在釉料中加进白色呈色剂，而是选择含铁量较少的瓷土和釉料精制加工而成，使含铁量降低到最少的程度，这样在洁白的瓷胎上施以纯净的透明釉，就能烧制白度很高的白瓷了。

原典

凡造瓷坯有两种，一曰印器，如方圆不等瓶、瓮、炉、盒之类，御器则有瓷屏风、烛台之类。先以黄泥塑成模印，或两破或两截，亦或囫囵。然后埏白泥印成，以釉水涂合其缝，烧出时自圆成无隙。一曰圆器，凡大小亿万杯、盘之类，乃生人日用[①]必需，造者居十九，而印器则十一。造此器坯先制陶车。车竖直木一根，埋三尺入土内，使之安稳。上高二尺许，上下列圆盘，盘沿以短竹棍拨运旋转，盘顶正中用檀木刻成盔头冒其上。

注释

① 生人日用：日常生活用品。

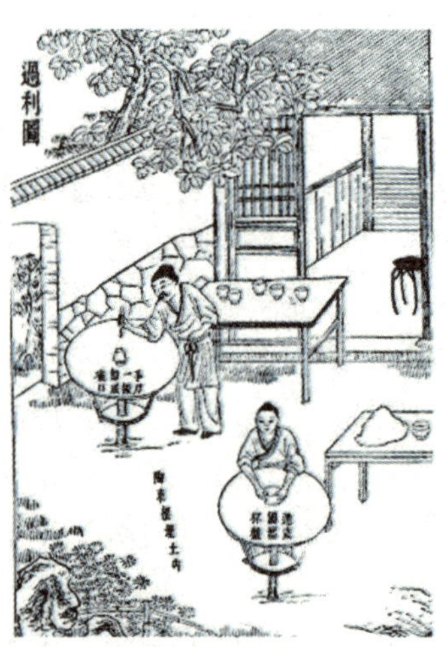

造圆形瓷器陶车及过利

译文

瓷坯有两种：一种叫做印器，有方有圆，如瓶、瓮、香炉、瓷盒之类。先用黄泥制成模印、模具或者对半分开，或者上下两截，或者是整个的，将瓷土放入泥模印出瓷坯，再将釉水涂于接缝处让两部分合起来，烧出时自然就会完美无缝。另一种瓷坯叫做圆器，包括数不胜数的大小杯盘之类，都是人们的日常生活用品。圆器产量约占了十分之九，而印器只占其中的十分之一。制造这种圆器坯，要先做一辆陶车。用直木一根，埋入地下三尺并使它稳固。露出地面二尺，在上面安装一上一下两个圆盘，用小竹棍拨动盘沿，陶车便会旋转，用檀木刻成一个盔头戴在上盘的正中。

原典

凡造杯、盘无有定形模式，以两手捧泥盔冒之上，旋盘使转。拇指剪去甲，按定泥底，就大指薄旋而上，即成一杯碗之形（初学者任从作废，破坏取泥再造）。功多业熟，即千万如出一范。凡盔冒上造小杯者，不必加泥，造中盘、大碗则增泥大其冒，使干燥而后受功。凡手指旋成坯后，覆转用盔冒一印，微晒留滋润，又一印，晒成极白干，入水一汶，漉上盔冒，过利刀二次（过刀时手脉微振，烧出即成雀口[①]）。然后补整碎缺，就车上旋转打图。圈后，或画或书字，画后喷水数口，然后过釉。

注释

① 雀口：牙边。

瓷器汶水

译文

塑造杯盘，没有固定的模式，用双手捧泥放在盔头上，拨盘使其转动。用剪净指甲的拇指按住泥底，使瓷泥沿着拇指旋转向上展薄，便可捏塑成杯碗的形状（初学者塑不好没有关系，因为陶泥可以被反复使用）。功夫深技术熟练的人，就可以做到千万个杯碗好像都是用同一个模子印出来的。在盔帽上塑造小杯时，不必加泥，塑中盘和大碗时，就要加泥扩大盔帽，等陶泥晾干以后再

加工。用手指在陶车上旋成泥坯之后，把它翻过来罩在盔帽上印一下，稍晒一会儿在坯还保持湿润时，再印一次，使陶器的形状圆而周正，然后再把它晒得又干又白。再蘸一次水，带水放在盔帽上用利刀刮削两次，执刀必须非常稳定，如果稍有振动，瓷器成品就会有缺口。瓷坯修好以后就可以在旋转的陶车上画圈。接着，在瓷坯上绘画或写字，喷上几口水，然后再上釉。

原典

凡为碎器[①]与千钟粟[②]与褐色杯等，不用青料。欲为碎器，利刀过后，日晒极热。入清水一蘸而起，烧出自成裂纹。千钟粟则釉浆捷点，褐色则老茶叶煎水一抹也（古碎器，日本国极珍重，真者不惜千金。古香炉碎器不知何代造，底有铁钉，其钉掩光色不锈）。

注释

① 碎器：表面带有裂纹的瓷器品种。

② 千钟粟：表面带有米粒状凸起的瓷器品种。

译文

在制造大多数碎器、千钟粟和褐色杯等瓷器时，都不用上青釉料。制造碎器，用利刀修整生坯后，要把它放在阳光下晒得极热，在清水中蘸一下随即提起，烧成后自然会呈现裂纹。千钟粟的花纹是用釉浆快速点染出来的。褐色杯是用老茶叶煎的水一抹而成的（日本人非常珍视我国古代制作的“碎器”，他们不惜重金以购买真品。古代的香炉碎器，不知是哪个朝代制造的，底部有铁钉，钉头光亮而不生锈）。

原典

凡饶镇白瓷釉，用小港嘴[①]泥浆和桃竹叶灰调成，似清泔汁（泉郡瓷仙用松毛水调泥浆，处郡青瓷釉未详所出）盛于缸内。凡诸器过釉，先荡其内，外边用指一蘸涂弦，自然流遍。凡画碗青料总一味无名异（漆匠煎油，亦用以收火色）。此物不生深土，浮生地面，深者掘下三尺即止，各省直皆有之。亦辨认上料、中料、下料，用时先将炭火丛红煅过。上者出火成翠毛色，中

注释

① 小港嘴：景德镇附近的地名。

者微青，下者近土褐。上者每斤煅出只得七两，中、下者以次缩减。如上品细料器及御器龙凤等，皆以上料画成，故其价每石值银二十四两，中者半之，下者则十之三而已。

译文

景德镇的白瓷釉是用“小港嘴”的泥浆和桃竹叶的灰调匀而成的，很像澄清的淘米水（德化窑的瓷仙釉是用松毛灰和瓷泥调成浆而上釉料的。浙江省的丽水、龙泉两地的窑所出产的青瓷釉不知道用的是什么原料），盛在瓦缸里。瓷器上釉，先要把釉水倒进泥坯里荡一遍，再张开手指撑住泥坯往釉水里点蘸，点蘸时使釉水刚好浸到外壁弦边，这样釉料自然就会布满全坯身了。画碗的青花釉料只用无名异一种（漆匠熬炼桐油，也用无名异当催干剂）。无名异不是藏在深土之下而是浮生在地面上，最多向下挖土3尺深即可得到，各省都有，也分为上料、中料和下料三种，使用时要先经过炭火煅烧。上料出火时呈翠绿色，中料呈微绿色，下料则接近土褐色。每煅烧无名异一斤，只能得到上料七两，中、下料依次减少。制造上等精致的瓷器和皇帝所用的龙凤器等，都是用上料绘画后烧制成的。因此上料无名异每担值白银二十四两，中料只值上料的一半，下料只值其三分之一。

坯体画回青

瓷器过釉

原典

凡饶镇所用，以衢、信两郡[1]山中者为上料，名曰浙料。上高诸邑者为中，丰城诸处者为下也。凡使料煅过之后，以乳钵极研（其钵底留粗，不转釉），然后调画水。调研时色如皂，入火则成青碧色。凡将碎器为紫霞色杯者，用胭脂打湿，将铁线纽一兜络，盛碎器其中，炭火炙热，然后以湿胭脂一抹即成。凡宣红器乃烧成之后出火，另施工巧微炙而成者，非世上朱砂能留红质于火内也（宣红元末已失传，正德中历试复造出）。

注释

①衢、信两郡：指衢州府和广信府。

译文

景德镇所用的原料，以衢州府和广信府出产的为上料，也叫做浙料。江西上高出产的为中料，江西丰城等地出产的为下料。凡是煅烧过的青花料，要用研钵磨得极细（钵内底部粗涩而不上釉），然后再用水调和研磨到呈现黑色，入窑经过高温煅烧就变成亮蓝色了。制造紫霞色碎器的方法是，先把胭脂石粉打湿，用铁线网兜盛着碎器放到炭火上烤热，再用湿胭脂石粉一抹就成了。“宣红”瓷器则是烧制而成之后再用巧妙的技术借微火炙成的，这种红色并不是那种朱砂在火中所留下来的（宣红器在元朝末年已经失传了，明朝正德年间经过多次反复试验又重新造了出来）。

原典

凡瓷器经画过釉之后，装入匣钵（装时手拿微重，后日烧出即成坳口，不复周正）。钵以粗泥造，其中一泥饼托一器，底空处以沙实之。大器一匣装一个，小器十余共一匣钵。钵佳者装烧十余度，劣者一、二次即坏。凡匣钵装器入窑，然后举火。其窑上空十二圆眼，名曰天窗。火以十二时辰为足。先发门火十个时，火力从下攻上，然后天窗掷柴烧两时，火力从上透下。器在火中，其软如绵絮，以铁叉取一，以验火候之足。辨认真足，然后绝薪止火。共计一坯工力，过手七十二方克①成器，其中微细节目尚不能尽也。

注释

①克：才。

瓷器窑

译文

瓷器坯子经过画彩和上釉之后，装入匣钵（装时如果用力稍重，烧出的瓷器就会凹陷变形，再也周正不了了）。匣钵是用粗泥造成的，其中每一个泥饼托住一个瓷坯，底下空的部分用砂子填实。大件的瓷坯一个匣钵只能装一个，小件的瓷坯一个匣钵可以装十几个。好的匣钵可以装烧十几次，差的匣钵用一两次就坏了。把装满瓷坯的匣钵放入窑后，就开始点火烧窑。窑顶有12个圆孔，这叫做天窗。烧24个小时火候就足了。先从窑门发火烧20个小时，火力从下向上攻，然后从天窗丢进柴火入窑烧4个小时，火力从上往下透。瓷器在高温烈火中软得像棉絮一样，用铁叉取出一个样品用以检验火候是否已经足够。火候已足就应该停止烧窑了，造一个瓷杯所费的工夫，合计要经过72道工序才能完成，其中许多细节还没有计算在内呢！

05 附：窑变①回青

原典

正德中，内使监造御器。时宣红失传不成，身家俱丧。一人跃入自焚，托梦他人造出，竞传窑变，好异者遂妄传烧出鹿、象诸异物也。又回青乃西域大青，美者亦名佛头青。上料无名异出火似之，非大青能入洪炉存本色也。

注释

①窑变：窑变瓷的釉色光怪陆离，难以复制。

译文

正德年间，皇宫中派出专使来监督制造皇族使用的瓷器。当时“宣红”瓷器的具体制作方法已经失传而无法造出来了，因此承造瓷器的人都担心自己的生命财产难以保全。其中有一个人害怕皇帝治罪，于是就跳入瓷窑里自焚而死了。这人死后托梦给别人终于把“宣红”瓷器造成了，于是人们竞相传说发生了“窑变”。好奇的人更胡乱传言烧出了鹿、大象等奇异的动物。又记：回青乃是产自西域地区的大青，优质的又叫做佛头青。用上料无名异为釉料烧出来的颜色与回青的颜色相似，并不是说大青这种颜料入瓷窑经过高温之后还能保持它本来的蓝色。

青料对比

一般来说，著名的青料主要有五种，即苏泥麻青、平等青、回青、浙料、珠明料。而这五种青料中，“苏泥麻青”和“平等青”容易被区分出来，“回青”“浙料”“珠明料”却极易混淆。“珠明料”呈色艳丽明快，“浙料”发色青翠而沉着，“回青料”则色泽浓重，蓝中泛紫。

冶铸第八

原典

宋子曰：首山之采，肇自轩辕[①]，源流远矣哉。九牧贡金，用襄禹鼎，从此火金功用日异而月新矣。夫金之生也，以土为母，及其成形而效用于世也，母模子肖，亦犹是焉。精粗巨细之间，但见钝者司舂，利者司垦，薄其身以媒合水火而百姓繁，虚其腹以振荡空灵而八音[②]起。愿者肖仙梵之身，而尘凡有至象。巧者夺上清[③]之魄，而海宇遍流泉[④]，即屈指唱筹，岂能悉数！要之，人力不至于此。

注释

① 轩辕：黄帝。

② 八音：泛指乐器总称或音乐。

③ 上清：铜钱之代称。

④ 泉：钱。

译文

宋子说：相传上古黄帝时代就已经开始在首山采铜铸鼎，可见冶铸的历史真是渊源已久了。自从全国各地都进贡金属铜给夏禹铸成象征天下大权的九个大鼎以来，冶铸技术也就日新月异地发展起来了。金属本是从泥土中产生出来的，当它被铸造成器物来供人使用时，它的形状又跟泥土造的母模一个样。这正是所谓“以土为母”“母模子肖”。铸件之中有精有粗，有大有小，作用各不相同。君且看：钝拙的可以用来舂东西，锋利的可以用来耕地，薄壁的可以用来烧水煮食而使民间百姓人丁兴旺，空腔的可以用来振荡空气而使声波振荡，美妙的乐章得以悠然响起。善良虔诚的信徒们模拟仙界神佛之形态为人间造出了精致逼真的佛像，心灵手巧的工匠抓住天上月亮的隐约轮廓而造出了天下到处流通的钱币。诸如此类，哪里能够说得完呢？简而言之，这些东西纯靠人力是办不到的。

01 鼎

原典

凡铸鼎，唐虞[①]以前不可考。惟禹铸九鼎，则因九州贡赋壤则已成，入贡方物岁例已定，疏浚河道已通，《禹贡》业已成书。恐后世人君增赋重敛，后代侯国冒贡奇淫，后日治水之人不由其道，故铸之于鼎。不如书籍之易去，使有所遵守，不可移易，此九鼎所为铸也。年代久远，末学寡闻，如蠙珠、暨鱼、狐狸、织皮之类，皆其刻画于鼎上者，或漫灭改形亦未可知，陋者遂以为怪物。故《春秋传》有使知神奸、不逢魑魅之说也。此鼎入秦始亡。而春秋时郜大鼎、莒二方鼎，皆其列国自造，即有刻画，必失《禹贡》初旨。此但存名为古物，后世图籍繁多，百倍上古，亦不复铸鼎，特并志之。

注释

①唐虞：尧（陶唐氏）、舜（虞氏）。

鼎

译文

铸鼎的史实在尧舜以前已无法考证了，至于传说夏禹铸造九鼎，那是因为当时九州根据各地现有条件和生产能力而缴纳赋税的条例已经颁布，各地每年进贡的物产和品种已经有了具体规定，河道也已经疏通，《禹贡》这部书已经写成了。但是由于恐怕后世的帝王增加赋税来敛取百姓财物，各地诸侯用一些由奇技淫巧做出来的东西冒充贡品，以及后来治水的人也不再按照原来的一套办法。于是，夏禹把这一切都铸刻在鼎上，令规也就不会像书籍那样容易丢失了，使后人有所遵守而不能任意更改，这就是当时夏禹铸造九鼎的原因。经过了许多年，刻在鼎上的画像，如蚌珠、暨鱼、狐狸、毛织物以及兽皮之类，也可能因为锈蚀而变了样，学问不深和见识浅薄的人就以为这是怪物。因此，《左传》中才有禹铸鼎是为了使百姓懂得识别妖魔鬼怪而避免受到妖魔伤害的说法。这些鼎到了秦朝时就绝迹了，而春秋时期郜国的大鼎和莒国的两个方鼎，都是诸侯国铸造的，即使有一些刻画，也必定不合于《禹贡》的原意，只不过名为古旧之物罢了。后世的图书已经多了好几百倍，就不必再铸鼎了，这里特地提一下。

02　钟

原典

凡钟为金乐之首，其声一宣，大者闻十里，小者亦及里之余。故君视朝、官出署，必用以集众；而乡饮酒礼，必用以和歌；梵宫仙殿，必用以明摄谒者之诚，幽起鬼神之敬。

凡铸钟高者铜质，下者铁质。今北极朝钟①，则纯用响铜。每口共费铜四万七千斤、锡四千斤、金五十两、银一百二十两于内。成器亦重二万斤，身高一丈一尺五寸，双龙蒲牢②高二尺七寸，口径八尺，则今朝钟之制也。

注释

① 北极朝钟：明代宫中北极阁中所悬朝钟。

② 蒲牢：传说中吼声很大的海兽。

钟

译文

在金属乐器之中，钟是第一位重要的乐器。钟的响声，大的十里之内都可以听得到，小的钟声也能传开一里多，所以，皇帝临朝听政、官府升堂审案，一定要用钟声来召集下属或者民众；各地方上举行乡饮酒礼，也一定会用钟声来和歌伴奏；佛寺仙殿，一定会用钟声来打动人间世俗朝拜者的诚心，唤起对异界鬼神们的敬意。

铸钟的原料，以铜为上等好材料，以铁为下等材料。现在朝廷上所悬挂的朝钟完全是用响铜铸成的，每口钟总共花费铜四万七千斤、锡四千斤、黄金五十两、银一百二十两，铸成以后重达两万斤，高一丈一尺五寸，上面的双龙蒲牢图像高二尺七寸，直径八尺，这就是当今朝钟的规格。

原典

凡造万钧钟，与铸鼎法同，掘坑深丈几尺，燥筑其中如房舍，埏泥作模骨[①]，其模骨用石灰、沙和土筑，不使有丝毫隙拆。干燥之后以牛油、黄蜡附其上数寸。油蜡分两：油居十八，蜡居十二。其上高蔽抵晴雨（夏月不可为，油不冻结）。油蜡墁定，然后雕镂书文、物象，丝发成就。然后舂筛绝细土与炭末为泥，涂墁以渐而加厚至数寸，使其内外透体干坚，外施火力炙化其中油蜡，从口上孔隙熔流净尽，则其中空处即钟鼎托体之区也。

注释

① 模骨：失蜡法铸件的内模。

塑钟模

译文

铸造万斤以上的大朝钟之类的钟和铸鼎的方法是相同的。先挖掘一个一丈多深的地坑，使坑内保持干燥，并把它构筑成像房舍一样。将石灰、细砂和黏土塑造调和成的土作为内模的塑型材料，内模要求做得没有丝毫的裂缝。内模干燥以后，用牛油加黄蜡在上面涂约几寸厚。油和蜡的比例是：牛油约占十分之八，黄蜡占十分之二。在钟模型的顶上搭建一个高棚用以防日晒雨淋（夏天不能做模子，因为油蜡不能冻结）。油蜡层涂好并用墁刀荡平整后，就可以在上面精雕细刻上各种所需的文字和图案，再用舂碎和筛选过的极细的泥粉和炭末调成糊状，逐层涂铺在油蜡上约几寸厚。等到外模的里外都自然干透坚固后，便在上面用慢火烤炙，使里面的油蜡熔化而从模型的开口处流干净。这时，内外模之间的空腔就成了将来钟、鼎成型的地方了。

钟的地位

钟和鼎一样，也都是统治阶级王权的象征。古代悬挂编钟有严格的礼乐制度规定：天子宫悬（四面悬钟）、诸侯轩悬（三面悬钟）、卿大夫判悬（两面悬钟）、士特悬（一面悬钟）。封建统治者铸造巨型铜钟象征王权，这种钟也叫“朝钟”。钟还是人们心目中崇高、公正、贤明的华夏文明的象征。

原典

凡油蜡一斤虚位，填铜十斤。塑油时尽油十斤，则备铜百斤以俟之。中既空净，则议熔铜。凡火铜至万钧，非手足所能驱使。四面筑炉，四面泥作槽道，其道上口承接炉中，下口斜低以就钟鼎入铜孔，槽旁一齐红炭炽围。洪炉熔化时，决开槽梗（先泥土为梗塞住），一齐如水横流，从槽道中视注而下，钟鼎成矣。凡万钧铁钟与炉、釜，其法皆同，而塑法则由人省啬也。

若千斤以内者，则不须如此劳费，但多捏十数锅炉。炉形如箕，铁条作骨，附泥做就。其下先以铁片圈筒直透作两孔，以受杠穿。其炉垫于土墩之上，各炉一齐鼓鞴[①]熔化。化后以两杠穿炉下，轻者两人，重者数人抬起，倾注模底孔中。甲炉既倾，乙炉疾继之，丙炉又疾继之，其中自然粘合。若相承迂缓，则先入之质欲冻，后者不粘，衅所由生也。

注释

①鼓鞴：鼓风。鞴是用牛皮做成的鼓风器具，此处代指风箱。

译文

每一斤油蜡空出的位置都需十斤铜来填充，所以，如果塑模时用去十斤油蜡，就需要准备好一百斤铜。内外模之间的油蜡流净后，就着手熔化铜了。要熔化的火铜如果达到万斤以上，就不能再靠人的手脚来挪移浇铸了，那就要在钟模的周围修筑好多熔炉和泥槽，槽的上端同炉的出口连接，下端倾斜接到模的浇口上，槽的两旁还要用炭火围起来。当所有熔炉的铜都已经熔化时，就一齐打开出口处的塞子（先用泥土为塞塞住），铜熔液就会像水流那样沿着泥槽注入模内，这样，钟或鼎便铸成了。一般而言，万斤以上的铁钟、香炉和大锅，它们

的铸造都是用同一种方法，只是塑造模子的细节可以由人们根据不同的条件与要求而适当有所省略而已。

至于铸造千斤以内的钟，就不必这么费劲了，只要制造十来个小炉子就行了。这种炉膛的形状像个箕子，用铁条当骨架，用泥塑造成。炉体下部的两侧要穿两个孔，并垫上两根圆筒状的铁片以便于将抬杠穿过。这些炉子都平放在土墩上，所有的炉子都一起鼓风熔铜。铜熔化以后，就用两根杠穿过炉底，轻的两个人，重的几个人一起抬起炉子，把铜熔液倾注进模孔中。甲炉刚刚倾注完了，乙炉也跟着迅速倾注，丙炉再跟着倾注，这样，模子里的铜就会自然黏合。如果各炉倾注互相承接太慢，那些先注入的铜熔液都将近冷凝了，就难以和后注入的铜熔液互相黏合而出现夹缝。

铸鼎图

原典

凡铁钟模不重费油蜡者，先埏土作外模，剖破两边形或为两截，以子口串合，翻刻书文于其上。内模缩小分寸，空其中体，精算而就。外模刻文后，以牛油滑之，使他日器无粘烂，然后盖上，混合其缝而受铸焉。巨磬、云板①，法皆仿此。

注释

①云板：报时报事器，敲打出声，板铸成云的形状。

译文

大体而言，铸造铁钟的模子不用费掉很多油蜡，方法是：先用黏土制成模型，剖成左右两半或是上下两截的外模，并在剖面边上制成有接合的子母口，然后将文字和图案反刻在外模的内壁上。内模要缩小一定的尺寸，以使内、外模之间留有一定的空间，这要经过精密的计算来确定。外模刻好文字和图案以后，还要用牛油涂滑它，以免以后浇铸时铸件粘模。然后把内、外模组合起来，并用泥浆把内、外模的接口缝封好，便可以进行浇铸了。巨磬和云板的铸法与此相类似。

03 釜

原典

凡釜储水受火，日用司命系焉。铸用生铁或废铸铁器为质[①]。大小无定式，常用者径口二尺为率，厚约二分。小者径口半之，厚薄不减。其模内外为两层，先塑其内，俟久日干燥，合釜形分寸于上，然后塑外层盖模。此塑匠最精，差之毫厘则无用。

注释

① 质：材料。

译文

锅是用来烧水煮饭的，因此人们的日常生活离不开它。铸造锅的原料是生铁或者废铸铁器。铸锅的大小并没有严格固定的规格，常用的铸锅直径约二尺，厚约二分。小的铸锅直径约一尺左右，厚薄不减少。铸锅的模子分为内、外两层。先塑造内模，等它干燥以后，按锅的尺寸折算好，再塑造外模。这种铸模要求塑造功夫非常精确，尺寸稍有偏差，模子就没有用了。

原典

模既成就干燥，然后泥捏冶炉，其中如釜，受生铁于中。其炉背透管通风，炉面捏嘴出铁。一炉所化约十釜、二十釜之料。铁化如水，以泥固纯铁柄勺从嘴受注。一勺约一釜之料，倾注模底孔内，不俟冷定即揭开盖模，看视罅绽未周[①]之处。此时釜身尚通红未黑，有不到处即浇少许于上补完，打湿草片按平，若无痕迹。凡生铁初铸釜，补绽者甚多，惟废破釜铁熔铸，则无复隙漏（朝鲜国俗，破釜必弃之山中，不以还炉）。

铸 釜

注释

① 罅绽未周：有缝隙而不周全。罅，缝隙，裂缝。

译文

模已塑好并干燥以后，用泥捏制熔铁炉，炉膛要像个锅，用来装生铁和废铁原料。炉背接一条可以通到风箱的管，炉的前面捏一个出铁嘴。每一炉所熔化的铁液大约可浇铸十到二十口锅。生铁熔化成铁液以后，用镶嵌着泥的带手柄的铁勺子从出铁嘴接盛铁液，一勺子铁液大约可以浇铸一口铁锅。将铁液倾注到模子里，不必等到它冷下来就揭开外模，查看有没有裂缝。这时锅身还是通红的，如果发现有些地方铁液浇得不足时，马上补浇少量的铁液，并用湿草片按平，不让锅留下修补过的痕迹。生铁初次铸锅时，需要这样补浇的地方较多，只有用废铁锅回炉熔铸的，才不会有隙漏（朝鲜的风俗是，锅破了以后一定要丢弃到山中，不再回炉）。

原典

凡釜既成后，试法以轻杖敲之，响声如木者佳，声有差响则铁质未熟之故，他日易为损坏。海内丛林大处，铸有千僧锅者，煮糜受米二石，此直痴物[①]也。

注释

① 痴物：傻大笨粗之物。

译文

铁锅铸成以后，辨别其好坏的方法是用小木棒敲击它。如果响声像敲硬木头的声音那样沉实，就是一口好锅；如果有其他杂声，就说明铁液的含碳量没处理好造成铁质未熟或者是铁中杂质没有清除干净，这种锅将来容易损坏。国内有的大寺庙里，铸有一种“千僧锅”，可以煮两石米的粥，这真是一个傻大笨粗之物。

营养多多的铁锅

在使用铁锅烹调的过程中，微小铁屑的脱落可以使食品中铁的含量增多，增加人体铁的摄入量。铁锅是我国的传统厨具，一般不含其他化学物质，不会氧化，因而在炒菜、煮食过程中，铁锅一般不会有熔出物，即使有铁物质熔出，对人体吸收也是有好处的。世界卫生组织的专家甚至认为，用铁锅烹饪是最直接的补铁方法。

营养学家也认为，用铁锅烹调，对特别需要补充铁的孩子、少男少女和月经期女子都有好处，但对没有缺铁危险的老年人，以及患有血色素沉着症的人，最好不要使用铁锅进行烹饪。

04 像

原典

凡铸仙佛铜像，塑法与朝钟同。但钟鼎不可接，而像则数接为之，故泻[①]时为力甚易，但接模之法，分寸最精云。

译文

铸造仙佛铜像，塑模方法与朝钟一样。但是钟、鼎不能接铸，而仙佛铜像却可以分铸后再接合铸造，所以在浇铸方面是比较容易的。不过，这种接模工艺对精确度的要求却是最高的。

注释

① 泻：浇注。

铜　像

05 炮

原典

凡铸炮，西洋红夷、佛郎机[①]等用熟铜造，信炮、短提铳等用生熟铜兼半造，襄阳、盏口、大将军、二将军[②]等用铁造。

注释

① 西洋红夷、佛郎机：荷兰和比利时这两国传来的炮。

② 襄阳、盏口、大将军、二将军：明代本土所造的大炮。

译文

大体说来，荷兰和比利时等国铸炮用的是熟铜，信炮和短枪等用的是生、熟铜各一半，襄阳炮、盏口炮、大将军炮乃至二将军炮等则用的是铁。

佛郎机炮

06　镜

原典

凡铸镜，模用灰沙，铜用锡和（不用倭铅）。《考工记》亦云："金锡相半，渭之鉴、燧之剂[①]。"开面成光，则水银附体而成，非铜有光明如许也。唐开元宫中镜尽以白银与铜等分铸成，每口值银数两者以此故。朱砂斑点乃金银精华发现（古炉有入金于内者）。我朝宣炉亦缘某库偶灾，金银杂铜锡化作一团，命以铸炉（真者错现金色）。唐镜、宣炉皆朝廷盛世物云。

注释

① 剂：材料。

唐　镜

译文

铸镜的模子是用糠灰加细砂做成的，镜本身的材料是铜与锡的合金（不用锌）。《考工记》中有云："金和锡各一半的合金，是适于铸镜的合金配比。"镜面能够反光，那是由于镀上了一层水银的结果，而不是铜本身能这样光亮。唐朝开元年间宫中所用的镜子，都是用白银和铜各半配比在一起铸成的，所以每面镜子价值达几两银子。铸件上有些像朱砂一样的红斑点，是其中夹杂着的金银发出来的（古代铸造的香炉有些是渗入了金子的）。明朝宣炉的铸造，是由于当时某库偶然发生火灾，里面的金银夹杂着铜、锡都熔成一团，官府便下令用它来铸造香炉（宣炉的真品，其面上闪耀着金色的斑点）。唐镜和宣炉都是王朝昌盛时代的产物。

07 钱

原典

凡铸铜为钱以利民用，一面刊国号通宝四字，工部分司主之。凡钱通利者，以十文抵银一分值。其大钱当五、当十，其弊便于私铸，反以害民，故中外行而辄不行也。

凡铸钱每十斤，红铜居六、七，倭铅（京中名水锡）居三、四，此等分大略。倭铅每见烈火必耗四分之一。我朝行[①]用钱高色者，惟北京宝源局黄钱与广东高州炉青钱（高州钱行盛漳泉路），其价一文敌南直江、浙等二文。黄钱又分二等，四火铜所铸曰金背钱，二火铜所铸曰火漆钱。

注释

① 行：流行、通用。

译文

将铜铸造成钱币，是为了方便民众贸易往来。铜钱的一面印有"××（国号）通宝"四个字，由工部下属的一个部门主管这项工作。通行的铜钱十文抵得上白银一分的价值。一个大钱的面值相当于普通铜钱的五倍或者十倍，发行这种大钱的弊病是容易导致私人铸钱，反而会坑害了百姓，所以中央和地方都在发行一阵大钱后，很快就停止发行了。

铸造十斤铜钱，需要用六七斤红铜和三四斤锌（北京把锌叫做水锡），这是粗略的比例。锌每经过高温加热一次就要耗损四分之一。我朝通用的铜钱，成色最好的是北京宝源局铸造的黄钱和广东高州铸造的青钱（高州钱通行于福建漳州、泉州一带），这两种钱每一文就相当于南京操江局和浙江铸造局铸造的铜钱两文。黄钱又分为两等：用四火铜铸造的叫做“金背钱”，用二火铜铸造的叫做“火漆钱”。

原典

凡铸钱熔铜之罐[1]，以绝细土末（打碎干土砖妙）和炭末为之（京炉用牛蹄甲，未详何作用）。罐料十两，土居七而炭居三，以炭灰性暖，佐土易化物也。罐长八寸，口径二寸五分。一罐约载铜、铅十斤，铜先入化，然后投铅，洪炉扇合，倾入模内。

注释

① 罐：锅。

译文

铸钱时用来熔化铜的坩埚，是用最细的泥粉（以打碎的土砖干粉为最好）和炭粉混合后制成的（北京的熔铜坩埚还加入了牛蹄甲，不知道有什么用处）。熔铜坩埚的配料比例是，每十两坩埚料中，泥粉占七两而炭粉占三两，因为炭粉的保温性能很好，可以配合泥粉而使铜更易于熔化。熔铜坩埚高约八寸，口径约二寸五分。一个熔铜坩埚大约可以装铜和锌十斤。冶炼时，先把铜放进熔铜坩埚中熔化，然后再加入锌，鼓风，使它们熔合之后，再倾注入模子。

原典

凡铸钱模[1]以木四条为空框（木长一尺一寸，阔一寸二分）。土炭末筛令极细，填实框中，微洒杉木炭灰或柳木炭灰于其面上，或熏模则用松香与清油。然后以母钱百文（用锡雕成）或字或背布置其上。又用一框如前法填实合盖之。既合之后，已成面、背两框，随手覆转，则母钱尽落后框之上。又用一框填实，合上后框，如是转覆，只合十余框，然后以绳捆定。其木框上弦

锉　钱

原留入铜眼孔，铸工用鹰嘴钳，洪炉提出熔罐，一人以别钳扶抬罐底相助，逐一倾入孔中。冷定解绳开框，则磊落百文，如花果附枝。模中原印空梗，走铜如树枝样，挟出逐一摘断，以待磨锉成钱。凡钱先锉边沿，以竹木条直贯数百文受锉，后锉平面则逐一为之。

铸 钱

注释

①铸钱模：此处叙述实体模型铸造技术。实体模型为锡质钱模。

译文

铸钱的模子，是用 4 根木条构成空框（木条各长一尺二寸，宽一寸二分），用筛选过的非常细的泥粉和炭粉混合后填实空框，面上要再撒上少量的杉木或柳木炭灰，或者用燃烧松香和菜籽油的混合烟熏过，然后把成百枚（用锡雕成）的钱模按有字的正面或者按无字的背面铺排在框面上。再用一个填实泥粉和炭粉的木框如上述方法合盖上去，就构成了钱的底、面两框模。接着，随手把它翻转过来，揭开前框，全部母钱就脱落在后框上面了。再用另一个填实了的木框合盖在后框上，照样翻转，就这样反复做成十几套框模，最后把它们叠合在一起用绳索捆绑固定。木框的边缘上原来留有灌注铜液的口子，铸工用鹰嘴钳把熔铜坩埚从炉里提出来，另一个人用钳托着坩埚的底部，共同把熔铜液注入模子中。冷却之后，解下绳索打开框模，这时，只见密密麻麻的成百个铜钱就像累累果实结在树枝上一样。因为模中原来的铜水通路也已经凝结成树枝状的铜条网络了，把它夹出来将钱逐个摘下，以便于磨锉加工。先锉铜钱的边沿，方法是用竹条或木条穿上几百个铜钱一起锉，然后逐个锉平铜钱表面不规整的地方。

原典

凡钱高低以铅多寡分，其厚重与薄削，则昭然[①]易见。铅贱铜贵，私铸者至对半为之。以之掷阶石上，声如木石者，此低钱也。若高钱铜九铅一，则掷地作金声矣。凡将成器废铜铸钱者，每火十耗其一。盖铅质先走，其铜色渐高，胜于新铜初化者。若琉球诸国银钱，其模即凿锲铁钳头上。银化之时入锅夹取，淬于冷水之中，即落一钱其内。图并具后。

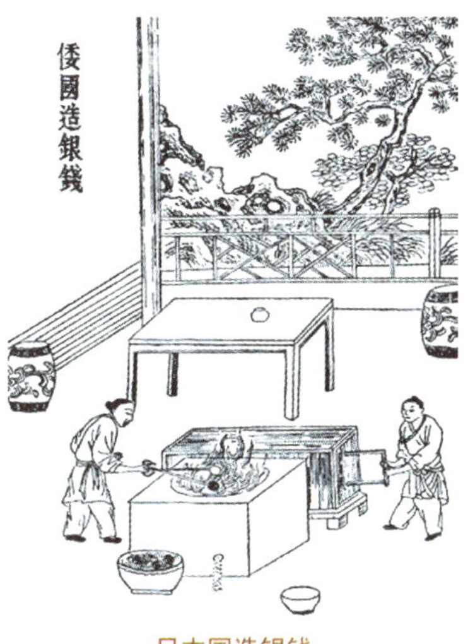

日本国造银钱

注释

① 昭然：显然，明显。

译文

铜钱质量的高低以锌含量的多少来辨别区分，至于从外在质量看铸钱成品，轻重与厚薄，那是显而易见的。由于锌价值低而铜价值更高，私铸铜币的人甚至用铜、锌对半开来铸铜钱。将这种钱掷在石阶上，发出像木头或石块落地的声响，表明成色很低。如果是成色高、质量好的铜钱，铜与锌的比例应当是9:1，把它掷在地上，会发出铿锵的金属声。用废铜器来铸造铜钱，每熔化一次就会损耗十分之一，因为其中的锌会挥发掉一些，铜的含量逐渐提高，所以铸造出来的铜钱的成色就会比新铜第一次铸成的铜钱要高。琉球一带铸造的银币，模子就刻在铁钳头上，当银熔化了的时候，将钳子头伸进坩埚里夹取银液后，提出来往冷水之中一淬，一块银币就落在水里了。

铜钱的鉴别方法

铜钱的鉴别，主要从以下几个方面进行：

1. 看铜质。我国历代铜钱大多数是以铜合金形式铸造的，因合金的成分不同，铜钱也随之呈现出不同的颜色。如用铜锌合金铸造的铜钱呈黄色，用铜锡合金铸造的铜钱则呈青色。

2. 观锈色。铜是一种比较稳定的金属，在常温下不易生锈。要经过几十年，甚至上百年的时间才能生成氧化铜、碱式碳酸铜等。

3. 看钱文。有铭文书写是我国铜钱的一大特点，而且不同时代的铸币铭文，文字字体各有特征，有不同的书写风格。

4. 听声音。辨声也是铜钱鉴定的重要方法之一。由于年代久远，古币火气尽脱，敲击时声音无转音，掷于水泥地面时其声音暗哑。只要将其轻摔在桌面上，或用金属敲击，只会发出破壳声，而没有清脆响亮的金属声。

08　附：铁钱

原典

铁质贱甚，从古无铸钱。起于唐藩镇魏博诸地，铜货不通，始冶为之，盖斯须之计也。皇家盛时，则冶银为豆[①]，杂伯[②]衰时，则铸铁为钱，并志博物者感慨。

注释

① 冶银为豆：明代皇帝赏赐臣下的物品中有银豆。

② 杂伯：伯即霸，杂伯指割据政权。

译文

铁这种金属价值十分低，自古以来没有用铁来铸钱的。铁钱起源于作为唐朝藩镇之一的魏博镇地区，由于当时藩镇割据，金属铜无法贩运，才不得已而用铁来铸钱，那只是一时的权宜之计罢了。在唐代皇家兴盛之时，曾经用白银铸成豆子来玩耍取乐，而到了后来藩镇割据而国家衰落时，就连低廉的铁也只好拿去铸钱了，就一起记在这里以表示博物广识者的感慨吧！

舟车第九

原典

宋子曰：人群分而物异产，来往贸迁[①]以成宇宙。若各居而老死，何藉有群类哉？人有贵而必出，行畏周行[②]；物有贱而必须，坐穷负贩。四海之内，南资舟而北资车。梯航万国，能使帝京元气充然。何其始造舟车者不食尸祝之报也？浮海长年，视万顷波如平地，此与列子所谓御泠风[③]者无异。传所称奚仲之流，倘所谓神人者非耶？

注释

① 贸迁：贸易，运输。

② 行畏周行：周行，四处旅行。古时旅行艰于路途，故曰畏。

③ 泠风：驾风而行。原本误“冷风”，应改为“泠风”。

译文

宋子说：人类分散居住在各地，各地的物产也各有不同，只有通过贸易往来才能构成整个世界。如果大家彼此各居一方而老死不相往来，还凭什么来构成人类社会呢？有钱、有地位的人要出门到外地的时候，往往怕走远路；有些物品虽然价钱低，却也是生活所必需，因为缺乏也就需要有人贩运。从全国来看，南方更多是用船运，北方更多是用车运。人们凭借车和船，翻山渡海，沟通国内外物资贸易，从而使得京都繁荣起来。既然如此，为什么最早发明并创造车、船的人，却得不到后人的崇敬呢？人们驾驶船只漂洋过海，长年在大海中航行，把万顷波涛看成如同平地一样，这和列子乘风飞行的故事没有什么不同。如果把历史书上记载的车辆创造者奚仲等人称为“神人”，难道不可以吗？

01 舟

原典

凡舟古名百千，今名亦百千，或以形名(如海鳅、江鳊、山梭之类)，或以量名（载物之数），或以质名（各色木料），不可殚[①]述。游海滨者得见洋船，居江湄者得见漕舫。若局趣山国之中，老死平原之地，所见者一叶扁舟、截流乱筏而已。粗载数舟制度，其余可例推云。

注释

① 殚：全部。

译文

船的名称从古到今有成百上千种之多了，有的根据船的形状来命名(比如海鳅、江鳊、山梭之类的名字)，有的按照船的载质量（载物数量）来命名，有的依据造船的木质（各种木料）来命名，名称繁多，难以一一述说殆尽。在海滨游玩的人可以见到远洋船，在江边居住的人可以看到漕舫。如果老是局限在山区或平原之中，那就只能见到独木舟或者截流而漂行的筏子罢了。这里粗略记载几种船的形制规格，其余的大家可以自行类推。

02 漕舫

原典

凡京师为军民集区，万国水运以供储，漕舫所由兴也。元朝混一[①]，以燕京为大都。南方运道由苏州刘家港、海门黄连沙开洋，直抵天津，制度用遮洋船。永乐间因之。以风涛多险，后改漕运。平江伯陈某，始造平底浅船，则今粮船之制也。

注释

① 混一：统一。

译文

京都是军队与百姓聚居的地区，全国各地都要利用水运来供应它的物质储备，漕船的制度就是这样建立起来的。元朝统一全国之后，决定以北京为都城。当时由南方到北方的航道，一条是从苏州的刘家港出发，一条是从海门县的黄连沙出发，都沿海路直达天津，用的是遮洋船，一直到明朝的永乐年间还是这样。后来因为海洋中风浪太大，危险过多，因此就改为内河航运了。

原典

凡船制底为地，枋[①]为宫墙，阴阳竹[②]为覆瓦。伏狮[③]前为阀阅，后为寝堂。桅为弓弩，弦篷为翼，橹为车马，纤为履鞋，绰索为鹰雕筋骨，招为先锋，舵为指挥主帅，锚为扎车营寨。

注释

① 枋：由大方木一条条拼接成的船体四壁。

② 阴阳竹：船室上顶棚，由剖成两半、凿空中节的竹凸凹搭提而成。

③ 伏狮：船体首尾横穿两边船枋的大横木。

漕 船

译文

漕船的构造，形象地说，船底相当于房屋的地面，船身相当于墙壁，船室上的阴阳竹则为屋瓦。船头最顶上的那一根大横木的作用相当于屋前的门楼柱，船尾上的横木的作用相当于寝室；船上桅杆就像一张弩的弩身，风帆和附带的帆索就像弩的翼；船上橹的作用相当于拉车的马；拖缆索的作用相当于走路的鞋子；那些系住铁锚的粗缆以及绑紧全船的大索的作用，则很像鹰和雕那些猛禽的筋骨；船头第一桨的作用是开路先锋，而船尾的舵的作用则是指挥航行的主帅，如果要安营扎寨，就一定要使用锚了。

原典

粮船初制，底长五丈二尺，其板厚二寸，采巨木，楠为上，栗次之。头长九尺五寸，梢长九尺五寸。底阔九尺五寸，底头阔六尺，底梢阔五尺，头伏狮阔八尺，梢伏狮阔七尺，梁头[①]一十四座。龙口梁阔一丈，深四尺，使风梁阔一丈四尺，深三尺八寸。后断水梁阔九尺，深四尺五寸。两廒[②]共阔七尺六寸。此其初制，载米可近二千石交兑（每只止足五百石）。后运军造者私增身长二丈，首尾阔二尺余，其量可受三千石。而运河闸口原阔一丈二尺，差可渡过。凡今官坐船，其制尽同，第窗户之间宽其出径，加以精工彩饰而已。

注释

①梁头：横贯船身的大梁，即两侧船壁中间架设的横木。

②廒：船舱。

译文

粮船最初的形制是，船底长五丈二尺，底板厚二寸，大木中以楠木最好，其次为栗木。船头底宽六尺，长九尺五寸。船尾底宽五尺，长九尺五寸。船头顶部的大横木长八尺，船尾相应的横木长七尺。整个船由船面横梁及其连接木头形成的构架一共有十四个，其中接近船头的龙口梁到船底的距离为四尺，长一丈，树立中桅的使风梁长一丈四尺，高出船底三尺八寸。船尾后段水梁长九尺，离船底四尺五寸，船楼两旁通道共宽七尺六寸，这些都是初期漕船的尺寸规格，每艘漕船的载米量接近两千石（但每只船每次缴五百石便算足额了）。后来由漕运军造的漕船，私自把船身增长了二丈，船头和船尾各加宽了二尺多，这样便可以载米三千石了。运河闸口原来只有一丈二尺宽，这种船勉强通过。

现在官用的旅游船，大小规格完全与此相同，只不过是船上舱楼的门窗加大一些，精修并装饰一番罢了。

原典

凡造船先从底起，底面傍靠樯[①]，上承栈，下亲地面。隔位列置者曰梁。两傍峻立者曰樯。盖樯巨木曰正枋，枋上曰弦。梁前竖桅位曰锚坛，坛底横木夹桅本者曰地龙，前后维曰伏狮，其下曰拿狮，伏狮下封头木曰连三枋。船头面中缺一方曰水井（其下藏缆索等物）。头面眉际树两木以系缆者曰将军柱。船尾下斜上者曰草鞋底，后封头下曰短枋，枋下曰挽脚梁，船梢掌舵所居，其上者野鸡篷（使风时，一人坐篷巅，收守篷索）。

注释

① 樯：本指桅杆，此处指船身。

译文

造漕船时先造船底，船底两侧紧靠船身，船身承受铺船栈板，漕船下面接到地面。相隔一定距离安置一批横贯船身的木头叫梁。在船底两旁串叠一批木材，构成竖立的船身。盖在船身上最顶的一根粗大方柱形木头叫正枋，而在每根正枋上面还有一片纵长木板叫弦。梁竖桅的地方叫锚坛，锚坛底部固定桅杆根部的叫地龙。船头和船尾各有一根连接船体的大横木叫伏狮，在伏狮两端下面紧靠船身的一对纵向木叫拿狮，伏狮之下还有一块由三根木串联的搪浪板叫连三枋。船头中间空开一个方形舱口叫水井（里面用来收藏缆索等物品）。船头两边竖起两根系结缆索的木桩，叫将军柱。锚坛船尾底下两侧倾斜的木材叫草鞋底。在船尾掌舵位置上面盖着的篷叫野鸡篷（漕船扬帆时，一个人坐在篷顶上掌握帆索）。

原典

凡舟身将十丈者，立桅必两，树中桅之位，折中过前二位[①]，头桅又前丈余。粮船中桅，长者以八丈为率，短者缩十之一二。其本入窗内亦丈余，悬篷之位约五、六丈。头桅尺寸则不及中桅之半，篷纵横亦不敌三分之一。苏、湖六郡运米，其船多过石瓮桥下，且无江汉之险，故桅与篷尺寸全杀。若湖广、江西省舟，则过湖冲江，无端风浪，故锚、缆、篷、桅必极尽制度而后无患。凡风篷尺寸，其则一视全舟横身，过则有患，不及则力软。

注释

① 过前二位：绕过两梁。

译文

船身接近十丈时，要立两根桅杆，中间的桅杆竖在船中间靠前两个梁位处，两头桅杆的位置要比中间的桅杆更靠前一丈多。运粮船中间的桅杆长的一般达八丈，短的则可能会缩短十分之一二，桅身进入舱楼至舱底的部分长达一丈多，挂帆的地方要占去桅杆总长度的五、六丈。两头桅杆的高度还不及中间桅杆的一半，帆的纵横幅度也不到中间桅杆上所挂帆的三分之一。苏州、湖州六郡一带运米的船，大多都要经过石拱桥，且又没有长江、汉水那样的风险，所以桅杆和帆的尺寸都要缩小。但若航行到湖广及江西等省的船，由于过湖过江会遇到风浪，所以锚、缆、帆和桅杆等，都必须严格按照规格来建造，这样才能没有后患。此外，风帆的大小也要跟船身的宽度一致，太大了会有危险，太小了就会风力不足。

原典

凡船篷其质，乃析篾成片织就，夹维竹条，逐块折叠，以俟悬挂。粮船中桅篷，合并十人力方克凑顶，头篷则两人带之有余。凡度篷索，先系空中寸圆木，关捩[①]于桅巅之上，然后带索腰间缘木而上，三股交错而度之。凡风篷之力其末一叶，敌其本三叶。调匀和畅，顺风则绝顶张篷，行疾奔马。若风力洊至，则以次减下（遇风鼓急不下，以钩搭扯）。狂甚则只带一两叶而已。

注释

① 关捩：操作转动的机关，相当于滑轮。

译文

风帆大多都是用竹子篾片编织的，每编成一块就要夹进一根带篷缰的篷挡竹做骨干，这样既可逐块折叠，又可让风帆紧贴桅杆升起。运粮船中间的桅杆所挂的帆，需要十个人一齐用力才能升到桅杆顶，而两头的桅杆所挂的帆只要两人就足够了。安装帆索时，先将直径约一寸的木制滑轮绑在桅杆顶上，然后腰间带着绳索爬上桅杆，把三股绳索交错着穿过滑轮。风帆受的风力，顶上的一叶相当于底下的三叶。当调节得准确顺当而又借着风力时，将帆扬到最顶端，船会前进得快如奔马。但是如果风力不断增大，就要逐渐减少帆叶（遇到很大的风，帆叶鼓得太厉害而降不下来时，就要使用搭钩）。风力很猛烈时，只带一两叶帆就足够了。

帆船的历史

在公元前 2900 年前后，埃及人最先使用帆船。从那以后，直到 18 世纪以前，帆船一直在海洋交通工具中占据统治地位。那时，许多帆船都依靠一根桅杆张着一面帆前进。大约在距今 500 年前，开始出现有 3 ~ 4 根桅杆的多帆船，这种帆船船身坚固，不怕风浪。

原典

凡风从横来，名曰抢风。顺水行舟则挂篷，“之”“玄”游走，或一抢向东，止寸平过，甚至却退数十丈。未及岸时，捩舵转篷，一抢向西，借贷水力兼带风力轧下，则顷刻十余里。或湖水平而不流者亦可缓轧。若上水舟则一步不可行也。凡船性随水，若草从风，故制舵障水[①]，使不定向流，舵板一转，一泓从之。

注释

① 障水：阻挡水流。

译文

借用从横向吹来的风航行就叫抢风。这时若顺水而行，就可升起船帆按“之”字形或“玄”字形的路线行进。若操纵船帆使船向东航行，只能平过对岸，甚至可能还会后退几十丈。这时趁船还未到达对岸，便应立刻转舵，并把帆调转向另一根舷上去，即使船向西行驶，这时借助水势和风力的挤压，船斜向前进，一下子便可行走十多里。若在平静的湖水中，就可缓慢地转斜行了；但若逆水行舟，又遇到这种横风，那就一步也难以行进了。船跟着水流走就如同草随着风儿摆动一样，所以要利用舵来挡水，使水不按原来的方向流动，舵板一转就能引起一股水流。

原典

凡舵尺寸，与船腹切齐。其长一寸，则遇浅之时船腹已过，其梢尼[①]舵使胶住，设风狂力劲，则寸木为难不可言。舵短一寸则转运力怯，回头不捷。凡舵力所障水，相

注释

① 梢尼：通“梢尾”。

应及船头而止，其腹底之下，俨若一派急顺流，故船头不约而正，其机妙不可言。舵上所操柄，名曰关门棒，欲船北则南向捩转，欲船南则北向捩转。船身太长而风力横劲，舵力不甚应手，则急下一偏披水板以抵其势。凡舵用直木一根（粮船用者围三尺，长丈余为身），上截衡受棒，下截界开衔口，纳板其中如斧形，铁钉固拴以障水。梢后隆起处，亦名曰舵楼。

译文

舵的尺寸，下端要同船底平齐。若舵比船底长出一寸，那么当遇到浅水时，船底已经通过了，而船尾的舵却被卡住了，要是风力很大的话，这一寸木带来的麻烦就难以形容了。反之，若舵比船底短了一寸，那么舵的运转力就会太小，船身转动也就不够灵巧。由舵板所挡住的水，相应地流到船头为止，此时船底下的水，好像一股急顺流，所以船头就能自然而然地转到一定方向，这真是非常奇妙。舵上的操纵杆叫做关门棒，要船头向北，就将关门棒推向南；要船头向南，就将关门棒推向北。如果船身太长而横向吹来的风又太猛，舵力不那么充足，就要赶紧放下吹风一侧的那块挡水板，用来抵消风势。船舵要用一根直木做舵身，运粮船上用的舵周长三尺，长一丈多，上端凿个横孔插进关门棒，下端锯开个衔口，用来夹紧舵板，构成斧头般的形状，然后用铁钉钉牢便可以挡水了。船尾高耸起来的地方，叫做舵楼。

原典

凡铁锚所以沉水系舟。一粮船计用五、六锚，最雄者曰看家锚，重五百斤内外，其余头用二枝，梢用二枝。凡中流遇逆风，不可去又不可泊（或业已近岸，其下有石非沙，亦不可泊，惟打锚深处），则下锚沉水底。其所系绊，缠绕将军柱上，锚爪一遇泥沙，扣底抓住，十分危急则下看家锚。系此锚者名曰“本身”，盖重言之也。或同行前舟阻滞，恐我舟顺势急去，有撞伤之祸，则急下梢锚提住，使不迅速流行。风息开舟则以云车①绞缆，提锚使上。

注释

①云车：立式起重绞车。

译文

铁锚的作用是沉入水底而将船稳定住。一只运粮船上共有五个或六个锚，其中最大的锚叫做看家锚，重五百斤左右。其余的锚在船头上的有两个，在船尾部也有两个。船在航行之中如果遇到逆风无法前进，而又不能靠岸停泊的话（或者已经接近岸边，但是水底是石头而不是砂土，也不能停泊，这时只能在水深的地方赶紧抛锚），就要将锚抛下沉到水底，把系锚的缆索系在将军柱上。锚爪子一接触到泥沙，就能陷进泥里。如果情况十分危急，便要抛下看家锚。系住这个锚的缆索叫做“本身”，这就是说它至关重要。同一航向航行的船只，如果前面的船受阻了，怕自己的船会顺势急冲向前而有互相撞伤的危险，那就要赶快抛梢锚拖住船只，将速度减下来。风静了要开船，就要用绞车绞缆把锚提起来。

原典

凡船板合隙缝，以白麻斫絮为筋，钝凿扱入，然后筛过细石灰，和桐油舂杵成团调艌。温、台、闽、广即用蛎灰。凡舟中带篷索，以火麻秸（一名大麻）绹绞[①]。粗成径寸以外者，即系万钧不绝。若系锚缆，则破析青篾为之，其篾线入釜煮熟，然后纠绞。拽纤绳亦煮熟篾线绞成，十丈以往，中作圈为接驱，遇阻碍可以掐断。凡竹性直，篾一线千钧。三峡入川上水舟，不用纠绞纤，即破竹阔寸许者，整条以次接长，名曰火杖。盖沿崖石棱如刃，惧破篾易损也。

注释

① 绹绞：纠绞。

译文

填充船板间的缝隙要用捣碎了的白麻絮结成筋，用钝凿把筋塞进缝隙里，然后再用筛得很细的石灰拌合桐油，以木棒舂成油团状封补在麻筋外面。温州、台湾、福建及两广等地都用贝壳灰来代替石灰。船上所用的帆索是用大麻纤维（也叫火麻子）纠绞而成的，直径达一寸多的粗绳索，即便系住万斤以上的东西也不会断。至于系锚的那种锚缆，则是用竹片削成的青篾条做的，这些蔑条要先放在锅里煮过，然后再进行纠绞。拉船的纤缆也是用煮过的篾条绞成的，每十丈以上就要在篾条中间做个圈作为接口，以便碰到障碍时可以用手指出力将篾条夹断。竹的特性是纵向拉力强，一条竹篾可以承受极大的拉力。凡是经三峡而进入四川的上水船，往往不用纠绞的纤索，而只是把竹子破成一寸多宽的整条竹片，互相连接起来，这叫做火杖。因为沿岸的崖石锋利得像刀刃一样，恐怕破成竹篾条反而更容易损坏。

原典

凡木色桅用端直杉木，长不足则接，其表铁箍逐寸包围。船窗前道皆当中空阙，以便树桅。凡树中桅，合并数巨舟承载，其末长缆系表而起。梁与枋樯用楠木、槠木、樟木、榆木、槐木（樟木春夏伐者，久则粉蛀）。栈板不拘何木。舵杆用榆木、榔木、槠木。关门棒用椆木[①]、榔木。橹用杉木、桧木、楸木。此具大端云。

注释

① 椆木：古代的一种树名，疑为马鞭草科的柚木，木材坚硬，产于粤、滇南部。

译文

至于船只所用木料的选择，桅杆要选用匀称笔直的杉木，如果一根杉木还不够长的话可以连接，在接合部用铁箍一寸寸箍紧了。在舱楼前面，应当空出一块地方以便树立桅杆。树立船中间的桅杆时，要拼合几条大船来共同承载，然后靠系在桅顶上的长缆索将它拉吊起来。船上的梁和构成船身的长木材都要选用楠木、槠木、樟木、榆木或者槐木来做（春、夏两季砍伐的樟木，时间长了会被虫蛀）；衬舱底或者铺面的栈板则不论什么木料都可以；舵杆要使用榆木、榔木或者槠木；关门棒则要用椆木或者榔木；橹要用杉木、桧木或者楸木。以上所阐述的只是一些关于漕船的要点而已。

03　海舟

原典

凡海舟，元朝与国初运米者曰遮洋浅船，次者曰钻风船（即海鳅）。所经道里止万里长滩、黑水洋、沙门岛等处，皆无大险。与出使琉球、日本暨商贾爪哇、笃泥等船制度，工费不及十分之一。

凡遮洋运船制，视漕船长一丈六尺，阔二尺五寸，器具皆同，惟舵杆必用铁力木，艌灰用鱼油和桐油，不知何义。凡外国海舶制度，大同小异。闽、广（闽由海澄开洋，广由香山坳[①]）洋船载竹两破排栅[②]，树于两旁以抵浪。登、莱制度又不然，倭国海舶两旁列橹手栏板抵水，人在其中运力。朝鲜制度又不然。

注释

① 香山坳：今澳门。

② 竹两破排栅：将竹破成两半以成栅墙。

译文

元朝和明朝初年运米的海船叫做遮洋浅船，小一点儿的叫做钻风船（即海鳅）。这种船的航道仅限于经由长江口以北的万里长滩、黑水洋和沙门岛等地方，一路上并没有什么大的风险。制造这种海船的工本费，还不到那些出使琉球、日本和到爪哇、笃泥等地经商的海船的十分之一。

遮洋浅船跟漕船比较起来，长了一丈六尺，宽了二尺五寸，船上的各种设备都是一样的。只是遮洋浅船的舵杆必须要用铁力木造，糊舱板缝的灰要用鱼油加桐油拌合，不知道这是出于什么理由。外国的海船跟遮洋浅船的规格大同小异。福建、广东的远洋船（其中福建的远洋船由海澄开出，广东的远洋船由香山坳开出）把竹子破成两半编成排栅，放在船的两旁用来挡海浪，山东登州和莱州的海船制作方法也不太一样。日本的海船在船两旁安装带有把手的栏板，由人拨动栏板来挡水。朝鲜的制作方法又不同。

现代船的行驶与制动

现代的船通常都有发动机，用以驱动螺旋桨，以使船前进。最初的螺旋桨为双叶桨，而现在的螺旋桨为三叶或四叶桨，动力更大。航行中的轮船由于行驶在水中，不具有足够的摩擦力，所以无法像汽车那样能迅速制动。通常船制动时关闭发动机，然后抛下沉重的铁锚，使船速减慢。紧急停船时可将发动机从进挡改为倒挡，向后的动力与前冲的惯性相抵消，就能使船体迅速停下来。

原典

至其首尾各安罗经盘以定方向，中腰大横梁出头数尺，贯插腰舵，则皆同也。腰舵非与梢舵形同，乃阔板斫成刀形插入水中，亦不捩转，盖夹卫扶倾之义。其上仍横柄拴于梁上，而遇浅则提起。有似乎舵，故名腰舵也。凡海舟以竹筒贮淡水数石，度供舟内人两日之需，遇岛又汲。其何国何岛合用何向，针指示昭然，恐非人力所祖。舵工一群主佐，直是识力造到死生浑忘地，非鼓勇①之谓也。

注释

①鼓勇：光凭勇气。

译文

在船头、船尾都安装罗盘用来辨别航向，船中腰的大横梁伸出几尺以便于插进腰舵，这些都是相同的。腰舵的形状跟尾舵不同，它是把宽木板斫成刀的形状，插进水中后并不转动，只是对船身起平衡作用。它上面还有个横把拴在梁上，遇到搁浅时就可以提起来。因为它有点儿像舵，所以就叫做腰舵。海船出海时，要用竹筒储备几百斤的淡水，估计可足够供应船上的人食用两天，一旦遇到岛屿，就再补充淡水。无论到什么地方、什么岛屿，需要按什么方向航行，罗盘针都会指示得很清楚，看来这恐怕不是光凭人的经验所能够轻易掌握的。舵工们相互配合操纵海船，他们的见识和魄力简直到了将生死置之度外的境界，那并不是只凭一时鼓起的勇气就能够做到的。

04　杂舟

原典

江汉课船[①]，身甚狭小而长，上列十余仓，每仓容止一人卧息。首尾共桨六把，小桅篷一座。风涛之中恃有多桨挟持。不遇逆风，一昼夜顺水行四百余里，逆水亦行百余里。国朝盐课，淮、扬数颇多，故设此运银，名曰课船。行人欲速者亦买之。其船南自章、贡[②]，西自荆、襄，达于瓜、仪而止。

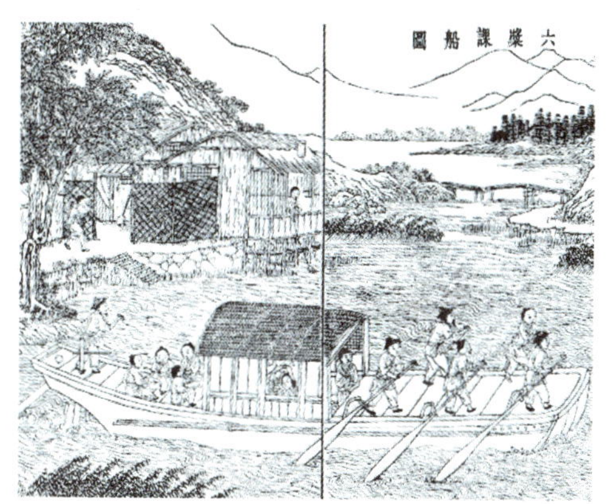

六桨课船

注释

① 课船：运税银的船。

② 章、贡：章、贡二水，指今之赣江流域。

译文

长江、汉水上所行驶的官府用来运载税银的“课船”，船身十分狭长，前后一共有十多个舱，每个舱只有一个铺位那么大。整只船总共有六把桨和一座小桅帆，在风浪当中靠这几把桨推动划行。如果不遇上逆风，仅一昼夜顺水就可行四百多里，逆水也能行驶一百多里。明朝的盐税中，淮阴和扬州一带征收的数额很大，也要用这种船来运送税银，所以就称它为“课船”。来往旅客想要赶速度的，往往也租用这种船。课船的航线一般是南从江西省的章水、贡水，西从湖北省的江陵、襄樊等地方出发，到江苏省的仪真、瓜洲为止。

原典

三吴浪船。凡浙西、平江纵横七百里内，尽是深沟，小水湾环，浪船（最小者曰塘船）以万亿计。其舟行人贵贱来往，以代马车、扉履。舟即小者，必造窗牖堂房，质料多用杉木。人物载其中，不可偏重一石，偏即欹侧，故俗名“天平船”。此舟来往七百里内，或好逸便[①]者径买，北达通、津。只有镇江一横渡，俟风静涉过。又渡清江浦，溯黄河浅水二百里，则入闸河安稳路矣。至长江上流风浪，则没世[②]避而不经也。浪船行力在梢后，巨橹一枝，两三人推轧前走，或恃纤索。至于风篷，则小席如掌，所不恃也。

注释

① 好逸便：好求方便。

② 没世：永世。

译文

三吴浪船。在浙江省的西部至江苏省的苏州之间纵横七百里的范围内，布满许多深沟和迂回曲折的小溪，这一带的浪船（最小的叫做塘船），数以十万计。旅客无论贫富都搭乘这种船往来，以代替马车或者步行。这种船即使很小也要装配上窗户、厅房，所用的木料多是杉木。人和货物在船里要做到保持两边平衡，不能有多达一石的偏重，否则浪船就会倾斜，因此这种船俗称“天平船”。这种船来往的航程通常在七百里之内，有些贪图安逸和求方便的人，租它一直往北驶往通州和天津。沿途只在淮阴清江浦，再在黄河浅水逆行二百里，便可以进闸口，在安稳的运河中航行了。长江上游水急浪大，这种浪船是永远不能进去的。浪船的推动力全靠船尾那根粗大的橹，由两三个人合力摇橹而使船前进，或者是靠人上岸拉纤使船前进。至于船的风帆，不过是一块巴掌大小的小席罢了，船的行进完全不依靠它。

原典

浙西安船[①]。浙西自常山至钱塘八百里，水径入海，不通他道，故此舟自常山、开化、遂安等小河起，至钱塘而止，更无他涉。舟制箬篷如卷甃为上盖。缝布为帆，高可二丈许，绵索张带。初为布帆者，原因钱塘有潮涌，急时易于收下。此亦未然，其费似侈于篾席，总不可晓。

注释

① 浙西安船：以西安地名命名的内河航船。

译文

浙西安船。浙江的西部自常山至钱塘江之间的流程共约八百里，水直接流入海，不通其他航道，因此这种船的航线是从常山、开化、遂安等小河起一直到钱塘江为止，没有到过其他地方。这种船是用箬竹叶编成的拱形的篷为顶盖。以棉布为风帆，约两丈多高，帆索也是棉质的。当初采用布帆，据说是因为钱塘江有潮涌，当情形危急时布帆更容易收起来，但也不一定是出于这个原因。它的造价比起竹篾质地的帆要高出很多，人们很难理解当地为什么要使用棉布当船帆。

原典

福建清流、梢篷船[①]。其船自光泽、崇安两小河起，达于福州洪塘而止，其下水道皆海矣。清流船以载货物、商客，梢篷（船）制大，差可坐卧，官贵家属用之。其船皆以杉木为地。滩石甚险，破损者其常，遇损则急舣向岸，搬物掩塞。船梢径不用舵，船首列一巨招，捩头使转。每帮五只方行，经一险滩，则四舟之人皆从尾后曳缆，以缓其趋势。长年即寒冬不裹足，以便频濡。风篷竟悬不用云。

注释

①清流、梢篷船：清流船，以闽西清流县地名而命名的客货两用船。梢篷船，航行于闽江的高级客货两用船。

译文

福建清流、梢篷船。这两种船仅航行于由光泽、崇安两小河起到福州洪塘为止的一段，再下去的水道就是海了。清流船用于运载货物和客商，梢篷船则仅可供人坐卧，这是达官贵人及其家属所用的，这种船都是用杉木做船底。途中经过的险滩礁石不少，时常会碰损而引起船底漏水，遇到这种情况就要设法马上靠岸，抢卸货物并且堵塞漏洞。这种船不在船的尾部安装船舵，而是在船的头部安装一把叫做“招”的大桨来使船转动方向。为了确保安全，每次出航都要联合五只船才可开行，当经过急流险滩时，后面四只船的人都要上岸用缆索往后拉第一只船，以减慢它的速度。船工即便是在寒冷的冬天也不穿鞋子，以便经常涉水。令人不解的是，它的风帆竟然是挂而不用的。

原典

四川八橹等船。凡川水源通江、汉，然川船达荆州而止，此下则更舟矣。逆行而上，自夷陵入峡，挽纤者以巨竹破为四片或六片，麻绳约接，名曰火杖。舟中鸣鼓若竞渡，挽人从山石中间闻鼓声而威力。中夏至中秋，川水封峡，则断绝行舟数月。过此消退，方通往来。其新滩等数极险处，人与货尽盘岸[①]行半里许，只余空舟上下。其舟制腹圆而首尾尖狭，所以避滩浪云。

注释

①盘岸：转运到岸上。

译文

四川八橹等船。四川的水源本来是和长江、汉水相通的，但是四川的船只仅仅是航行到湖北省的荆州为止，再往下行驶就必须更换另一种船了。从湖北宜昌进入三峡的水上航行，这时拉纤的人用的是火杖。船上像端午节竞赛那般击鼓，拉缆的人在岸上山石之间听到鼓声就一起出力。从中夏到中秋期间，江水涨满封峡，船就停航几个月，等到以后水位降低，船只才继续开始往来。这段航道要经过新滩等几处极其危险的地方，这时人与货物都必须在岸上转运半里多路，只剩下空船在江里行走。这种船的腹部圆而两头尖狭，便于在险滩附近劈波斩浪。

原典

黄河满篷梢。其船自河入淮，自淮溯汴用之。质用楠木，工价颇优。大小不等，巨者载三千石，小者五百石。下水则首颈之际[①]，横压一梁，巨橹两枝，两旁推轧而下。锚、缆、索、帆制与江、汉相仿云。

注释

①首颈之际：即船头与船身之间。

译文

黄河满篷梢。从黄河进入淮河，再从淮河进入河南的汴水，使用的都是这种满篷梢船。满篷梢船建造时用的是楠木，工本费比较高。船的大小不等，大的可以装载三千石，小的只能载五百石。当顺水行驶时，就在船头与船身交接处安上一根横梁伸出船的两边，挂上两把粗大的橹，人在船两边摇橹而使船前进。至于铁锚、绳索和风帆等的规格，和长江、汉水中的船大致相同。

原典

广东黑楼船、盐船。北自南雄，南达会省，下此惠、潮通漳、泉，则由海汊乘海舟矣。黑楼船为官贵所乘，盐船以载货物。舟制两旁可行走。风帆编蒲[①]为之，不挂独竿桅，双柱悬帆，不若中原随转。逆流凭藉纤力，则与各省直同功云。

注释

① 蒲：产于闽、广地区，叶可做扇，干后纤维可做绳索。

译文

广东黑楼船、盐船。北起广东南雄，南到广州都行驶着这两种船，但从广东的惠阳、潮州要到达福建的漳州、泉州，就应在河道的出海口改乘海船了。黑楼船是达官贵人坐的，盐船则用来运载货物。人可以在船的两侧行走。风帆是用草席做成的，但使用的不是单桅杆而是双桅杆，因此不像中原地区的船帆那样可以随意转动。至于逆水航行时要靠纤缆拖动，在这一点上和其他各省的船都相同。

原典

黄河秦船（俗名摆子船）。造作多出韩城，巨者载石数万钧[①]，顺流而下，供用淮、徐地面。舟制首尾方阔均等。仓梁平下，不甚隆起，急流顺下，巨橹两旁夹推，来往不凭风力。归舟挽纤多至二十余人，甚有弃舟空返者。

注释

① 钧：重量单位，与“斤”相似。

译文

黄河秦船（俗名摆子船），大多是由陕西的韩县制造，大的可以装载石头数万斤，顺流而下，供淮阴、徐州一带使用。它的船头和船尾都一样宽，船舱和船梁都比较低平而并不怎么凸起。当船顺着急流而下的时候，摇动两旁的巨橹而使船前进，船的来往都不利用风力。逆流返航的时候，往往需要二十多个人在岸上拉纤才能拉得动，因此甚至有连船也不要而空手返回的。

双体船的特点

与单体船相比，双体船有两个瘦长的船体共享一个主甲板及上层结构，使用涡轮喷嘴发动机，通过向后喷水获取反作用力向前推进，比普通螺旋桨推动更快速，而在高速时，双体瘦长的船身能降低阻力。而且船体稳度高，不易翻船，常被应用于渡轮及军事运输上。

05 车

原典

凡车利行平地，古者秦、晋、燕、齐之交，列国战争必用车，故“千乘”“万乘”之号起自战国。楚、汉血争而后日辟。南方则水战用舟，陆战用步、马。北膺[①]胡虏，交使铁骑，战车遂无所用之。但今服马驾车以运重载，则今骡车即同彼时战车之义也。

凡骡车之制有四轮者，有双轮者，其上承载支架，皆从轴上穿斗而起。四轮者前后各横轴一根，轴上短柱起架直梁，梁上载箱。马止脱驾之时，其上平整，如居屋安稳之象。若两轮者，驾马行时，马曳其前，则箱地平正。脱马之时，则以短木从地支撑而住，不然则欹卸[②]也。

注释

① 北膺：向北进攻。

② 欹卸：指车子失去重心而向前倾倒。

合挂大车

译文

车适合于平地上驾驶，战国时期，陕西、山西、河北及山东各诸侯国之间交战都要使用战车，因此就有了所谓“千乘之国”“万乘之国”的说法。秦末项羽与刘邦血战之后，战车的使用就逐渐少了。南方的水战用的是船，陆战用的则是步兵和骑兵；向北进攻匈奴的军队，双方都使用骑兵，于是战车也就派不上用场了。但是当今人们又驭马驾车用来运载重物，可见，今天的骡马车同过去的战车，结构也是差不多的。

骡车的样式有四个轮子的，也有双轮的，车上面的承载支架都是从轴那里连接上去的。四轮的骡车，前两轮和后两轮各有一根横轴，在轴上竖立的短柱上面架着纵梁，这些纵梁又承载着车厢。当停马脱驾时，车厢平正，就像坐在房子里那样安稳。两轮的骡车，行车时马在前头拉，车厢平正；而停马脱驾时，则用短木向前抵住地面来支撑，否则车就会向前倾倒。

原典

凡车轮，一曰辕[①]（俗名车陀）。其大车中毂（俗名车脑）长一尺五寸（见《小戎》朱注），所谓外受辐、中贯轴者。辐计三十片，其内插毂，其外接辅。车轮之中，内集轮，外接辋，圆转一圈者是曰辅也。辋际尽头则曰轮辕也。凡大车脱时，则诸物星散收藏。驾则先上两轴，然后以次间架。凡轼、衡、轸、轭[②]，皆从轴上受基也。

注释

① 辕：疑当为圈之误。圈为驾车之两直木，非车轮也。

② 轼、衡、轸、轭：四者均为车体所附之各部件。轼，在车厢前供人凭倚的横木。衡，车辕头上的横木。轸，车厢底部四面的横木。轭，套在牲口颈上的马具。

译文

马车的车轮统一叫做辕（俗名叫做“车陀”）。车轮是由轴承、辐条、内缘与轮圈四个部分组成的：大车中心装轴的圆木（俗名叫车脑）周长约一尺五寸（朱熹的《诗经·秦风·小戎》也是这样说的），叫做毂，这是中穿车轴外接辐条的部件。辐条共有 30 片，它的内端连接毂，外端连接轮的内缘。由于它紧顶住轮圈，也是圆形的，因此也叫做内缘。辋外边就是整个轮的最外周，所以叫做轮辕。大车收车时，一般都把几个部件拆卸下来进行收藏。要用车时先装两轴，然后依次装车架、车厢。这是因为轼、衡、轸、轭等部件都是承载在轴上的。

原典

凡四轮大车量可载五十石，骡马多者，或十二挂，或十挂，少亦八挂。执鞭掌御者居箱之中，立足高处。前马分为两班（战车四马一班，分骖、服），纠黄麻为长索，分系马项，后套总结，收入衡内两旁。掌御者手执长鞭，鞭以麻为绳，长七尺许，竿身亦相等。察视不力[①]者，鞭及其身。箱内用二人踹绳，须识马性与索性者为之。马行太紧，则急起踹绳，否则翻车之祸从此起也。凡车行时，遇前途行人应避者，则掌御者急以声呼，则群马皆止。凡马索总系透衡入箱处，皆以牛皮束缚，《诗经》所谓“胁驱”[②]是也。

注释

① 不力：不肯用力。

② 胁驱：用活动的皮圈套在马背上，再以两根皮条绑在车杠前后，挡住马的肋骨。

译文

四轮大车，运载量为五十石，所用的骡马，多的有十二匹或者十匹，少的也有八匹。驾车人站在车厢中间的高处掌鞭驾车。车前的马分为两排（战车以四匹马为一排，靠外的两匹叫做骖，居中的两匹叫做服）。用黄麻拧成长绳，分别系住马脖子，收拢成两束，并穿过车前中部横木而进入厢内左右两边。驾车人手执的长鞭是用麻绳做的，约七尺长，竿也有七尺长。看到有不卖力气的马，就挥鞭打到它身上。车厢内由两个识马性和会掌绳子的人负责踩绳。如果马跑得太快，就要立即踩住缰绳，否则可能会发生翻车事故。车在行进时，如果前面遇到行人要停车让路，驾车人立即发出吆喝声，马就会停下来。马缰绳收拢成束并透过衡入车厢，都用牛皮束缚，这就是《诗经》中所说的“胁驱”。

原典

凡大车饲马，不入肆舍。车上载有柳盘[①]，解索而野食之。乘车人上下皆缘小梯。凡遇桥梁中高边下者，则十马之中，择一最强力者，系于车后。当其下坂，则九马从前缓曳，一马从后竭力抓住，以杀其驰趋之势，不然则险道也。凡大车行程，遇河亦止，遇山亦止，遇曲径小道亦止。徐、兖、汴梁之交，或达三百里者，无水之国所以济舟楫为穷也。

注释

① 柳盘：柳条编的筐。

译文

大车在中途喂马时，不必将马牵入马厩里，车上载有柳条盘，解索后让马就地进食。乘车的人上下车都要经由小梯。凡是经过坡度比较大的桥梁时，就要在十匹马之中选出最壮的一匹，系在车的后面。下坡时，前面九匹马缓慢地拉，后面一匹马拼命把车拖住，以减缓车速，不然就会有危险了。大车遇到河流、山岭和曲径小道都过不了，徐州、兖州和河南汴梁一带，方圆三百里很少有河流和湖泊，马车正好用于弥补水运的不足。

马速决定车速

马车的速度取决于马的速度，马越好车速越快，一般是一小时近 20 千米。一般马车一天能跑 200 多千米，但当有急事，并在驿站不停，换好马昼夜行驶的话，最快一天可跑 1000 多千米。马跑的一般时速约 20 千米，最快时速可达 60 千米，可连续奔跑 100 千米，具有名副其实的“马力”。

现代仿古马车

原典

凡车质惟先择长者为轴，短者为毂，其木以槐、枣、檀[1]、榆（用榔榆）为上。檀质太久劳则发烧，有慎用者，合抱枣、槐，其至美也。其余轸、衡、箱、轭，则诸木可为耳。

此外，牛车以载刍粮，最盛晋地。路逢隘道，则牛颈系巨铃，名曰报君知，犹之骡车群马尽系铃声也。

注释

① 檀：檀香科黄檀。

译文

造车的木料，先要选用长的做车轴，短的做毂，以槐木、枣木、檀木和榆木（用榔榆）为上等材料。但是黄檀木摩擦久了会发热，因而不太适宜做这些东西，有些细心的人就选用两手才能合抱的枣木或者槐木来做，那当然是最好不过了。轸、衡、车厢及轭等其他部件，则是无论什么木都可以用。

此外，牛车装载草料的以山西为最多。到了路窄的地方，就在牛颈上系个大铃，名叫“报君知”，正如一般骡马车的牲口也都系上铃铛一样。

原典

又北方独辕车，人推其后，驴曳其前，行人不耐骑坐者，则雇觅之。鞠席[1]其上以蔽风日。人必两旁对坐，否则欹倒。此车北上长安、济宁，径达帝京。不载人者，载货约重四、五石而止。其驾牛为轿车者，独盛中州。两旁双轮，中穿一轴，其分寸平如水。横架短衡，列轿其上，人可安坐，脱驾不欹。其南方独轮推车，则一人之力是视。容载两石，遇坎即止，最远者止达百里而已。其余难以枚述。但生于南方者不见大车，老于北方者不见巨舰，故粗载之。

双缱独轮车

注释

①鞠席：半圆形的席子做成的顶棚。

译文

还有北方的独辕车，人在后面推，驴子在前面拉，不能持久骑坐牲口的旅客常常租用这种车。车的座位上有拱形席顶，可以挡风和遮阳，旅客一定要两边对坐，不然车子就会倾倒。这种车子，北上至陕西的西安和山东的济宁，还可以直达北京。不载人时，载货最多的是四五石。还有一种用牛拉的轿车，以河南省一带最多。两旁有双轮，中间穿过一条横轴，这条轴装得非常平，再架起几根短横木，轿就安置在上面，人坐在轿中很安稳，牛停下来而脱驾时车也不会倾倒。至于南方的独轮推车，就只能靠一个人推，这种车可以载重两石，遇到坎坷不平的路就过不去，最远也只能走一百里。其余的各种车辆在此难以一一列举。只是考虑到南方人没有见过大骡车，而北方人又没有见过大船只，因此在这里粗略介绍一下。

锤锻第十

原典

宋子曰：金木受攻而物象曲成。世无利器，即般、倕[①]安所施其巧哉？五兵[②]之内、六乐[③]之中，微钳锤之奏功也，生杀之机泯然矣。同出洪炉烈火，大小殊形。重千钧者系巨舰于狂渊，轻一羽者透绣纹于章服。使冶钟铸鼎之巧，束手而让神功焉。莫邪、干将[④]，双龙飞跃，毋其说亦有征焉者乎？

注释

① 般、倕：般指公输般，即鲁班，与倕皆为古时有名的巧匠。

② 五兵：矢、殳、矛、戈、戟，此处泛指兵器。

③ 六乐：钟、镈、镯、铙、铎、錞，此处泛指金属所造乐器。

④ 莫邪、干将：干将为春秋时吴国铸剑名师，莫邪乃其妻。二人铸宝剑二口，亦名以干将、莫邪。此处泛指宝剑。

译文

宋子说：金属和木材经过加工而成为各式各样的器物。假如世界上没有优良的器具，即便是鲁班和倕这样的能工巧匠，又如何能施展他们精巧绝伦的技艺呢？矢、殳、矛、戈、戟五种兵器及钟、镈、镯、铙、铎、錞六种乐器，如果没有钳子和锤子发挥作用，它们也就难以制作成功了。同样出自熔炉烈火，诸种器物大小形状却各不一样：有重达千钧的能在狂风巨浪中系住大船的铁锚，也有轻如羽毛的可在礼服上刺绣出花样的小针。在这由锤锻五金所铸就的奇功面前，连冶钟铸鼎的技巧也为之逊色了。莫邪、干将两把名剑，挥舞起来就如同双龙飞跃，这个传说大概也有它的根据吧？

01 治铁

原典

凡治铁成器，取已炒熟铁为之。先铸铁成砧，以为受锤之地。谚云“万器以钳为祖”，非无稽之说也。凡出炉熟铁名曰毛铁。受锻之时，十耗其三为铁华、铁落[①]。若已成废器未锈烂者，名曰劳铁，改造他器与本器，再经锤煅，十止耗去其一也。凡炉中炽铁用炭，煤炭居十七，木炭居十三。凡山林无煤之处，锻工先择坚硬条木烧成火墨（俗名火矢，扬烧不闭穴火）。其炎更烈于煤。即用煤炭，也别有铁炭一种，取其火性内攻、焰不虚腾者，与炊炭同形而有分类也。

注释

① 铁华、铁落：锻铁时打出的铁屑。

译文

铁制器具是由生铁炼成的熟铁做成的。先将铁铸成砧，作为承受敲打的垫座。俗话说“万器以钳为祖”，这并非是没有根据的。刚出炉的熟铁，叫做毛铁，锻打时有一部分就会变成铁花或因氧化铁皮而耗损三成；已经成为废品而还没锈烂的铁器叫做劳铁，用它做成别的或者原样的铁器，锤锻时只会耗损十分之一。熔铁炉中所用的炭，其中煤炭约占十分之七，木炭约占十分之三。山区没有煤的地方，锻工便选用坚硬的木条烧成坚炭（俗名叫做火矢，它燃烧时不会变为碎末而堵塞通风口），火焰比煤更加猛烈。煤炭当中有一种叫做铁炭的，特点是燃烧起来火焰并不明显但是温度很高，它与通常烧饭所用的煤形状相似，但是用途不同。

冶铁技术发展的意义

冶铁业的发展，为农业提供了先进的农业工具，如铁铲、犁、镐、锹、锄、镰、刀等，同时也节省了一部分劳动力。而冶铁业促进农业发展的同时，也促进了社会分工的进一步加剧，反过来社会分工的加剧又促进了冶铁业的迅速发展，为冶铁业提供了充足的劳动力和消费市场。

原典

凡铁性逐节黏合，涂上黄泥于接口之上，入火挥槌，泥滓成枵而去，取其神气为媒合。胶结之后，非灼红斧斩，永不可断也。凡熟铁、钢铁已经炉锤，水火未济，其质未坚。乘其出火时，入清水淬[①]之，名曰健钢、健铁。言乎未健之时，为钢为铁，弱性犹存也。凡焊铁之法，西洋诸国别有奇药。中华小焊用白铜末，大焊则竭力挥锤而强合之，历岁之久终不可坚。故大炮西番有锻成者，中国则惟恃冶铸也。

注释

①淬：淬火，将烧红的器件突然浸入液体中，使之坚硬。

译文

把铁逐节接合起来，要在接口处涂上黄泥，烧红后立即将它们锤合，这时泥渣就会全部飞掉。这里只是利用它的“气”来作为媒介。锤合之后，要不是烧红了再砍开的话，它是永远不会断的。熟铁或者钢铁烧红锤锻之后，由于水火还未完全配合起来并且相互作用，因此质地还不够坚韧。趁它们出炉时将其放进清水里淬火，这便是人们所说的“健钢”和“健铁”。这就是说，在钢铁淬火之前它在性质上还是软弱的。至于焊铁的方法，西方各国另有一些特殊的焊接材料。我国在小焊时用白铜粉作为焊接材料。大焊时，则是尽力敲打使之强行接合。然而过了一些年月后，接口也就脱焊而不牢固了。因此，在西方只是部分大炮是锻造而成的，而中国的大炮则完全是靠铸造而成的。

02 斤、斧

原典

凡铁兵薄者为刀剑，背厚而面薄者为斧斤。刀剑绝美者以百炼钢包裹其外，其中仍用无钢铁为骨。若非钢表铁里，则劲力所施，即成折断。其次寻常刀斧，止嵌钢于其面。即重价宝刀，可斩钉截凡铁[①]者，经数千遭磨砺，则钢尽而铁现也。倭国刀背阔不及二分许，架于手指之上，不复欹倒，不知用何锤法，中国未得其传。

注释

① 斩钉截凡铁：“凡”为多余字，可去掉。

斧

译文

铁制的兵器之中，薄的叫做刀剑，背厚而刃薄的叫做斧头或者砍刀。最好的刀剑，表面包的是百炼钢，里面仍然用熟铁当作骨架。如果不是钢面铁骨的话，猛一用力它就会折断了。通常所用的刀斧，只是嵌钢在表面上，即使是能够斩钉截铁的贵重宝刀，磨过几千次以后，也会把钢磨尽而现出铁来。日本出产的一种刀，刀背还不到两分宽，架在手指上却不会倾倒，不知道是用什么方法锻造出来的，这种技术还没有传到中国来。

原典

凡健刀斧皆嵌钢、包钢，整齐而后入水淬之。其快利则又在砺石成功[①]也。凡匠斧与椎，其中空管受柄处，皆先打冷铁为骨，名曰羊头，然后熟铁包裹，冷者不黏，自成空隙。凡攻石椎，日久四面皆空，熔铁补满平填，再用无弊。

注释

① 成功：下功夫。

译文

凡是健刀健斧，都先要嵌钢或者包钢，收拾整齐以后再放进水里淬火，要使它锋利，还得在磨石上下功夫才行。锻打斧头和铁椎装木柄的中空管子，先要锻打一条铁模当做冷骨，然后把烧红的铁包在这条名叫“羊头”的铁模上敲打。冷铁模不会黏住热铁，取出来后自然形成中空管子。打石用的锤子用久了四面都会凹陷下去，用熔化的铁液补平后就可以继续使用了。

03　锄、镈

原典

凡治地生物，用锄、镈[①]之属，熟铁锻成，熔化生铁淋口，入水淬健，即成刚劲。每锹、锄重一斤者，淋生铁三钱为率，少则不坚，多则过刚而折。

锄

注释

①镈：阔口锄。

译文

凡是开垦土地、种植庄稼这些农活儿，都要使用锄和宽口锄这类农具。它们的锻造方法是：先用熟铁锻打成形，再熔化生铁抹在锄口上，经过淬火之后，就变得十分硬朗和坚韧了。锻造的最佳比例是锹、锄每重一斤淋上生铁三钱，生铁淋少了不够刚硬，而生铁淋多了又会过于硬脆而容易折断。

锄头的产生

锄头的产生和发展是与农业的产生和发展同步进行并相互促进的。在原始农业时期，农业生产粗放，锄头的材料以石、骨、蚌、木为主。种类可分为农耕用、收割用和加工用三类。此外，还有用鹿角制成的锄头。

04 锉

原典

凡铁锉纯钢为之，未健之时钢性亦软。以已健钢錾划成纵斜纹理，划时斜向入，则纹方成焰。划后烧红，退微冷，入水健。久用乖平①，入火退去健性，再用錾划。凡锉开锯齿用茅叶锉②，后用快弦锉③。治铜钱用方长牵锉，锁钥之类用方条锉，治骨角用剑面锉（朱注所谓鑢钖④）。治木末则锥成圆眼，不用纵斜文者，名曰香锉（划锉纹时，用羊角末和盐醋先涂）。

注释

① 乖平：磨损。

② 茅叶锉：三角锉。

③ 快弦锉：半圆锉。

④ 鑢钖：磨骨角用的工具。

译文

锉刀是用纯钢制成的，在锉刀淬火之前，它的钢质锉坯还是比较软的。这时先用经过淬火的硬钢小凿在锉坯表面划出成排的纵纹和斜纹，注意在开凿锉纹时要斜向进刀，纹沟才能有火焰似的锋芒。开凿好后再将锉刀烧红，取出来稍微冷却一下，放进水中进行淬火，锉刀此时便大功告成了。锉刀使用时间太长了会变得平滑，这时应先行退火使得钢质变软，再用钢錾开凿出新的纹沟。各种锉刀各有其不同用处：开锯齿可以选择先用三角锉，再用半圆锉。修平铜钱可以选择用方长牵锉；加工锁和钥匙一类可以选择用方条锉；加工骨角可以选择用剑面锉（朱熹注解《大学》所谓的“鑢钖”）。加工木器则可以选择用香锉，香锉没有成排的纵纹和斜纹，而是锥上许多圆眼（开凿锉纹时，要先将盐、醋及羊角粉拌和，涂上后再凿）。

05　锥

原典

凡锥熟铁锤成，不入钢和。治书篇之类用圆钻，攻皮革用扁钻。梓人[①]转索通眼、引钉合木者，用蛇头钻。其制颖[②]上二分许，一面圆，一面剜入，旁起两棱，以便转索。治铜叶用鸡心钻，其通身三棱者名旋钻，通身四方而末锐者名打钻。

注释

① 梓人：木匠。

② 颖：尖利的钻头。

译文

锥子是用熟铁锤成的，其中不必掺杂钢。装订书刊之类的东西用的是圆钻，穿缝皮革等用的是扁钻。木工转索钻孔、引钉拼合木板时用的是蛇头钻。蛇头钻的钻头有二分长，一面为圆弧形，两面挖有空位，旁边起两个棱角，以便于蛇头钻转动时更容易钻入。钻铜片用的是鸡心钻，鸡心钻身上有三条棱的叫旋钻，钻身四方且末端尖的叫做打钻。

06　锯

原典

凡锯，熟铁锻成薄条，不钢[①]，亦不淬健。出火退烧后，频加冷锤坚性，用锉开齿。两头衔木为梁，纠篾张开，促紧使直。长者剖木，短者截木，齿最细者截竹。齿钝之时，频加锉锐而后使之。

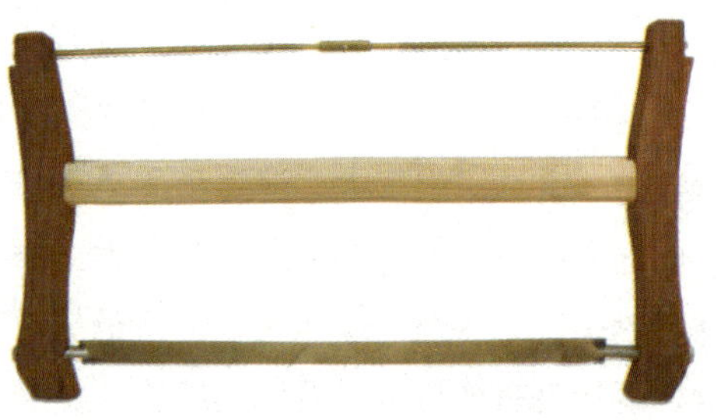

锯

注释

① 不钢：不掺杂钢。

译文

锯是这样做的：先把熟铁锻打成薄条，锻造中既不掺杂钢也不需要淬火，把薄条烧红取出来退火以后，不断进行敲打，使它变得坚韧，然后再用锉刀开齿，锯片也就做成功了。锯的两端是用短木作为锯把，锯的中间连接一条横梁，用竹篾纠扭使锯片张开绷直。长锯可以用来锯开木料，短锯可以用来截断木料，锯齿最细的则可用来锯断竹子。锯齿磨钝时，就用锉刀将一个个锯齿锉锋利，然后就可以继续使用了。

使用锯子的注意事项

使用锯子时，要有垫木，并以手或脚固定所锯木头的另一端，以防滑滚产生意外。锯身需保持平整，不要弯曲，以免使其变形。使用时要注意锯子的施力方向，锯子推出时施力，拉回时则放松。

07 刨

原典

凡刨，磨砺嵌钢寸铁，露刃秒忽，斜出木口之面，所以平木[①]，古名曰“准”。巨者卧准露刃，持木抽削，名曰推刨，圆桶家使之。寻常用者横木为两翅，手执前推。梓人为细功者，有起线刨，刃阔二分许。又刮木使极光者名蜈蚣刨，一木之上，衔十余小刀，如蜈蚣之足。

刨

注释

① 所以平木：用来刨平木料。

译文

刨子是把一寸宽的嵌钢铁片磨锋利，斜向插入木刨壳中，稍微露出点刃口，用来刨平木料。刨的古名叫做“准”。大的刨子是仰卧露出点刃口的，木料用手拿着在它的刃口上抽削，这种刨叫做推刨，制圆桶的木工经常用到它。平常用的刨子，则在刨身上穿上一条横木，像一对翅膀，手执横木往前推。精细的木工还备有起线刨，这种刨的刃口宽二分。还有一种叫做蜈蚣刨，刨壳上装有十几把小刨刀，好像蜈蚣的足，能把木面刮得极为光滑。

08 凿

原典

凡凿熟铁锻成，嵌钢于口，其本[①]空圆，以受木柄（先打铁骨为模，名曰羊头，杓柄同用）。斧从柄催，入木透眼，其末粗者阔寸许，细者三分而止。需圆眼者则制成剜凿为之。

注释

① 本：指凿身。

译文

凿子是用熟铁锻造而成的，凿子的刃部嵌钢，上身是一截圆锥形的空管，用来方便装进木柄（锻凿时先打一条圆锥形的铁骨做模，这叫羊头，加工铁勺的木柄也要用到它）。用斧头敲击凿柄，凿子的刃就能方便插入木料而凿成孔。凿子的刃宽约一寸，窄的最多三分。如果要凿成圆孔，则要另外制造弧形刃口的“剜凿”来进行。

09 锚

原典

凡舟行遇风难泊，则全身系命于锚。战船、海船有重千钧者，锤法先成四爪，依次逐节接身。其三百斤以内者，用径尺阔砧，安顿炉旁，当其两端皆红，掀去炉炭，铁包木棍夹持上砧。若千斤内外者，则架木为棚，多人立其上共持铁链。两接锚身，其末皆带巨铁圈链套，提起捩转，咸力锤合。合药不用黄泥，先取陈久壁土筛细，一人频撒接口之中，浑合方无微罅[①]。盖炉锤之中，此物其最巨者。

译文

每当船只航行遇到大风难以靠岸停泊的时候，它的安全就完全依靠锚了。战船或者海船的锚，有的质量达到上万斤。它的锻造方法是先锤成四个铁爪子，然后再将铁爪子逐一接在锚上。三百斤以内的铁锚，可以先在炉旁安一块直径一尺的砧，当锻件的接口两端都已烧红了，便掀去炉炭，用包着铁皮的木棍的一端把它们夹到砧上锤接。如果是一千斤左右的铁锚，则要先搭建一个木棚，让多人站在棚上，一齐握住铁链，铁链的另一端套住锚身两端的大铁环，把锚吊起来并按需要使它转动，众人合力把锚的四个铁爪逐个锤合上去。接铁用的“合药”不是黄泥，而用筛过的旧墙泥粉，由一个人将它不断地撒在接口上，一起与铁质锤合，这样，接口就不会有空隙了。在炉锤工作中，锚算是最大的锻造物件了。

注释

① 罅：空隙。

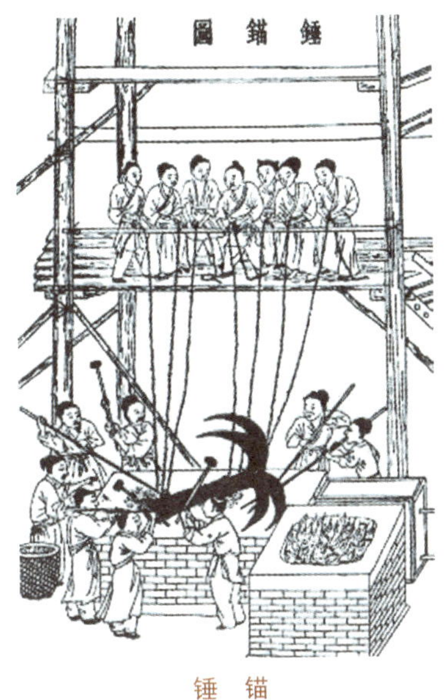

锤 锚

锚的前身

在铁锚以前，古代最先使用的锚是一块大石头，或是装满石头的篓筐，称为“碇”。碇石用绳系住沉入水底，依其质量使船停泊。后来又有木爪石锚，即在石块两旁系上木爪，靠质量和抓力使船停泊。

10 针

原典

凡针，先锤铁为细条。用铁尺一根，锥成线眼，抽过条铁成线，逐寸剪断为针。先锉其末成颖，用小槌敲扁其本，钢锥穿鼻，复锉其外。然后入釜，慢火炒熬。炒后以土末入松木火矢[①]、豆豉三物掩盖，下用火蒸。留针二三口插于其外，以试火候。其外针入手捻成粉碎，则其下针火候皆足。然后开封，入水健之。凡引线成衣与刺绣者，其质皆刚。惟马尾[②]刺工为冠者，则用柳条软针。分别之妙，在于水火健法云。

抽线琢针

注释

① 松木火矢：松木炭粉。

② 马尾：福建马尾镇。

译文

制造针的具体步骤大体上是：先将铁片锤成细条，另外在一根铁尺上钻出小孔作为针眼，然后将细铁条从线眼中抽过便成铁线，再将铁线逐寸剪断成为针坯。然后把针坯的一端锉尖，而另一端锤扁，用硬锥钻出针鼻，再把针的周围锉平整。这时再放入锅里，用慢火炒。炒过之后，就用泥粉、松木炭和豆豉这三种混合物掩盖，下面再用火蒸。留两三根针插在混合物外面作为观察火候之用。当外面的针已经完全氧化到能用手捻成粉末时，表明混合物盖住的针已经达到火候了。然后开封，经过淬水，便成为针了。凡是缝衣服和刺绣所用的针都比较硬，只有福建马尾镇的工人缝帽子所用的针才比较软，因而又叫“柳条针”。针与针之间软硬差别的诀窍就在于淬火方法的不同。

11　治铜

原典

凡红铜升黄[①]而后熔化造器，用砒升者为白铜器，工费倍难，侈者事之。凡黄铜原从炉甘石升者，不退火性受锤；从倭铅升者，出炉退火性，以受冷锤。凡响铜入锡掺和（法具《五金》卷）成乐器者，必圆成无焊。其余方圆用器，走焊、炙火粘合。用锡末者为小焊，用响铜末者为大焊（碎铜为末，用饭粘合打，入水洗去饭。铜末具存，不然则撒散）。若焊银器，则用红铜末。

注释

①升黄：冶炼为黄铜。

译文

红铜要加锌才能冶炼成黄铜，再熔化以后才能制造成各种器物。如果加上砒霜等配料冶炼，可以得到白铜。白铜加工困难，成本也很高，只有阔气的人家才用到它。由炉甘石升炼而成的黄铜，熔化后要趁热敲打。如果是其中加入锌而锤炼成的，则要在熔化后经过冷锤。铜和锡的合金（制法详见本书第十四卷《五金》）叫做响铜，可以用来做乐器，制造时要用完整的一块加工而不能只是由几部分焊接而成。至于其他的方形或者圆形的铜器，就可以进行走焊或者加温黏合。小件的焊接是用锡粉做焊料，大件的焊接则要用响铜做焊料（把铜打碎加工成粉末，要用米饭黏合再进行舂打，最后把饭渣洗掉便得到铜粉了。如果不用米饭黏合的话，舂打时铜粉就会四处飞散）。焊接银器则要用红铜粉做焊料。

铜与人体的关系

铜与人体健康关系密切。人体每天都要摄入各种微量元素，铜是人体不能缺少的金属元素之一。铜是机体内蛋白质和酶的重要组成部分，许多重要的酶需要微量铜的参与和活化。

原典

凡锤乐器，锤钲[①]（俗名锣）不事先铸，熔团即锤。镯（俗名铜鼓）与丁宁[②]，则先铸成圆片，然后受锤。凡锤钲、镯皆铺团于地面。巨者众共挥力，由小阔开，就身起弦声，俱从冷锤点发。其铜鼓中间突起隆炮，而后冷锤开声。声分雌与雄，则在分厘起伏之妙。重数锤者，其声为雄。凡铜经锤之后，色成哑白，受锉复现黄光。经锤折耗，铁损其十者，铜只去其一。气腥而色美，故锤工亦贵重铁工一等云。

注释

①钲：古代乐器。

②丁宁：古时行军用的铜钲，钲即带柄之钟。

译文

锤钲与镯

关于部分乐器的制造方法：锤钲（俗称锣）不必经过铸造，是在金属熔成一团之后再精心敲打而成。锤镯（俗称铜鼓）和丁宁，就要先铸成圆片，然后再进行敲打。无论是锤锣还是锤铜鼓，都要把铜块或铜片铺在地上进行敲打。其中大的铜块或者铜片还要众人齐心合力敲打才行。铜块或铜片由小逐渐展阔，冷件敲打会从物体本身发出类似于弦乐的声音。先要在铜鼓中心打出一个突起的圆泡，然后再用冷锤敲定音色。声音分为高低两种，关键在于圆泡的厚薄及深浅的细微差别：一般而言，重打数锤的声调比较低，而轻打数锤的声调比较高。铜质经过敲打以后，表层会变成哑白色而无光泽，但是经过锉工加工之后又呈现黄色而恢复光泽了。敲打时铜的损耗量只是铁器损耗量的十分之一。铜有腥味而色泽美观，所以说铜匠要比铁匠高出一等。

燔石第十一

原典

宋子曰：五行之内，土为万物之母。子之贵者，岂惟五金哉。金与火相守而流，功用谓莫尚焉矣。石得燔而成功[①]，盖愈出而愈奇焉。水浸淫而败物，有隙必攻，所谓不遗丝发者。调和一物以为外拒，漂海则冲洋澜，粘甃则固城雉。不烦历候远涉[②]，而至宝得焉。燔石之功，殆莫之与京矣。至于矾现五色之形，硫为群石之将，皆变化于烈火。巧极丹铅炉火，方士纵焦劳唇舌，何尝肖像天工之万一哉！

注释

①石得燔而成功：石头被火烧之后而各成其功用。

②历候远涉：历时很久而远行万里。

译文

宋子说：在水、火、木、金、土这五行之中，土是产生万物之根本。从土中产生的众多物质之中，贵重的岂止有金属这一类呢！金属和火相互作用而熔融流动，这种功用真可以算是足够大的了。但是石头经过烈火焚烧以后也有它的功用，而且越来越奇特。水会浸坏东西，凡是有空隙的地方，水都可以渗透，可以说水连一根头发大小的裂缝都不放过。但是，有了石灰这一类填补缝隙的东西来填补船缝就能确保大船安全漂洋过海，用来砌砖筑城也能使城墙坚固。这种宝物，并不需要经过长途跋涉的艰苦努力就能得到。因此，大概没有什么东西比烧石的功用更大的了。至于矾能呈现出五色的形态，硫能够成为群石的主将，这些也都是从烈火中变化生成的。炼丹术可以说是最巧妙的了，尽管炼丹术士唇焦舌烂地吹嘘，又怎能比得上自然力的万分之一呢！

01 石灰

原典

凡石灰经火焚炼为用。成质之后，入水永劫不坏。亿万舟楫，亿万垣墙，窒隙防淫[①]，是必由之。百里内外，土中必生可燔石，石以青色为上，黄白次之。石必掩土内二、三尺，掘取受燔，土面见风者不用。燔灰火料，煤炭居十九，薪炭居十一。先取煤炭、泥，和做成饼，每煤饼一层，垒石一层，铺薪其底，灼火燔之。最佳者曰矿灰，最恶者曰窑滓灰。火力到后，烧酥石性，置于风中，久自吹化成粉。急用者以水沃之，亦自解散。

煤饼烧石成灰

注释

① 窒隙防淫：堵住缝隙，防止漏水。

译文

凡是石灰都是由石灰石经过烈火煅烧而成的。石灰一旦成形之后，即便遇到水也永远不会变坏。多少船只，多少墙壁，凡是需要填隙防水的，一定要用到它。方圆百里之间，必定会有可供煅烧石灰的石头。这种石灰石以青色的为最好，黄白色的则差些。石灰石一般埋在地下二三尺，可以挖取进行煅烧，但表面已经风化的石灰石就不能用了。煅烧石灰的燃料，用煤的约占十分之九，用柴火或者炭的约占十分之一。先把煤掺和泥做成煤饼，然后一层煤饼一层石相间着堆砌，底下铺柴引燃煅烧。质量最好的叫做矿灰，最差的叫做窑滓灰。火候足后，石头就会变脆。放在空气中会慢慢风化成粉末。着急用的时候洒上水，也会自动散开。

原典

凡灰用以固舟缝，则桐油、鱼油调，厚绢、细罗和油杵千下塞艌[①]。用以砌墙、石，则筛去石块，水调黏合。甃墁[②]则仍用油、灰。用以垩墙壁，则澄过，入纸筋涂墁。用以襄墓及贮水池，则灰一分，入河沙、黄土三分，用糯粳米、杨桃藤汁和匀，轻筑坚固，永不隳坏，名曰三和土。其余造淀、造纸，功用难以枚述。凡温、台、闽、广海滨，石不堪灰者，则天生蛎蚝以代之。

注释

① 艌：船板上的缝隙。

② 甃墁：铺地砖，涂墙壁。

译文

石灰的用途有很多，它与桐油、鱼油调拌后同时加上舂烂的厚绢、细罗，能用来塞补船缝。用来砌墙时，则要先筛去石块，再用水调匀黏合。用来砌砖铺地面时，则仍用油灰。用来粉刷或者涂抹墙壁时，则要先将石灰水澄清，再加入纸筋，然后涂抹；用来造坟墓或者建蓄水池时，则是一份石灰加两份河砂和黄泥，再用粳糯米饭和猕猴桃汁拌匀，不必夯打便很坚固，永远不会损坏，这就叫做三和土（按原典称谓）。此外，石灰还可以用于染色业和造纸业等方面，用途繁多而难以一一列举。大体上说，在温州、台州、福州、广州一带，沿海的石头如果不能用来煅烧石灰，则可以寻找天然的牡蛎壳来代替它。

石灰的妙用

石灰是生石灰的俗称，主要成分是氧化钙。生石灰可用作常用的干燥剂，即采用化学吸收法除去水蒸气，特别适用于膨化食品、香菇、木耳等土特产，以及仪表仪器、医药、服饰、电子电信、皮革、纺织等行业的产品。

02 蛎灰

原典

凡海滨石山傍水处，咸浪积压，生出蛎房，闽中曰蚝房。经年久者长成数丈，阔则数亩，崎岖如石假山形象。蛤之类压入岩中，久则消化作肉团，名曰蛎黄，味极珍美。凡燔蛎灰者，执椎与凿，濡足[①]取来（药铺所货牡蛎，即此碎块），垒煤架火燔成，与前石灰共法。黏砌成墙、桥梁，调和桐油造舟，功皆相同。有误以蚬灰（即蛤粉）为蛎灰者，不格物之故也。

凿取蛎房

注释

① 濡足：涉水。

译文

海滨一些背靠石山面临海水的地方，由于海浪长期冲击，生长出一种蛎房，福建一带称为“蚝房”。经过长时间积累而形成的这种蚝房可以达到几丈高、几亩宽，外形高低不平，如同假石山一样。蛤蜊一类的生物被冲入像岩石似的蛎房里面，经过长久消化就变成了肉团，名叫“蛎黄”，味道非常珍美。

煅烧蛎灰的人，拿着椎和凿子，涉水将蛎房凿取下来（药房销售的牡蛎就是这种碎块儿），去肉后，将蛎壳和煤饼堆砌在一起煅烧，方法与烧石灰的方法相同。凡是砌城墙、桥梁等工程，将蛎灰调和桐油造船，功用都与石灰相同。有人误以为蚬灰（即蛤蜊粉）是牡蛎灰，是因为没有考察客观事物的缘故。

03 煤炭

原典

凡煤炭普天皆生，以供煅炼金、石之用。南方秃山无草木者，下即有煤，北方勿论。煤有三种，有明煤、碎煤、末煤。明煤大块如斗许，燕、齐、秦、晋生之。不用风箱鼓扇，以木炭少许引燃，熯炽[①]达昼夜。其傍夹带碎屑，则用洁净黄土调水作饼而烧之。碎煤有两种，多生吴、楚。炎高者曰饭炭，用以炊烹；炎平者曰铁炭，用以冶锻。入炉先用水沃湿，必用鼓鞴[②]后红，以次增添而用。末炭如面者，名曰自来风。泥水调成饼，入于炉内，既灼之后，与明煤相同，经昼夜不灭，半供炊爨[③]，半供熔铜、化石、升朱。至于燔石为灰与矾、硫，则三煤皆可用也。

注释

① 熯炽：猛烈燃烧。

② 鼓鞴：鼓风机。

③ 炊爨：烧火做饭。

译文

煤炭各地都有出产，供冶金和烧石之用。南方不生长草木的秃山底下便有煤，北方却不一定是这样。煤大致有三种：明煤、碎煤和末煤。明煤块头大，有的像米斗那样大，产于河北、山东、陕西及山西。明煤不必用风箱鼓风，只需加入少量木炭引燃，便能日夜炽烈地燃烧。明煤的碎屑，则可以用干净的黄土调水做成煤饼来烧。碎煤有两种，多产于江苏、安徽和湖北等地区。碎煤燃烧时，火焰高的叫做饭炭，用来煮饭；火焰平的叫做铁炭，用于冶炼。碎煤先用水浇湿，入炉后再鼓风才能烧红，以后只要不断添煤，便可继续燃烧。末煤呈粉状的叫做自来风，用泥水调成饼状，放入炉内，点燃之后，便和明煤一样，日夜燃烧不会熄灭。末煤有的用来烧火做饭，有的用来炼铜、熔化矿石及升炼朱砂。至于烧制石灰、矾或者硫，上述三种煤都可使用。

原典

凡取煤经历久者，从土面能辨有无之色，然后掘挖，深至五丈许，方始得煤。初见煤端时，毒气灼人。有将巨竹凿去中节，尖锐其末，插入炭中，其毒烟从竹中透上，人从其下施钁[①]拾取者。或一井而下，炭纵横广有，则随其左右阔取。其上支板，以防压崩耳。

南方挖煤

注释

① 施钁：用大锄挖。

译文

采煤经验多的人，从地面上的土质情况就能判断地下是不是有煤，然后再往下挖掘，挖到五丈深左右才能得到煤。煤层出现时，毒气冒出能伤人。一种方法是将大竹筒的中节凿通，削尖竹筒末端，插入煤层，毒气便通过竹筒往上空排出，人就可以下去用大锄挖煤了。井下发现煤层向四方延伸，人就可以横打巷道进行挖取。巷道要用木板支护，以防崩塌伤人。

原典

凡煤炭取空而后，以土填实其井，以二、三十年后，其下煤复生长，取之不尽。其底及四周石卵，土人名曰铜炭[①]者，取出烧皂矾与硫黄（详后款）。凡石卵单取硫黄者，其气薰甚，名曰臭煤，燕京房山、固安、湖广荆州等处间有之。凡煤炭经焚而后，质随火神化去，总无灰滓。盖金与土石之间，造化别现此种云。凡煤炭不生茂草盛木之乡，以见天心之妙。其炊爨功用所不及者，唯结腐一种而已（结豆腐者，用煤炉则焦苦）。

注释

① 铜炭：指煤层中的黄铁矿。

译文

煤层挖完以后，如果用土把井填实，二三十年后，煤又会重生，取之不尽。煤层底板或者围岩中有一种石卵，当地人叫做铜炭，可以用来烧取皂矾和硫黄（在下文详述）。只能用来烧取硫黄的铜炭，气味特别臭，叫做臭煤，在北京的房山、固安与湖北的荆州等地有时还可以采到。煤炭燃烧的时候，煤质全部烧完，不会留下灰烬，这是自然界中介于金属与土石之间的特殊品种。煤不产于草木茂盛的地方，可见自然界安排得十分巧妙。如果说煤在炊事方面还有不足之处的话，那它仅仅是不适合用于做豆腐而已（用煤炉煮豆浆，结成的豆腐会有焦苦味）。

煤的由来

煤为不可再生的资源。煤是古代植物埋藏在地下经历了复杂的生物化学和物理化学变化逐渐形成的固体可燃性矿产。这是一种固体可燃有机岩，主要由植物遗体经生物化学作用后，埋藏于地下再经地质作用转变而成。

04　矾石、白矾

原典

凡矾燔石而成。白矾一种，亦所在有之，最盛者山西晋、南直无为等州，价值低贱，与寒水石[①]相仿。然煎水极沸，投矾化之，以之染物，则固结肤膜之间，外水永不入，故制糖饯与染画纸、红纸者需之。其末干撒，又能治浸淫恶水，故湿疮家亦急需之也。

注释

①寒水石：天然石膏。

译文

明矾是由矾石烧制而成的。白矾到处都有，出产最多的是山西的晋州和安徽的无为州等地，它的价钱十分便宜，同寒水石的价钱差不多。然而，当水煮开之后，将明矾放入沸水中溶化并用它来染东西时，它就能够固结在所染物品的表面，使其他的水分永不渗入。所以，制蜜饯、染画纸、染红纸都要用到明矾。此外，用干燥的明矾粉末撒在患处，能治疗流出臭水的湿疹和疱疮等病症，因此也是皮肤科急需的药品。

原典

凡白矾，掘土取磊块石，层垒煤炭饼煅炼，如烧石灰样。火候已足，冷定入水。煎水极沸时，盘中有溅溢，如物飞出，俗名蝴蝶矾者，则矾成矣。煎浓之后，入水缸内澄，其上隆结曰吊矾，洁白异常。其沉下者曰缸矾。轻虚如棉絮者曰柳絮矾。烧汁至尽，白如雪者，谓之巴石。方药家煅过用者曰枯矾[①]云。

注释

① 枯矾：明矾受热脱去结晶水。

译文

烧制明矾时，先挖取矾石，用煤饼逐层垒积再行烧炼，烧制的方法与烧石灰大体相同。等到火候烧足的时候，让它自然冷却，再放入水中进行溶解。再将水溶液煮沸，当看见有一些俗名叫做“蝴蝶矾”的东西飞溅出来之时，明矾便可算制成功了。煮浓之后，要装入缸内澄清。上面凝结的一层，颜色非常洁白，叫做吊矾；沉淀在缸底的叫做缸矾；质地轻如棉絮的叫做柳絮矾。溶液蒸发之后，剩下的便是雪白的巴石。经方药家煅制后用来当做药的，叫做枯矾。

明矾对人体的影响

明矾是传统食品的改良剂和膨松剂，常用作油条、粉丝、米粉等食品的添加剂。但是由于明矾的化学成分为硫酸铝钾，含有铝离子，所以过量摄入会影响人体对铁、钙等成分的吸收，导致骨质疏松、贫血。因此，一些营养专家提出要尽量少吃含矾食品。

05　青矾、红矾、黄矾、胆矾

原典

凡皂、红、黄矾[①]，皆出一种而成，变化其质。取煤炭外矿石（俗名铜炭子），每五百斤入炉，炉内用煤炭饼（自来风，不用鼓鞲者）千余斤，周围包裹此石。炉外砌筑土墙圈围，炉巅空一圆孔，如茶碗口大，透炎直上，孔旁以矾滓厚掩（此滓不知起自何世，欲作新炉者，非旧滓掩盖则不成）。然后从底发火，此火度经十日方熄。其孔眼时有金色光直上（取硫，详后款）。

注释

①皂、红、黄矾：指三种矾。皂矾，又名青矾，蓝绿色。红矾，矾红，红色颜料。黄矾，黄色。三者都是铁的化合物。

烧皂矾

译文

皂矾、红矾、黄矾，都是由同一物质变化而来的，性质却各不相同。先收取五百斤煤炭外层的矿石子（俗名“铜炭”）放入炉内，将一千多斤煤饼（不必鼓风就能燃烧的那种煤粉，因此名叫“自来风”）放在铜炭周围并包住这些矿石。在锅炉外修筑一个土墙绕圈围着，在炉顶留出一个圆孔，孔径好像茶碗口大，让火焰能够从炉孔中透出，炉孔旁边用矾渣盖严实（不知是从什么时候开始有的矾渣。奇妙的是，凡是起新炉子，不用旧渣掩住炉孔就会烧不成功），然后从炉底发火，估计这炉火要连续烧十天才能熄灭。燃烧时炉孔眼不时会有金色光焰冒出来（后文将详细叙述具体如何取硫）。

原典

煅经十日后，冷定取出。半酥杂碎者另拣出，名曰时矾，为煎矾红用。其中精粹如矿灰形者，取入缸中浸三个时，漉入釜中煎炼。每水十石煎至一石，火候方足。煎干之后，上结者皆佳好皂矾，下者为矾滓（后炉用此盖）。此皂矾染家必需用，中国煎者亦惟五、六所。原石五百斤，成皂矾二百斤，其大端也。其拣出时矾（俗又名鸡屎矾），每斤入黄土四两，入罐熬炼，则成矾红，圬墁[①]及油漆家用之。

注释

①圬墁：泥水工。

译文

煅烧十天以后，等待矾石都冷却了才取出。其中半酥碎的另外挑出，名叫“时矾”，用来煎炼红矾。将矿灰样的精华部分放进缸里，用水浸泡约六个小时，把它过滤后再放入锅中煎炼，要将十石水熬成一石水，这才说明火候够足。等水快干时，上层结成的是优质的皂矾，下层便是矾渣了（下一炉用另外一只孔）。这种皂矾是印染业所必需的原料，整个中国制矾的也不外五六家。大概每五百斤石料可以炼出二百斤皂矾来。另外挑出的“时矾”（俗名又叫“鸡屎矾”）每斤加进黄土四两，再入罐熬炼，便成红矾了。泥水工和油漆工经常用到这两种矾。

原典

其黄矾所出又奇甚。乃即炼皂矾，炉侧土墙，春夏经受火石精气，至霜降、立冬之交，冷静之时，其墙上自然爆出此种，如淮北砖墙生焰硝①样，刮取下来，名曰黄矾。染家用之，金色淡者涂炙，立成紫赤也。其黄矾自外国来，打破，中有金丝者，名曰波斯矾，别是一种。

注释

①淮北砖墙生焰硝：不仅淮北，凡地性盐碱者，墙根皆生硝土。

译文

至于黄矾的出现就更加奇异了。在每年春夏炼皂矾时，炉旁的土墙因为吸附了矾的蒸气，到了霜降与立冬相交的季节，土墙干冷，矾便析出来，就好像淮北的砖墙上生出火硝一样，刮取下来，便是黄矾了，染坊经常会用到它。如果金色太淡了，把黄矾涂上去放在火上一烤，立刻就会变成紫赤色。此外，还有外国运来的黄矾，打破以后中间会现出金丝来，名叫波斯矾，这是另外一个品种。

黄矾治病

黄矾为硫酸盐类矿物质矿石，具有解毒杀虫、敛疮、主痔瘘、恶疮、疥癣、聤耳出脓的功效。黄矾多外用，可单用，也可与其他燥湿敛疮、清热解毒药配伍用，如治痔瘘肿痛，脓血不止，黄矾配乌蛇、枳壳等祛风止痛，枯痔敛疮。治疳蚀疮，唇口坏烂肿痛，可配青矾、白矾、雄黄解毒消疳，生肌敛疮。治聤耳出脓久不愈，则配用乌贼骨、黄连解毒化瘀，收湿敛疮。

原典

又山、陕烧取硫黄山上，其滓弃地二、三年后，雨水浸淋，精液流入沟麓之中，自然结成皂矾。取而货用，不假煎炼。其中色佳者，人取以混石胆[①]云。

石胆一名胆矾者，亦出晋、隰等州，乃山石穴中自结成者，故绿色带宝光。烧铁器淬于胆矾水中，即成铜色也。

《本草》载矾虽五种，并未分别原委。其昆仑矾状如黑泥，铁矾状如赤石脂[②]者，皆西域产也。

注释

① 石胆：又名胆矾，蓝色，外观上像皂矾。

② 赤石脂：含三氧化铁的红色矿土。

译文

山西、陕西等地烧硫黄的山上，随地丢弃废渣两三年后，其中的矾质经过雨水的淋洗溶解后流到山沟里，经过蒸发也能结成皂矾。这种皂矾，取用或拿去出售时就不必再炼了，其中色泽美丽的，听说还可以用来冒充石胆。

石胆又叫做胆矾，产自陕西省隰县等地。胆矾是在山崖洞穴中自然结晶的，因此它的绿色具有宝石般的光泽。将烧红的铁器淬入胆矾水中，铁器会立刻现出黄铜的颜色。

明朝李时珍的《本草纲目》中虽然记载了矾有五类，但并没有区别它们的来源和关系。昆仑矾好像黑泥，铁矾好像赤石脂，都是西北出产的。

06 硫黄

原典

凡硫黄乃烧石承液而结就。著书者误以焚石为矾石，遂有矾液之说。然烧取硫黄石[①]，半出特生白石，半出煤矿烧矾石，此矾液之说所由混也。又言中国有温泉处必有硫黄，今东海、广南产硫黄处又无温泉，此因温泉水气似硫黄，故意度言之也。

硫　黄

注释

① 烧取硫黄石：主要指硫铁矿，分为黄铁矿及白铁矿。

译文

硫黄是由烧炼矿石时得到的液体经过冷却后凝结而成的，过去的著书者误以为硫黄都是煅烧矾石而取得的，就把它叫做矾液。事实上，煅烧硫黄的原料，有的是来自当地特产的白石，有的是来自煤矿的煅烧矾石，矾液的说法就是这样混杂进来的。又有人说中国凡是有温泉的地方就一定会有硫黄，可是，东南沿海一带出产硫黄的地方并没有温泉，这可能是因为温泉的气味很像硫黄，所以才这么猜想的吧！

原典

凡烧硫黄，石与煤矿石同形。掘取其石，用煤炭饼包裹丛架，外筑土作炉。炭与石皆载千斤于内，炉上用烧硫旧滓掩盖，中顶隆起，透一圆孔其中。火力到时，孔内透出黄焰金光。先教陶家烧一钵盂，其盂当中隆起，边弦卷成鱼袋[①]样，覆于孔上。石精感受火神，化出黄光飞走，遇盂掩住，不能上飞，则化成汁液靠着盂底，其液流入弦袋之中，其弦又透小眼，流入冷道灰槽小池，则凝结而成硫黄矣。

烧取硫黄

注释

①鱼袋：唐代官符做成鱼形，以袋盛之，佩戴腰中，名为鱼袋。官吏等级以金、银、玉进行区分。

译文

烧取硫黄的矿石与煤矿石的形状相同。煅烧硫黄的大致步骤是：先用煤饼包裹矿石并堆垒起来，再在外面用泥土夯实并建造熔炉。每炉的石料和煤饼都有千斤左右，炉上用烧硫黄的旧渣掩盖，炉顶中间要隆起，空出一个圆孔。燃烧到一定程度，炉孔内便会有金黄色的气体冒出。预先请陶工烧制一个中部隆起的盂钵，盂钵边缘往内卷成像鱼膘状的凹槽，烧硫黄时，将盂钵覆盖在炉孔上。硫黄的黄色蒸气沿着炉孔上升，被盂钵挡住而不能跑掉，于是便冷凝成液体，沿着盂钵的内壁流入凹槽，又透过小眼沿着冷却管道流进小池子，最终凝结而变成固体硫黄。

原典

其炭煤矿石烧取皂矾者，当其黄光上走时，仍用此法掩盖，以取硫黄。得硫一斤，则减去皂矾三十余斤，其矾精华已结硫黄，则枯滓遂为弃物。

凡火药，硫为纯阳，硝为纯阴，两精逼合，成声成变，此乾坤幻出神物也。硫黄不产北狄，或产而不知炼取亦不可知。至奇炮出于西洋与红夷，则东徂西数万里，皆产硫黄之地也。其琉球土硫黄、广南水硫黄，皆误记也[①]。

注释

①皆误记也：此处在《本草纲目》中提到的广南水硫黄、石硫黄及南海琉球山中的土硫黄，其实都是可信的，并非误记。

译文

用含煤黄铁矿烧取皂矾，当黄色的蒸气上升时，也可以用这种方法收取硫黄。得硫一斤，就要减收皂矾三十多斤，因为皂矾的精华都已经转化为硫了，剩下的枯渣便成了废物。

火药的主要原料是硫黄和硝石，硫黄是纯阳，硝石是纯阴，两种物质相互作用能引起爆炸，产生巨大的声响，这真是自然界变化出来的奇物。北方少数民族居住的地方不出产硫黄，或者也有可能是有硫黄出产而不会炼取。新式枪炮出现在西洋与荷兰，这说明由东往西数万里，都有出产硫黄的地方。但是所谓琉球的土硫黄、广东南部的水硫黄，却都是一种错误的记载。

硫黄的功效

硫黄属多功能药剂，除有杀菌作用外，还能杀螨和杀虫，用于防治各种作物的白粉病和叶螨等，持效期可达半月左右。如黄瓜、甜瓜（香瓜）、南瓜等，使用时将50%硫胶悬剂稀释成200～400倍液体喷雾，每隔10天左右喷洒1次，一般发病轻的用药2次，发病重的用药3次。

07 砒石[1]

原典

凡烧砒霜，质料似土而坚，似石而碎，穴土数尺而取之。江西信郡、河南信阳州皆有砒井，故名信石。近则出产独盛衡阳，一厂有造至万钧者。凡砒石井中，其上常有浊绿水，先绞水尽，然后下凿。

注释

①砒石：又名信石，可炼制砒霜。

译文

烧砒霜的原料好像泥土却又比泥土硬实，类似石头但又比石头坚脆，向下掘土几尺就能够获取。江西信郡、河南信阳一带都有砒井，因此砒石又名信石。近来生产砒霜最多的则是湖南衡阳，一间工厂的年产量，能有达到上万斤的。砒井中，常常积有绿色的浊水，开采时要先将水除尽，然后再往下凿取。

原典

砒有红、白两种，各因所出原石色烧成。凡烧砒，下鞠[1]土窑，纳石其上，上砌曲突[2]，以铁釜倒悬覆突口。其下灼炭举火。其烟气从曲突内熏贴釜上。度其已贴一层，厚结寸许，下复熄火。待前烟冷定，又举次火，熏贴如前。一釜之内数层已满，然后提下，毁釜而取砒。故今砒底有铁沙，即破釜滓也。凡白砒止此一法。红砒则分金炉内银铜脑气有闪成者。

烧 砒

注释

①下鞠：在地上挖砌。

②曲突：烟筒。

译文

砒霜有红、白两种，各由原来的红色、白色砒石烧制而成。烧制砒霜的时候，先在下面挖个土窑堆放砒石，再在上面砌个弯曲的烟囱，然后把铁锅倒过来覆盖在烟囱口上。在窑下引火焙烧，烟便从烟囱内上升，熏贴在锅的内壁上。估计累计达到约一寸厚时就熄灭炉火，等烟气冷却下来，便再次起火燃烧。这样反复几次，一直到锅内贴满砒霜为止，才把锅拿下来，打碎锅而剥取砒霜。因此接近锅底的砒霜常留有铁渣，那是锅的碎屑。白砒霜的制作方法只有这一种，至于红砒霜，则还有在冶炼含砷的银铜矿石时，由分金炉内析出的蒸气冷结而成的。

鹤顶红与砒霜的关系

你知道古人所说的“丹毒”或“鹤顶红”到底是什么物质吗？其实这些东西就是砒霜，即不纯的三氧化二砷，呈红色，又叫红矾，有剧毒。所以“鹤顶红”不过是古时对砒霜的一个隐晦的说法而已。

原典

凡烧砒时，立者必于上风十余丈外，下风所近，草木皆死，烧砒之人经两载即改徙，否则须发尽落。此物生人食过分厘立死。然每岁千万金钱速售不滞者，以晋地菽、麦必用拌种，且驱田中黄鼠害。宁、绍郡稻田必用蘸秧根，则丰收也。不然，火药[①]与染铜需用能几何哉！

注释

① 火药：从宋代以来，中国火药配方中常加入少量砒霜，制成毒药火药。

译文

烧制砒霜时，操作者必须站在风向上方十多丈远的地方。风向下方所触及的地方，草木都会死去。所以烧砒霜的人两年后一定要改行，否则须发就会全部脱光。砒霜有剧毒，人只要吃一点点就会立即死亡。然而，每年却都有价值千百万的砒霜畅销无阻，这是因为山西等地乡民都要用它来给豆和麦子拌种，而且还用它来驱除田中的鼠害；浙江宁波、绍兴一带，也有用砒霜来蘸秧根而使水稻获得丰收的。不然的话，如果砒霜仅仅是用于火药和炼铜方面，那又能用得了多少呢！

膏液第十二

原典

宋子曰：天道平分昼夜，而人工继晷以襄事，岂好劳而恶逸哉！使织女燃薪、书生映雪，所济成何事也？草木之实，其中蕴藏膏液，而不能自流。假媒水火，凭藉木石，而后倾注而出焉。此人巧聪明，不知于何禀度[①]也。

人间负重致远，恃有舟车。乃车得一铢而辖转，舟得一石而罅完，非此物之为功也不可行矣。至菹蔬之登釜也，莫或膏之，犹啼儿之失乳焉。斯其功用一端而已哉？

注释

①于何禀度：从何处被赋予。

译文

宋子说：自然界的运行之道是平分昼夜，然而人们却夜以继日地劳动，难道只是爱好劳动而厌恶安闲吗？让纺织女工在柴火的照耀下织布，读书人借助于雪的反光来读书，这又能做得成什么事呢？草木的果实之中含有油膏脂液，但它是不会自己流出来的。要凭借水火、木石来加工，然后才能倾注而出。人的这种聪明和技巧，真不知是从哪里得来的。

人们运东西到别处去，依靠的是船和车。车轴只要有少量的润滑油，车轮子就能灵活转动起来；船身有了一石的油灰，缝隙就可以完全填补好。没有油脂在其中起作用，船和车也就无法通行了。乃至切碎的蔬菜入锅烹调，如果没有油，就好比婴儿没有奶吃而啼哭一样，都是不行的。如此看来，油脂的功用岂止局限于一个方面呢？

01　油品

原典

凡油供馔食用者，胡麻[①]（一名脂麻）、莱菔子、黄豆、菘菜子（一名白菜）为上。苏麻[②]（形似紫苏），粒大于胡麻、芸苔子（江南名菜子）次之，樣子（其树高丈余，子如金樱子，去肉取仁）次之，苋菜子次之，大麻仁（粒如胡荽子，剥取其皮，为绰索用者）为下。

燃灯则桕[3]仁内水油为上，芸苔次之，亚麻子（陕西所种，俗名壁虱脂麻，气恶不堪食）次之，棉花子次之，胡麻次之（燃灯最易竭），桐油与桕混油为下（桐油毒气熏人，桕油连皮膜则冻结不清）。造烛则桕皮油为上，蓖麻子次之，桕混油每斤入白蜡结冻次之，白蜡结冻诸清油又次之，樟树子油又次之（其光不减，但有避香气者），冬青子油又次次之（韶郡[4]专用，嫌其油少，故列次），北土广用牛油，则为下矣。

注释

① 胡麻：芝麻，又名脂麻，供食油用名为香油。

② 苏麻：又称荏，种子油可食用，也可作为干性油用于漆器制造业。

③ 桕：乌桕，大戟科木本。

④ 韶郡：今广东韶关地区。

译文

在食用油之中，以胡麻油（又名脂麻油）、萝卜子油、黄豆油和菘菜子油（又名大白菜子油）等为最佳。苏麻油（苏麻子的形状像紫苏），粒比脂麻粒大些、油菜子油次之，茶子油（茶树高的有一丈多，茶子外形像金樱子，去肉取仁）又次之，苋菜子油再次之，大麻仁油（大麻种子像胡荽子，把皮取下来，皮可以搓制绳索）为下品。

点灯所用的油料则以乌桕水油为最佳，油菜子油其次，亚麻仁油（陕西所种的亚麻，俗名叫壁虱脂麻，气味不太好闻，不堪食用）次之、棉子油又次之，胡麻子油（用来点灯耗油量最大）又次些，桐油和桕混油则为下品（桐油毒气熏人，连皮膜榨出的桕混油凝结不清）。制造蜡烛，则以桕皮油为最适宜的油料，蓖麻子油、加白蜡凝结的桕混油其次，加白蜡凝结的各种清油又其次，樟树子油（点灯时光度不弱，但有人不喜欢它的香气）再其次，冬青子油（只有韶关地区才用，但嫌其含油量少，因此列为次等）更差一些。北方普遍用的牛油，则是很下等的油料了。

原典

凡胡麻与蓖麻子、樟树子，每石得油四十斤。莱菔子每石得油二十七斤（甘美异常，益人五脏）。芸苔子每石得三十斤，其耨勤而地沃、榨法精到者，仍得四十斤（陈历一年，则空内而无油）。榛子每石得油一十五斤（油味似猪脂，甚美，其枯则止可种火及毒鱼用）。桐子仁每石得油三十三斤。桕子分打时，

皮油得二十斤，水油得十五斤，混打时共得三十三斤（此须绝净者）。冬青子每石得油十二斤。黄豆每石得油九斤（吴下[①]油食后，以其饼充豕粮）。菘菜子每石得油三十斤（油出清如绿水）。棉花子每百斤得油七斤（初出甚黑浊，澄半月清甚）。苋菜子每石得油三十斤（味甚甘美，嫌性冷滑）。亚麻、大麻仁每石得油二十余斤。此其大端，其他未穷究试验，与夫一方已试而他方未知者，尚有待云。

译文

脂麻和蓖麻子、樟树子，每石可以榨油四十斤。莱菔子每石可以榨油二十七斤（味道很好，对人的五脏很有益）。油菜子每石可以榨油三十斤，如果除草勤、土壤肥、榨的方法又得当的话也可以榨四十斤（放置一年后，子实就会内空而变得无油）。茶子每石可以榨油十五斤（油味像猪油一样好，但得到的枯饼只能用来引火或者药鱼）。桐子仁每石可以榨油三十三斤。柏树子核和皮膜分开榨时，可以得到皮油二十斤、水油十五斤，混和榨时则可以得柏混油三十三斤（子、皮都必须干净）。冬青子每石可以榨油十二斤。黄豆每石可以榨油九斤（江苏南部和浙江北部一带取豆油食用，豆枯饼则作为喂猪的饲料）。大白菜子每石可以榨油三十斤（油清澈得好像绿水一样）。棉花子每一百斤可以榨油七斤（刚榨出来时油色很黑、混浊不清，放置半个月后就很清了）。苋菜子每石可以榨油三十斤（甘可口，但嫌冷滑）。亚麻仁、大麻仁每石可以榨油二十多斤。以上所列举的只是大概的情况而已，至于其他油料及其榨油率，因为没有进行深入考察和试验，或者有的已经在某个地方试验过而尚未推广的，那就有待以后再进行补述了。

注释

① 吴下：今江苏南部及浙江北部地区。

购买食用油小妙招

购买食用油的时候一要看等级，根据最新的标准食用油分为四个等级，第四级为最低等级；二要看产地，主要是指产品的原料生产地；三要看原料，即是否是转基因原料；四要看生产工艺，即该食用油属“压榨法”生产的还是“浸出法”生产的，压榨油能够保持原料的原有营养成分且油的品质比较纯粹。

02 法具

原典

凡取油，榨法而外，有两镬煮取法，以治蓖麻与苏麻。北京有磨法，朝鲜有舂法，以治胡麻。其余则皆从榨出也。凡榨木巨者围必合抱，而中空之。其木樟为上，檀、杞次之（杞木为者，防地湿，则速朽）。此三木者脉理循环结长，非有纵直纹。故竭力挥椎，实尖其中，而两头无璺拆[①]之患，他木有纵纹者不可为也。中土江北少合抱木者，则取四根合并为之。铁箍裹定，横栓串合而空其中，以受诸质，则散木有完木之用也。

南方榨

注释

① 璺拆：开裂破散。

译文

制取油料的方法，除了压榨法之外，还有用两个锅煮取的方法，用来制取蓖麻油和苏麻油。北京用的是研磨法，朝鲜用的是舂磨法，用来制取芝麻油。其余的油都是用压榨法制取。榨具要用周长达到两臂伸出才能环抱住的木材来做，将木头中间挖空。用樟木做的最好，用檀木与杞木做的要差一些（杞木做的怕潮湿、容易腐朽）。这三种木材的纹理都是缠绕扭曲的，没有纵直纹。因此把尖的楔子插在其中并尽力舂打时，木材的两头不会拆裂，其他有直纹的木材则不适宜。中原地区长江以北很少有两臂抱围的大树，可用四根木拼合起来，用铁箍箍紧，再用横栓拼合起来，中间挖空，以便放进用于压榨的油料，这样就可把散木当做完整的木材来使用了。

原典

凡开榨[①]，空中其量随木大小。大者受一石有余，小者受五斗不足。凡开榨，辟中凿划平槽一条，以宛凿入中，削圆上下，下沿凿一小孔，削一小槽，使油出之时流入承藉器中。其平槽约长三、四尺，阔三、四寸，视其身而为之，无定式也。实槽尖与枋惟檀木、柞子木两者宜为之，他木无望焉。其尖过斤斧而不过刨，盖欲其涩，不欲其滑，惧报转也。撞木与受撞之尖，皆以铁圈裹首，惧披散也。

注释

① 开榨：制作榨具。

译文

制作榨具时，木的中间挖空多少要以木料的大小为准。大的可以装下一石多油料，小的还装不了五斗。做榨具时，要在中空部分凿开一条平槽，用弯凿削圆上下，再在下沿凿一个小孔，再削一条小槽，使榨出的油能流入接收器中。平槽长约三四尺，宽约三四寸，大小根据榨身而定，没有一定的格式。插入槽里的尖楔和枋木都要用檀木或者柞木来做，其他木料不合用。尖楔用刀斧砍成而不需要刨，因为要它粗糙而不要它光滑，以免它滑出。撞木和尖楔都要用铁圈箍住头部以防披散。

现代压榨法

现代的压榨法已是工业化、自动化的操作，采用榨油机压榨，即借助机械外力的作用，通过提高温度，激活油分子，从而将油脂从油料中挤压出来，但仍然解决不了油渣中残油含量高的问题。

原典

榨具已整理，则取诸麻菜子入釜，文火慢炒（凡桕、桐之类属树木生者，皆不炒而碾蒸），透出香气，然后碾碎受蒸。凡炒诸麻菜子，宜铸平底锅，深止六寸者，投子仁于内，翻拌最勤。若釜底太深，翻拌疏慢，则火候交伤[①]，减丧油质。炒锅亦斜安灶上，与蒸锅大异。凡碾埋槽土内（木为者以铁片掩之），其上以木杆衔铁陀，两人对举而推之。资本广者则砌石为牛碾，一牛之力可敌十人。亦有不受碾而受磨者，则棉子之类是也。既碾而筛，择粗者再碾，细者则入釜甑受蒸。蒸气腾足，取出以稻秸与麦秸包裹如饼形，其饼外圈箍，或用铁打成，或破篾绞刺而成，与榨中则寸相吻合。

注释

①交伤：指火候大小不一，不均匀。

炒、蒸油料

译文

榨具准备好了，就可以将蓖麻子或油菜子之类的油料放进锅里，用文火慢炒（凡属木本的柏子、桐子这类的子实，都要碾碎后蒸熟而不必经过炒制），到透出香气时就取出来，碾碎、入蒸。炒蓖麻子、菜子要用六寸深的平底锅比较合适，将子仁放进锅后不断翻拌。如果锅太深，翻拌又少，就会因子仁受热不均匀而降低油的产量和质量。炒锅斜放在灶上，跟蒸锅大不一样。碾槽埋在地下（木制的要用铁片覆盖），上面用一根木杆穿过圆铁饼的圆心，两人相对一齐向前推碾。资本雄厚的则用石块砌成牛碾，一头牛拉碾的劳动效率相当于十个人的劳动力。也有些子实，例如棉子之类，只能用磨而不需要用碾。碾了之后再筛，粗的再碾，细的放入甑子里蒸。当蒸气升腾足够饱和时取出，用稻秆或麦秆包裹成大饼的形状，饼外围的箍用铁打成或者用竹篾交织而成，饼箍尺寸要与榨具的中间空槽大小相符合。

原典

凡油原因气取[①]，有生于无。出甑之时，包裹怠缓，则水火郁蒸之气游走，为此损油。能者疾倾，疾裹而疾箍之，得油之多，诀由于此，榨工有自少至老而不知者。包裹既定，装入榨中，随其量满，挥撞挤轧，而流泉出焉矣。包内油出滓存，名曰枯饼。凡胡麻、莱菔、芸苔诸饼，皆重新碾碎，筛去秸芒，再蒸、再裹而再榨之。初次得油二分，二次得油一分。若桕、桐诸物，则一榨已尽流出，不必再也。

注释

①气取：通过蒸气提取。

译文

油是通过蒸气而提取的，“有形”生于“无形”，所以出甑子的时候如果包裹动作太慢就会使一部分闭结的蒸气逸散，出油率也就降低了。技术熟练的人能够做到快倒、快裹、快箍，得油多的诀窍全在这里。有的榨工从小做到老都不明白这个诀窍。油料包裹好了后，就可以装入榨具中，挥动撞木把尖楔打进去挤压，油就像泉水那样流出来了。包裹里剩下的渣滓叫做枯饼。胡麻、莱菔、芸苔等的初次枯饼都要重新碾碎，筛去茎秆和壳刺，再蒸、再包和再榨。第二次榨还能得到第一次油量的一半。但如果是桕子、桐子之类的子实，则第一次榨油已全部流出，因此也就不必再榨了。

原典

若水煮法，则并用两釜。将蓖麻、苏麻子碾碎，入一釜中，注水滚煎，其上浮沫即油。以杓[①]掠取，倾于干釜内，其下慢火熬干水气，油即成矣。然得油之数毕竟减杀。北磨麻油法，以粗麻布袋捩绞，其法再详。

注释

① 杓：指勺子。

译文

水煮法制油，是同时使用两个锅，将蓖麻子或苏麻子碾碎，放进一个锅里，加水煮至沸腾，上浮的泡沫便是油。用勺子撇取，倒入另一个没有水的干锅中，下面用慢火熬干水分，便得到油了。不过用这种方法得到的油量毕竟有所降低。北京用研磨法制取芝麻油，是把磨过的芝麻子装在粗麻布袋里进行扭绞的，这种方法以后再详细地加以研究。

03 皮油

原典

凡皮油造烛法起广信郡，其法取洁净桕子，囫囵入釜甑蒸，蒸后倾于臼内受舂。其臼深约尺五寸，碓以石为身，不用铁嘴。石取深山结而腻者，轻重斫成限四十斤，上嵌横木之上而舂之。其皮膜上油尽脱骨而纷落，挖起，筛于盘内再蒸，包裹入榨皆同前法。皮油已落尽，其骨

轧桕子黑粒去壳取仁

为黑子。用冷腻小石磨不惧火煅者（此磨亦从信郡深山觅取），以红火矢围壅煅热[①]，将黑子逐把灌入疾磨。磨破之时，风扇去其黑壳，则其内完全白仁，与梧桐子无异。将此碾蒸、包裹入榨，与前法同。榨出水油清亮无比，贮小盏之中，独根心草燃至天明，盖诸清油所不及者。入食馔即不伤人，恐有忌者，宁不用耳。

注释

① 以红火矢围壅煅热：用烧红的木炭围满石磨使其变热。

译文

用皮油制造蜡烛是江西广信郡创始的。把洁净的乌桕子整个放入饭甑里去蒸煮，蒸好后倒入臼内舂捣。臼约一尺五寸深，碓身是用石块制造的，不用铁嘴，而是采取深山中坚实而细滑的石块制就。琢成后质量限定四十斤，上部嵌在平横木的一端，便可以舂捣了。乌桕子核外包裹的蜡质舂过以后全部脱落，挖起来，把蜡质层筛掉放入盘里再蒸，然后包裹入榨，方法同上。乌桕子外面的蜡质脱落后，里面剩下的核子就是黑子。用一座不怕火烧的冷滑小石磨（这种磨石也是从广信的深山中找到的），周围堆满烧红的炭火加以烘热，将黑子逐把投入快磨。磨破以后，就用风扇去掉黑壳，剩下的便全是白色的仁，如同梧桐子一样。将这种白仁碾碎上蒸之后，用前文所述的方法包裹、入榨。榨出的油叫做“水油”，很是清亮，装入小灯盏中，用一根灯芯草就可点燃到天明，其他的清油都比不上它。拿它来食用对人没有伤害，但有些人也不放心，宁可不食用。

微晶蜡的作用

微晶蜡在特种蜡行业中能够很好地改善产品的性能。例如在石蜡中添加合适的微晶蜡能改变普通石蜡的晶型，改善石蜡的抗水性和渗透性，增加石蜡的抗弯强度，提高塑性和挠性，从而扩大石蜡的适用范围。微晶蜡还可广泛用于食品、化工、军工、冶金等行业，发挥防潮、防腐、上光、绝缘、防锈等作用。

原典

其皮油造烛，截苦竹[1]筒两破，水中煮涨（不然则粘滞）。小篾箍勒定，用鹰嘴铁杓挽油灌入，即成一枝。插心于内，顷刻冻结，捋箍开筒而取之。或削棍为模，裁纸一方，卷于其上而成纸筒，灌入亦成一烛。此烛任置风尘中，再经寒暑，不敝坏也。

注释

①苦竹：禾本科竹类，秆圆筒形。

译文

用皮油制造蜡烛的方法是：将苦竹筒破成两半，放在水里煮涨（否则会黏带皮油），用小篾箍固定，用尖嘴铁杓装油灌入筒中，再插进烛芯，便成了一支蜡烛。过一会儿待蜡冻结后，顺筒捋下篾箍，打开竹筒，将烛取出。另一种方法是把小木棒削成蜡烛模型，然后裁一张纸，卷在上面做成纸筒。然后将皮油灌入纸筒，也能结成一根蜡烛。这种蜡烛无论风吹尘盖，还是经历冷天和热天，都不会变坏。

杀青第十三

原典

宋子曰：物象精华，乾坤微妙，古传今而华达夷，使后起含生，目授而心识之，承载者以何物哉？君与民通，师将弟命，凭藉咕咕[1]口语，其与几何？持寸符，握半卷，终事诠旨，风行而冰释焉。覆载之间之藉有楮先生[2]也，圣顽咸嘉赖之矣。身为竹骨与木皮，杀其青而白乃见，万卷百家基从此起。其精在此，而其粗效于障风、护物[3]之间。事已开于上古，而使汉、晋时人擅名记者，何其陋哉！

注释

①咕咕：附耳小声说话。

②楮先生：指纸。

③障风、护物：糊窗户、包东西。

译文

宋子说：事物的精华、天地的奥妙，从古代传到现在，从中原抵达边疆，使后来人能够了然于心，那是用什么东西记载下来的呢？君主与臣下交换意见，老师传授课业给学生，如果只是凭借喋喋不休的口头语言，那又能解决多少问题呢？但是只要有短短一张文符或者是半册课本，就能把有关事物的道理阐述清楚，就能使命令风行天下，疑难也会如同冰雪融化一样地消释。自从世上有了纸之后，聪明的人和愚钝的人都从中受益匪浅。纸是以竹骨和树皮为原料造成的。除去树木的青色外层就造成了白纸，于是诸子百家的万卷图书才有了书写和印刷的物质基础。精细的纸用在这方面，而粗糙的纸则用来挡风和进行包装。造纸的事早在上古时就已经开始了，但却有人把它说成是汉、晋时由某个人所发明，这种见识是多么浅陋啊！

01　纸料

原典

凡纸质用楮树（一名榖树）皮与桑穰①、芙蓉膜②等诸物者为皮纸，用竹麻者为竹纸。精者极其洁白，供书文、印文、柬、启用；粗者为火纸③、包裹纸。所谓“杀青”，以斩竹得名；“汗青”以煮沥得名；“简”即已成纸名，乃煮竹成简。后人遂疑削竹片以纪事，而又误疑“韦编”为皮条穿竹札也。秦火未经时，书籍繁甚，削竹能藏几何？如西番用贝树造成纸叶，中华又疑以贝叶书经典。不知树叶离根即焦，与削竹同一可哂也。

注释

① 桑穰：桑树里面那一层皮，较松软。

② 芙蓉膜：木芙蓉的韧皮。

③ 火纸：做冥钱烧用的纸。

译文

用楮树（又名榖树）、桑树和木芙蓉的第二层皮等造的纸叫做皮纸，用竹麻造的纸叫做竹纸。精细的纸非常洁白，可以用来书写、印刷和制柬帖；粗糙的纸则用于制作火纸和包装纸。所谓“杀青”就是从斩竹去青而得到的名称，“汗青”则是以煮沥而得到的名称，“简”便是已经造成的纸。因为煮竹能成“简”和纸，后人于是就误认为削竹片可以记事，进而还错误地以为古代的书册都是用皮条穿编竹简而成的。在秦始皇焚书以前，已经有很多书籍，如果纯用竹简，又能写下几个字呢？西域一带的人用贝树造成纸页，而我国中土的人士进而误传他们可以用贝树叶来书写经文。他们不懂得树叶离根就会焦枯的道理，这跟削竹记事的说法是同样可笑的。

02 造竹纸

原典

凡造竹纸，事出南方，而闽省独专其盛。当笋生之后，看视山窝深浅，其竹以将生枝叶者为上料。节届芒种，则登山砍伐。截断五、七尺长，就于本山开塘一口，注水其中漂浸。恐塘水有涸时，则用竹枧①通引，不断瀑流注入。浸至百日之外，加功槌洗，洗去粗壳与青皮（是名杀青）。其中竹穰形同苎麻样，用上好石灰化汁涂浆，入楻桶②下煮，火以八日八夜为率。

注释

① 竹枧：毛竹做的水管或水槽。

② 楻桶：大木桶，但在这里指连同下面受火的铁锅在内的楻桶。

蒸 煮

斩竹漂塘

译文

竹纸是南方制造的，其中以福建省为最多。当竹笋生出以后，到山窝里观察竹林长势，将要生枝叶的嫩竹是造纸的上等材料。每年到芒种节令，便可上山砍竹。把嫩竹截成五到七尺一段，就地开一口山塘，灌水漂浸。为了避免塘水干涸，用竹制导管引水滚滚流入。浸到一百天开外，把竹子取出再用木棒敲打，最后洗掉粗壳与青皮，这一步骤就叫做“杀青”。这时候的竹穰就像苎麻一样，再用优质石灰调成乳液拌和，放入楻桶里煮上八天八夜。

原典

凡煮竹，下锅用径四尺者，锅上泥与石灰捏弦，高阔如广中煮盐牢盆样，中可载水十余石。上盖楻桶，其围丈五尺，其径四尺余。盖定受煮，八日已足。歇火一日，揭楻取出竹麻，入清水漂塘之内洗净。其塘底面、四维皆用木板合缝砌完，以防泥污（造粗纸者，不须为此）。洗净，用柴灰浆过，再入釜中，其中按平，平铺稻草灰寸许。桶内水滚沸，即取出别桶之中，仍以灰汁淋下。倘水冷，烧滚再淋。如是十余日，自然臭烂。取出入臼受舂（山国[1]皆有水碓），舂至形同泥面，倾入槽内。

注释

① 山国：指南方山区。

译文

煮竹子的锅，直径约四尺，用黏土调石灰封固锅的边沿，使其高度和宽度类似于广东中部沿海地区煮盐的牢盆那样，里面可以装下十多石水。上面盖上周长约一丈五尺、直径约四尺的楻桶。竹料加入锅和楻桶中，煮八天就足够了。停止加热一天后，揭开楻桶，取出竹麻，放到清水塘里漂洗干净。漂塘底部和四周都要用木板合缝砌好以防止沾染泥污（造粗纸时不必如此）。竹麻洗净之后，用柴灰水浸透，再放入锅内按平，铺一寸左右厚的稻草灰。煮沸之后，就把竹麻移入另一桶中，继续用草木灰水淋洗。草木灰水冷却以后，要煮沸再淋洗。这样经过十多天，竹麻自然就会腐烂发臭。把它拿出来放入臼内舂成泥状（山区都有水碓），倒入抄纸槽内。

原典

凡抄纸槽，上合方斗，尺寸阔狭，槽视帘，帘视纸。竹麻已成，槽内清水浸浮其面三寸许。入纸药[1]水汁于其中（形同桃竹叶，方语无定名），则水干自成洁白。凡抄纸帘，用刮磨绝细竹丝编成。展卷张开时，下有纵横架框。两手持帘入水，荡起竹麻入于帘内。厚薄由人手法，轻荡则薄，重荡则厚。竹料浮帘之顷，水从四际淋下槽内。然后覆帘，落纸于板上，叠积千万张。数满则上以板压。俏绳入棍，如榨酒法，使水气净尽流干。

透火焙干

然后以轻细铜镊逐张揭起焙干。凡焙纸先以土砖砌成夹巷，下以砖盖巷地面，数块以往，即空一砖。火薪从头穴烧发，火气从砖隙透巷，外砖尽热，湿纸逐张贴上焙干，揭起成帙。

荡帘抄纸

注释

①纸药：植物黏液，放入纸槽中作为纸浆的悬浮剂。

译文

抄纸槽像个方斗，大小由抄纸帘来定，抄纸帘又由纸张的大小来定。抄纸槽内放置清水，水面高出竹浆约三寸，加入纸药水汁（这种纸药液用一种好像桃竹叶的植物叶子制成，各地的名称都不一样），这样抄成的纸干后便会很洁白。抄纸帘是用刮磨得极细的竹丝编成的，展开时下面有木框托住。两只手拿着抄纸帘放进水中，荡起竹浆让它进入抄纸帘中。纸的厚薄可以由人的手法来调控、掌握，轻荡则薄，重荡则厚。提起抄纸帘，水便从帘眼淋回抄纸槽，然后把帘网翻转，让纸落到木板上，叠积成千上万张。等到数目够了时，就压上一块木板，捆上绳子并插进棍子，绞紧，用类似榨酒的方法把水分压干，然后用小铜镊把纸逐张揭起，烘干。烘焙纸张时，先用土砖砌两堵墙形成夹巷，底下用砖盖火道，夹巷之内盖的砖块每隔几块砖就留出一个空位。火从巷头的炉口燃烧，热气从留空的砖缝中透出而充满整个夹巷，等到夹巷外壁的砖都烧热时，就把湿纸逐张贴上去焙干，再揭起来放成一叠。

覆帘压纸

原典

近世阔幅者名大四连，一时书文贵重。其废纸洗去朱墨、污秽，浸烂入槽再造，全省从前煮浸之力，依然成纸，耗亦不多。南方竹贱之国，不以为然。北方即寸条片角在地，随手拾取再造，名曰“还魂纸”。竹与皮[1]，精与粗，皆同之也。若火纸、糙纸，斩竹煮麻、灰浆水淋，皆同前法。惟脱帘之后不用烘焙，压水去湿，日晒成干而已。

注释

① 竹与皮：竹纸与皮纸。

译文

近来生产的一种宽幅纸，名叫大四连，用来书写，显得贵重。等到它用废以后，废纸也可以洗去朱墨、污秽，浸烂之后入抄纸槽再造，因此节省了浸竹和煮竹等工序，依然成纸，损耗不多。南方竹子数量多而且价钱低廉，也就用不着这样做。北方即使是寸条片角的纸丢在地上，也要随手拾起来再造，这种纸叫做还魂纸。竹纸与皮纸、精细的纸与粗糙的纸，都是用上述方法制造的。至于火纸与粗纸，斩竹、制取竹麻、用石灰浆、用稻草灰水淋洗等工序都和前面讲过的相同，只是脱帘之后不必再行烘焙，压干水分后放在阳光底下晒干就可以了。

造纸带来的污染

造纸工业以水污染最为严重，用、排水量大，废水中有机物含量高，生化需氧量高，悬浮物多，并含有毒性物，带色有异味，危害水生生物的正常生长，影响工农畜牧业和居民用水与环境景观。长年积累，悬浮物会淤塞河床港口，并产生硫化氢有毒臭气，危害极大。

原典

盛唐时鬼神事繁，以纸钱代焚帛（北方用切条，名曰板钱），故造此者名曰火纸。荆楚近俗，有一焚侈至千斤者。此纸十七供冥烧，十三供日用。其最粗而厚者名曰包裹纸，则竹麻和宿田晚稻稿所为也。若铅山诸邑所造柬纸，则全用细竹料厚质荡成，以射重价[1]。最上者曰官柬，富贵之家通刺用之。其纸敦厚而无筋膜，染红为吉柬，则先以白矾水染过，后上红花汁云。

注释

① 射重价：谋求重利。

译文

盛唐时期，很时兴拜神祭鬼，祭祀时烧纸钱而不再烧帛（北方则用切条，名为板钱），因而这种纸叫火纸。湖南、湖北一带近来的风俗有的浪费到一次烧火纸就达到上千斤的。这种纸十分之七用于祭祀，十分之三供人日常所用。其中最粗糙的厚纸叫做包裹纸，是用竹麻和隔年晚稻的稻草制成的。铅山等县出产的柬纸，完全是用细竹料加厚抄成的，用以抬高价格。其中最上等的纸称为官柬纸，供富贵人家制作名片所用。这种纸厚实而没有粗筋，如果把它染红用做办喜事的红“吉帖”，就要先用明矾水浸过，再染上红花汁。

03 造皮纸

原典

凡楮树取皮，于春末夏初剥取。树已老者，就根伐去，以土盖之。来年再长新条，其皮更美。凡皮纸，楮皮六十斤，仍入绝嫩竹麻四十斤，同塘漂浸，同用石灰浆涂，入釜煮糜。近法省啬者，皮竹十七而外，或入宿田稻稿十三，用药得方，仍成洁白。凡皮料坚固纸，其纵文扯断如绵丝，故曰绵纸，横断且费力。其最上一等，供用大内糊窗格者，曰棂纱纸。此纸自广信郡造，长过七尺，阔过四尺。五色颜料，先滴色汁槽内和成，不由后染。其次曰连四纸[①]，连四中最白者曰红上纸。皮名而竹与稻稿参和而成料者，曰揭帖[②]呈文纸。

注释

①连四纸：又名连史纸，色白质细，产于江西、福建等地。

②揭帖：明政府各部直奏皇帝的机密呈文。

译文

剥取楮树皮最好是在春末夏初进行。如果树龄已老的，就在接近根部的地方将它砍掉，再用土盖上，第二年又会生长出新树枝，它的皮会更好。制造皮纸，用楮树皮六十斤，嫩竹麻四十斤，一起放在池塘里漂浸，然后再涂上石灰浆，放到锅里煮烂。近来又出现了比较经济的办法，就是用十分之七的树皮和竹麻原料，用十分之三的隔年稻草制造，如果纸药水汁下的得当的话，纸质也会很洁白。坚固的皮纸，扯断纵纹就像丝绵一样，因此又叫做绵纸，要想把它横向扯断更不容易。其中最好的一种叫做棂纱纸，这种纸是江西广信郡造的，长约七尺，宽约四尺。染成各种颜色是先将色料放进抄纸槽内而不是做成纸后才染成的。其次是连四纸，其中最洁白的叫做红上纸。还有名为皮纸而实际上是用竹子与稻草掺和制成的纸，叫做揭帖呈文纸。

原典

芙蓉等皮造者，统曰小皮纸，在江西则曰中夹纸。河南所造，未详何草木为质，北供帝京，产亦甚广。又桑皮造者曰桑穰纸，极其敦厚。东浙所产，三吴收蚕种者必用之。凡糊雨伞与油扇，皆用小皮纸。

凡造皮纸长阔者，其盛水槽甚宽，巨帘非一人手力所胜，两人对举荡成。若棂纱，则数人方胜其任。凡皮纸供用画幅，先用矾水荡过，则毛茨不起。纸以逼帘者[①]为正面，盖料即成泥浮其上者，粗意犹存也。

注释

① 逼帘者：与帘相接的一面。

译文

此外，用木芙蓉等树皮造的纸都叫做小皮纸，在江西则叫做中夹纸。河南造的纸不知道用的是什么原料，这种纸供京城人使用，产地十分广泛。还有用桑皮造的纸叫做桑穰纸，纸质特别厚，是浙江东部出产的，江浙一带收蚕种时必定会用到它。糊雨伞和油扇则都要用小皮纸。

制造又长又宽的皮纸，所用的水槽要很宽、纸帘很大，一个人干不了，就需要两个人对抄。如果是棂纱纸，则需要好几个人才行。凡是用来绘画和写条幅的皮纸，要先用明矾水浸过以后才不会起毛。贴近竹帘的一面为纸的正面，因为料泥都浮在上面，纸的反面就比较粗。

原典

朝鲜白硾纸，不知用何质料。倭国有造纸不用帘抄者，煮料成糜时，以巨阔青石覆于炕面，其下爇火，使石发烧。然后用糊刷蘸糜，薄刷石面，居然顷刻成纸一张，一揭而起。其朝鲜用此法与否，不可得知。中国有用此法者，亦不可得知也。永嘉蠲糨纸[①]，亦桑穰造。四川薛涛笺，亦芙蓉皮为料煮糜，入芙蓉花末汁。或当时薛涛所指，遂留名至今。其美在色，不在质料也。

注释

① 蠲糨纸：吴越国王钱镠以贡此纸者蠲其赋税，故名蠲纸。

译文

朝鲜的白硾纸，不知道是用什么原料做成的。日本有些地方造的纸不用帘抄，制作方法是将纸料煮烂之后，将宽大的青石放在炕上，在下面烧火而使石发热，用刷子把纸浆薄薄地刷在青石面上，揭一次就是一张纸。朝鲜是不是用这种方法造纸，我们不得而知。中国有没有用这种方法，也不清楚。温州的蠲糨纸也是用桑树皮造的。四川的薛涛笺，则是以木芙蓉皮为原料，煮烂然后加入芙蓉花的汁，做成彩色的小幅信纸。这种做法可能是当时薛涛个人提出来的，所以"薛涛笺"的名字流传到今天。这种纸的优点是颜色好看，而不是因为它的质料好。

皮纸的特点

皮纸是用桑皮、山桠皮等韧皮纤维为原料制成的纸，是中国古代图书典籍的用纸之一，与白纸、竹纸、白棉纸等同为线装书的纸张种类之一。皮纸的纸质柔韧、薄而多孔，纤维细长，但交错均匀。一般是供糊窗和皮袄衬里等日用需要，特殊的则作誊写蜡纸、补强粉云母纸等的原纸。

下　卷

五金第十四

原典

宋子曰：人有十等，自王、公至于舆、台，缺一焉而人纪不立矣。大地生五金以利天下与后世，其义亦犹是也。贵者千里一生，促[①]亦五、六百里而生；贱者舟车稍艰之国，其土必广生焉。黄金美者，其值去黑铁一万六千倍，然使釜、鬵、斤、斧不呈效于日用之间，即得黄金，值高而无民耳。贸迁有无，货居《周官》泉府[②]，万物司命系焉。其分别美恶而指点重轻，孰开其先而使相须于不朽焉？

注释

①促：近。

②《周官》泉府：指《周礼·地官》载，泉府官吏是指掌管钱币铸造及流通的官府。

译文

宋子说：人分十个等级，从高贵的王、公到低贱的舆、台，其中缺少一个等级，人的立身处世之道就建立不起来了。大地产生出贵贱不同的各种金属，以供人类及其子孙后代使用，这两者的意义是一样的。贵金属，大概一千里之外才有一处出产，近的也要五六百里才有。五金中最贱的金属，在交通稍有不便的地方，就会有大量的储藏。最好的黄金，价值要比黑铁高一万六千倍，然而，如果没有铁制的锅、刀、斧之类供人们日常生活之用，即使有了黄金，也不过好比只有高官而没有百姓罢了。金属的另一种作用是铸成钱币，作为贸易交往中的流通手段，由《周礼·地官》所说的泉府一类官员掌管铸钱，以牢牢控制一切货物的命脉。至于分辨金属的好与坏，指出它们价值的轻与重，这是谁开的头，使得它们彼此相辅相成而又永远地起作用呢?

01 黄金

原典

凡黄金为五金之长，熔化成形之后，住世永无变更。白银入洪炉虽无折耗，但火候足时，鼓鞲而金花闪烁，一现即没，再鼓则沉而不现。惟黄金则竭力鼓鞲，一扇一花，愈烈愈现，其质所以贵也。

凡中国产金之区，大约百余处，难以枚举。山石中所出，大者名马蹄金，中者名橄榄金、带胯金[①]，小者名瓜子金。水沙中所出，大者名狗头金，小者名麸麦金、糠金。平地掘井得者，名面沙金，大者名豆粒金。皆待先淘洗后冶炼而成颗块。

注释

① 带胯金：腰带上装饰的金。

译文

黄金是五金中最贵重的，一旦熔化成形，永远不会发生变化。白银入烘炉熔化虽然不会有损耗，但当温度够高时，用风箱鼓风引起金花闪烁，出现一次就没有了，再鼓风也不再出现金花。只有黄金，用力鼓风时，鼓一次金花就闪烁一次，火越猛金花出现越多，这是黄金之所以珍贵的原因。

中国的产金地区约有一百多处，难以列举。山石中所出产的，大的叫马蹄金，中的叫橄榄金或带胯金，小的叫瓜子金。在水沙中所出产的，大的叫狗头金，小的叫麸麦金、糠金。在平地挖井得到的叫面沙金，大的叫豆粒金。这些都要先经淘洗然后进行冶炼，才能成为整颗整块的金子。

淘 金

原典

金多出西南，取者穴山至十余丈见伴金石，即可见金。其石褐色，一头如火烧黑状。水金多者出云南金沙江（古名丽水），此水源出吐蕃，绕流丽江府，至于北胜州，回环五百余里，出金者有数截。又川北潼川等州邑与湖广沅陵、溆浦等，皆于江沙水中淘沃取金。千百中间有获狗头金一块者，名曰金母，其余皆麸麦形。

入冶煎炼，初出色浅黄，再炼而后转赤也。儋、崖[①]有金田，金杂沙

注释

① 儋、崖：儋耳、琼崖，即海南岛。

土之中，不必深求而得。取太频则不复产，经年淘炼，若有则限。然岭南夷獠洞穴中金，初出如黑铁落，深挖数丈得之黑焦石下。初得时咬之柔软，夫匠有吞窃腹中者，亦不伤人。河南蔡、巩等州邑，江西乐平、新建等邑，皆平地掘深井取细沙淘炼成，但酬答人功所获亦无几耳。大抵赤县之内隔千里而一生。《岭表录》云，居民有从鹅鸭屎中淘出片屑者，或日得一两，或空无所获。此恐妄记也。

译文

黄金多数出产在我国西南部，采金的人开凿矿井十多丈深，一看到伴金石，就可以找到金了。这种石呈褐色，一头好像放火烧黑了似的。蕴藏在河里的沙金，大多产于云南的金沙江（古名丽水），这条江发源于青藏高原，绕过丽江府，流至北胜州，迂回达五百多里，产金的有好几段。此外还有四川省北部的潼川等州和湖南省的沅陵、溆浦等地，都可在江沙中淘得沙金。在千百次淘取中，偶尔才会获得一块狗头金，叫做金母，其余的都不过是麦麸形状的金屑。

金在冶炼时，最初呈现浅黄色，再炼就转化成为赤色。海南岛的澹、崖两县地区都有砂金矿，金夹杂在沙土中，不必深挖就可以获得。但淘取太频繁，便不会再出产，一年到头都这样挖取、熔炼，即使有也是很有限的了。在广东、广西少数民族地区的洞穴中，刚挖出来的金好像黑色的氧化铁屑，这种金要挖几丈深，在黑焦石下面才能找到。初得时拿来咬一下，是柔软的，采金的人有的偷偷把它吞进肚子里去也不会对人有伤害。河南省的汝南县和巩县一带，江西的乐平、新建等地，都是在平地开挖很深的矿井，取得细矿砂淘炼而得到金的，可是由于消耗劳动力太大，扣除人工费用外，所得也就很少了。大概在我国要隔千里才会找到一处金矿。《岭表录》中说：“有人从鹅、鸭屎中淘取金屑，多的每日可得一两，少的则毫无所获。”这个记载恐怕是虚妄不可信的。

黄金冶炼注意事项

黄金冶炼生产过程中存在的主要危险源有：高温、噪声、烟尘危害、氰化物和汞中毒，易燃易爆气体和其他物质中毒，燃烧及爆炸危险，以及高处坠落事故等，因而在黄金冶炼过程中应时刻保持警惕。

原典

凡金质至重，每铜方寸重一两者，银照依其则，寸增重三钱。银方寸重一两者，金照依其则，寸增重二钱。凡金性又柔，可屈折如枝柳。其高下色，分七青、八黄、九紫、十赤。登试金石[①]上（此石广信郡河中甚多，大者如斗，小者如拳，入鹅汤中一煮，光黑如漆），立见分明。凡足色金参和伪售者，惟银可入，余物无望焉。欲去银存金，则将其金打成薄片剪碎，每块以土泥裹涂，入坩埚中硼砂熔化，其银即吸入土内，让金流出以成足色。然后入铅少许，另入坩埚内，勾出土内银，亦毫厘具在也。

注释

①试金石：黑色硅岩石，根据金在其上刻画所留线条的颜色深浅来检验金的纯度。

译文

金是最重的东西，假定铜每立方寸重一两，则银每立方寸要增加三钱重；再假定银每立方寸重一两，则金每立方寸增加二钱重。黄金的另一种性质就是柔软，能像柳枝那样屈折。至于它的成分高低，大抵青色的含金七成，黄色的含金八成，紫色的含金九成，赤色的则是纯金了。把这些金在试金石上划出条痕（这种石头在江西省信江流域河里很多，大的有斗那样大，小的如拳头，把它放进鹅汤里煮一下，就显得像漆那样又光又黑了），用比色法就能够立刻分辨出它的成色。纯金如果要掺和别的金属来作伪出售，只有银可以掺入，其他金属都不行。如果要想除银存金，就要将这些杂金打成薄片，剪碎，每块用泥土涂上或包住，然后放入坩埚里加入硼砂熔化，这样银便被泥土所吸收，让金水流出来，成为纯金。然后另外放一点铅入坩埚里，又可以把泥土中的银吸附出来，而丝毫不会有损耗。

原典

凡色至于金，为人间华美贵重，故人工成箔而后施之。凡金箔每金七厘，造方寸金一千片，粘铺物面，可盖纵横三尺。凡造金箔，既成薄片后，包入乌金纸内，竭力挥椎打成（打金椎，短柄，约重八斤）。凡乌金纸由苏、杭造成，其纸用东海巨竹膜[①]为质。用豆油点灯，闭塞周围，只留针孔通气，熏染烟光而成此纸。每纸一张打金箔五十度，然后弃去，为药铺包朱用，尚未破损，盖人巧造成异物也。

注释

①东海巨竹膜：巨竹纤维。

译文

黄金以其华美的颜色成为人间最贵重的东西，因此人们将黄金加工打造成金箔用于装饰。每七厘黄金捶成一平方寸的金箔一千片，把它们黏铺在器物表面，可以盖满三尺见方的面积。金箔的制法是：把金捶成薄片，再包在乌金纸里，用力挥动铁锤打成（打金箔的锤大约有八斤重，柄很短）。乌金纸由苏州或杭州制造，用东海大竹膜做原料。纸做成后点起豆油灯，封闭周围，只留下一个针眼大的小孔通气，经过灯烟的熏染制成乌金纸。每张乌金纸供捶打金箔五十次后就不要了，还未破损的话，可以给药铺包朱砂之用，这是凭精妙工艺制造出来的奇妙东西。

原典

凡纸内打成箔后，先用硝熟猫皮绷急为小方板，又铺线香灰撒墁皮上，取出乌金纸内箔覆于其上，钝刀界画成方寸。口中屏息，手执轻杖，唾湿而挑起，夹于小纸之中。以之华物，先以熟漆布地，然后粘贴（贴字者多用楮树浆）。秦中造皮金者，硝扩羊皮使最薄，贴金其上，以便剪裁服饰用，皆煌煌[①]至色存焉。凡金箔粘物，他日敝弃之时，刮削火化，其金仍藏灰内。滴清油数点，伴落聚底，淘洗入炉，毫厘无恙。

注释

① 煌煌：金黄的样子。

译文

夹在乌金纸里的金片被打成箔后，先把硝制过的猫皮绷紧成小方板，再将香灰撒满皮面，拿出乌金纸里的金箔放上去，用钝刀画成一平方寸的方块。然后屏住呼吸，拿一根轻木条用唾液黏湿一下，黏起金箔，夹在小纸片里。用金箔装饰物件时，先用熟漆在物件表面上涂刷一遍，然后将金箔黏贴上去（贴字时多用楮树浆）。陕西省中部制造的皮金，是用硝制过的羊皮拉至极薄，然后把金箔贴在皮上，供剪裁服饰使用。这些器物皮件因此都显出辉煌夺目的美丽颜色。凡用金箔黏贴的物件，如果日后破旧不用，可以刮下来用火烧，金质就留在灰里。加进几滴菜子油，金质又会积聚沉底，淘洗后再熔炼，可以全部回收而毫无损耗。

原典

凡假藉金色者，杭扇以银箔为质，红花子油刷盖，向火熏成。广南货物以蝉蜕壳调水描画，向火[①]一微炙而就，非真金色也。其金成器物，呈分浅淡者，以黄矾涂染，炭火炸炙，即成赤宝色。然风尘逐渐淡去，见火又即还原耳（黄矾详《燔石》卷）。

注释

① 向火：用火的意思。

译文

凡是运用金色的，杭州的扇子是用银箔做底，涂上一层红花子油，再在火上熏一下做成金色的。广东、广西的货物是将蝉蜕壳磨碎后浸水来描画，再用火稍微烤一下做成金色的，这些都不是真金的颜色。即使由金做成的器物，因成色较低而颜色浅淡的，也可用黄矾涂染，在猛火中烘一烘，立刻就会变成赤宝色。但是日子久了又会逐渐褪色，如果把它拿到火中焙一下，则又可以恢复赤宝色（黄矾详见《燔石》卷）。

拿银箔扇子的中国古代女性

影响金价的因素

黄金价格受很多因素的影响，如中国等主要国家的利率和货币政策、各国央行对黄金储备的增减、黄金开采成本的升降、工业和饰品用金的增减等都对其价格走势有影响。

02　银

原典

凡银中国所出，浙江、福建旧有坑场，国初或采或闭。江西饶、信、瑞三郡有坑从未开。湖广则出辰州，贵州则出铜仁，河南则宜阳赵保山、永宁秋树坡、卢氏高嘴儿、嵩县马槽山，与四川会川密勒山、甘肃大黄山等，皆称美矿。其他难以枚举。然生气有限，每逢开采，数不足则括派[①]以赔偿，法不严则窃争而酿乱，故禁戒不得不苛。燕、齐诸道，则地气寒而石骨薄，不产金、银。然合八省所生，不敌云南之半，故开矿煎银，惟滇中可永行也。

注释

① 括派：搜括摊派。

译文

中国产银的情况大体上是这样的：浙江和福建两省原有的银矿坑场，到了明初之时，有的仍然在开采中，但是有的已经关闭了。江西饶州、信州和瑞州三个州县，有些银坑还从来没有开采过。湖南省的辰州，贵州省的铜仁，河南省的宜阳县赵保山、永宁县秋树坡、卢氏县高嘴儿、嵩县马槽山，四川省的会川密勒山，以及甘肃省的大黄山等处，都有优良的产银矿场，其余的地方就难以一一列举了。然而，这些银矿一般而言都没有多少产量。因此每次开采时，如果采银的数量还达不到原定的最低限额，那么参加开采银矿的人就得摊派钱财用来赔偿。如果法制不严，就很容易出现偷窃争夺而造成祸乱的事件，所以禁戒律令又不得不十分严苛。河北和山东一带，由于天气寒冷，石层又薄，因而不出产金银。以上八省合起来的产银总量还比不上云南省的一半呢，所以开矿炼银，只有在云南一省可以常办不衰。

原典

凡云南银矿，楚雄、永昌、大理为最盛，曲靖、姚安次之，镇沅又次之。凡石山洞中有矿砂，其上现磊然小石，微带褐色者，分丫成径路。采者穴土十丈或二十丈，工程不可日月计。寻见土内银苗，然后得礁砂所在。凡礁砂[1]藏深土，如枝分派别，各人随苗分径横挖而寻之。上楮横板架顶，以防崩压。采工篝灯逐径施镬，得矿方止。凡土内银苗，或有黄色碎石，或土隙石缝有乱丝形状，此即去矿不远矣。

凡成银者曰礁，至碎者曰砂，其面分丫若枝形者曰铆[2]，其外包环石块曰矿。矿石大者如斗，小者如拳，为弃置无用物。其礁砂形如煤炭，底衬石而不甚黑，其高下有数等（商民凿穴得砂，先呈官府验辨，然后定税）。出土以斗量，付与冶工，高者六、七两一斗，中者三、四两，最下一、二两（其礁砂放光甚者，精华泄露，得银偏少）。

注释

① 礁砂：黑色矿石，即辉银矿为主成分的银矿石。

② 铆：指树枝状的辉银矿。

译文

云南的银矿，以楚雄、永昌和大理三个地方储量最为丰富，曲靖、姚安位居其次，镇沅又居其次。凡是石山洞里蕴藏有银矿的，在山上面就会出现一堆堆带有微褐色的小石头，分成若干个支脉。采矿的人要挖土一二十丈深才能找到矿脉，这种巨大的工程强度不是几天或者几个月所能完成的。找到了银矿苗以后，才能知道银矿具体所在。银矿埋藏得很深，

开采银矿

而且像树枝那样有主干、枝干。采矿的工人跟踪着银矿苗分成几路横挖找矿，一边挖一边还要搭架横板用以支撑坑顶，以防塌方。采矿的工人提着灯笼分头挖掘，一直到取得矿砂为止。在土里的银矿苗，有的掺杂着一些黄色碎石，有的在泥隙石缝中出现有乱丝的形状，这都表明银矿就在附近了。

银矿石中，含银较多的成块矿石叫做礁，细碎的叫做砂，其表面分布成树枝状的叫做铆，外面包裹着的石块叫做围岩。围岩大的像斗，小的像拳头，都是可以抛弃的废物。礁砂形状像煤炭，底下垫着石头因而显得不那么黑。礁砂的品质分几个等级（矿场主挖到矿砂后，先要呈交官府验辨分级，然后再行定税）。刚出土的矿砂用斗量过之后，交给冶工去炼。矿砂品质高的每斗可以炼出纯银六七两，中等的矿砂可以炼出纯银三四两，最差的可以炼出的纯银只有一二两（那些特别光亮的礁砂，反倒由于里面的精华已经被泄漏得太多，最终得到的纯银更少）。

原典

凡礁砂入炉，先行拣净淘洗。其炉土筑巨墩，高五尺许，底铺瓷屑、炭灰，每炉受礁砂二石。用栗木炭二百斤，周遭丛架。靠炉砌砖墙一垛，高阔皆丈余。风箱安置墙背，合两三人力，带拽透管通风。用墙以抵炎热，鼓鞲之人方克安身。炭尽之时，以长铁叉添入。风火力到，礁砂熔化成团。此时银隐铅中①，尚未出脱，计礁砂二石熔出团约重百斤。

注释

① 银隐铅中：指银矿中常含有铅。

炼 银

译文

礁砂在入炉之前，先要进行手选、淘洗。炼银的炉子是用土筑成的，土墩高约五尺，炉子底下铺上瓷片和炭灰之类的东西，每个炉子可容纳含银矿石二石。用栗木炭二百斤，在矿石周围叠架起来。靠近炉旁还要砌一道砖墙，高和宽各一丈多。风箱安装在墙背，由两三个人拉动鼓风。靠这一道砖墙来隔热，拉风箱的人才能有立身之地。等到炉里的炭烧完时，就用长铁叉陆续添加。如果火力够了，炉里的矿石就会熔化成团，这时的银还混在铅里而没有被分离出来。两石银矿石熔成团后约有一百斤。

原典

冷定取出，另入分金炉（一名虾蟆炉）内，用松木炭匝围，透一门以辨火色。其炉或施风箱，或使交箑[①]。火热功到，铅沉下为底子（其底已成陀僧样，别入炉炼，又成扁担铅）。频以柳枝从门隙入内燃照，铅气净尽，则世宝[②]凝然成象矣。此初出银，亦名生银。倾定无丝纹，即再炼一火，当中止现一点圆星，滇人名曰“茶经”。逮后入铜少许，重以铅力熔化，然后入槽成丝（丝必倾槽而现，以四围匡住，宝气不横溢走散）。其楚雄所出又异，彼铜砂铅气甚少，向诸郡购铅佐炼。每礁百斤，先坐铅二百斤于炉内，然后煽炼成团。其再入虾蟆炉沉铅结银，则同法也。此世宝所生，更无别出。方书、本草，无端妄想、妄注，可厌之甚。

注释

① 交箑：团扇。

② 世宝：世上可以作为货币流通的白银。

沉铅结银

译文

冷却后取出，放入另一个名叫分金炉（或者虾蟆炉）的炉子里，用松木炭围住熔团，透过一个小门辨别火色。可以用风箱鼓风，也可以用扇子来回扇。达到一定的温度时，熔团会重新熔化，铅就沉到炉底（炉底的铅已成为氧化铅，再放进别的炉子里熔炼，可以得到扁担铅）。要不断用柳树枝从门缝中插进去燃烧，如果铅全部被氧化成氧化铅，就可以提炼出纯银来了。刚炼出来的银叫做生银。倒出来凝固以后的银如果表面没有丝纹，就要再熔炼一次，直到凝固的银锭中心出现一种云南人叫“茶经”的一点圆星。接着加入一点铜，再重新用铅来协助熔化，然后倒入槽里就会现出丝纹了（倒进槽里才能出现丝纹，是因为四周被围住，银气不会四处走散）。云南楚雄的银矿有些不一样，那里的矿砂含铅太少，还要向其他地方采购铅来辅助炼银。每炼银矿石一百斤，就得先在炉子里垫二百斤铅，然后再鼓风将矿砂冶炼成团。至于再转到虾蟆炉里使铅沉下分离出银的方法则是相同的。银的开采和熔炼用的就是这种方法，并没有其他方法。讲炼丹的方书和谈医药的《本草纲目》中，常常没有根据地乱想乱注，真是令人十分讨厌。

银的工艺价值

清代的银锭

银具有诱人的白色光泽、较高的化学稳定性和收藏观赏价值，深受人们（特别是妇女）的青睐，因此有“女人的金属”之美称，广泛用作首饰、装饰品、银器、餐具、敬贺礼品、奖章和纪念币。银首饰在发展中国家有广阔的市场，银餐具备受家庭欢迎。银质纪念币设计精美，发行量少，具有保值增值功能，深受钱币收藏家和钱币投资者的青睐。

原典

大抵坤元[①]精气，出金之所三百里无银，出银之所三百里无金，造物之情亦大可见。其贱役扫刷泥尘，入水漂淘而煎者，名曰淘厘锱。一日功劳，轻者所获三分，重者倍之。其银俱日用剪、斧口中委余，或鞋底粘带布于衢市，或院宇扫屑弃于河沿，其中必有焉，非浅浮土面能生此物也。

注释

① 坤元：大地。

译文

一般说来，金和银都是大地里面隐藏着的宝气的精华，因此产金的地方三百里之内没有银矿，产银的地方三百里之内也没有金矿。大自然的安排设计，从这里也能看出个大概。有的干粗活儿的人把扫刷到的泥尘放进水里进行淘洗，然后再加以熬炼，这就叫做淘厘锱。操劳一天，少的只能得到三分银子，多的也只有六分银子。这些银屑都是平常从剪刀或者斧子口上掉下来的，或者是由鞋底带到街道地面，或者是从院子房舍扫出来被抛弃在河边的。泥尘中必然会夹杂着一些银屑，这并不是浅的浮土上所能出产的。

原典

凡银为世用，惟红铜与铅两物可杂入成伪。然当其合琐碎而成钣锭[①]，去疵伪而造精纯，高炉火中，坩埚足炼。撒硝少许，而铜、铅尽滞埚底，名曰银锈。其灰池中敲落者，名曰炉底。将锈与底同入分金炉内，填火土甑之中，其铅先化，就低溢流，而铜与粘带余银，用铁条逼就分拨，井然不紊。人工、天工亦见一斑云。炉式并具于左。

分金炉清锈底

注释

① 钣锭：板状或块状的银锭。

译文

世间使用的银，只有红铜和铅两种金属可以掺混进去用来作假，但是把碎银铸成银锭的时候，就可以除去杂质加以提纯。方法是将杂银放在坩埚里，送进高炉里用猛火熔炼，撒上一些硝石，其中的铜和铅便全部结在埚底了，这就叫做银锈。那些敲落在灰池里的叫做炉底。将银锈和炉底一起放进分金炉里，用土甑子装满木炭起火熔炼，铅就会首先熔化，流向低处，剩下的铜和银可以用铁条分拨，两者就截然分开了。人工与天工的关系由此可见一斑。炉的式样附图于左边。

故事一则

据我国古籍《天香楼外史》记载：古时候有一个妇人藏了一百五十两私房银。有一天她开箱查看藏银，银竟不翼而飞。妇人大吃一惊，怀疑被人盗走，一时弄得全家人心惶惶。后来再开箱寻找，只见一大堆白蚁正团团集在一起，吃着残存的银粒。妇人一气之下，把白蚁投入炉中，以解心头之恨。没想到炉中突现一砣银锭，一称，恰好一百五十两。故而有“火烧蚁死，白银复出”一说。

03 附：朱砂银

原典

凡虚伪：方士以炉火惑人者，惟朱砂银愚人易惑。其法以投铅、朱砂与白银等，分入罐封固，温养三七日后，砂盗银气①，煎成至宝。拣出其银，形有神丧，块然枯物。入铅煎时，逐火轻折，再经数火，毫忽无存。折去砂价、炭资，愚者贪惑犹不解，并记于此。

注释

① 盗银气：吸收银的成分。

译文

那些虚伪的方士用炉火骗人的方法中，用朱砂银愚弄人是比较容易的。在罐子里放入铅、朱砂、白银等物，封存起来，用火低温养21天后，朱砂含有银的成分，成为很好的宝物。把银子挑出来，剩下的已经没有银的样子，光有渣滓了。放铅炼时，伴随着火力，铅有损耗，再炼几次，一点儿都不剩了。损失了朱砂、炭的钱，笨人还抱着贪恋不放，我把这也记录下来。

04 铜

原典

凡铜供世用，出山与出炉止有赤铜。以炉甘石或倭铅①掺和，转色为黄铜，以砒霜等药制炼为白铜；矾、硝等药制炼为青铜②；广锡掺和为响铜；倭铅和泻为铸铜。初质则一味红铜而已。

凡铜坑所在有之。《山海经》言，出铜之山四百三十七，或有所考据也。今中国供用者，西自四川、贵州为最盛。东南间自海舶来，湖广武昌、江西广信皆饶铜穴。其衡、瑞等郡，出最下品，曰蒙山铜者，或入冶铸混入，不堪升炼成坚质也。

注释

① 倭铅：锌，像铅但比铅性猛烈。

② 青铜：用矾石、硝石等将铜炼成古铜色。

译文

世间用的铜，开采后经过熔炼得来的只有红铜一种。但是如果加入炉甘石或锌共同熔炼，就会转变成黄铜；如果加入砒霜等药物，可以炼成白铜；加入明矾和硝石等药物可炼成青铜；加入锡得响铜；加入锌得铸铜。然而最基本的质地不过是红铜一种而已。

铜矿到处都有，《山海经》一书中提到全国产铜的地方共有四百三十七处，这或许是有根据的。今天中国供人使用的铜，要算西部的四川、贵州两省出产的为最多，东南多是从国外由海上运来的，湖北省的武昌以及江西省的广信，都有丰富的铜矿。从湖南衡州、瑞州等地出产的蒙山铜，品质低劣，仅可以在铸造时掺入，不能熔炼成坚实的铜块。

原典

凡出铜山夹土带石，穴凿数丈得之，仍有矿包其外，矿状如礓石，而有铜星，亦名铜璞，煎炼仍有铜流出，不似银矿之为弃物。凡铜砂在矿内，形状不一，或大或小，或光或暗，或如鍮石①，或如姜铁②。淘洗去土滓，然后入炉煎炼，其熏蒸旁溢者，为自然铜，亦曰石髓铅。

凡铜质有数种。有全体皆铜，不夹铅、银者，洪炉单炼而成。有与铅同体者，其煎炼炉法，旁通高、低二孔，铅质先化从上孔流出，铜质后化从下孔流出。东夷铜又有托体银矿内者，入炉煎炼时，银结于面，铜沉于下。商舶漂入中国，名曰日本铜③，其形为方长板条。漳郡人得之，有以炉再炼，取出零银，然后泻成薄饼，如川铜一样货卖者。

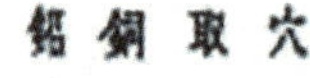

穴取铜、铅

注释

① 鍮石：天然黄铜。

② 姜铁：指形状似姜而色黑的铜矿石。

③ 日本铜：一种长条形的由日本出口到中国的铜。

译文

淘净铜砂、化铜

产铜的山总是夹土带石的，要挖几丈深才能得到，取得的矿石仍然有围岩包在外层。围岩的形状好像礓石那样，表面呈现一些铜的斑点，这又叫做铜璞。把它拿到炉里去冶炼，仍然会有一些铜流出来，不像银矿石那样完全是废物。铜砂在矿里的形状不一样，有的大，有的小，有的光，有的暗，有的像黄铜矿石，有的则像姜铁。把铜砂夹杂着的土滓洗去，然后入炉熔炼，经过熔化后从炉里流出来的，就是自然铜，也叫石髓铅。

铜矿石有几个品种，其中有全部是铜而不夹杂铅和银的，只要入炉一炼就成。有的却和铅混杂在一起，这种铜矿石的冶炼方法是：在炉旁留高低两个孔，先熔化的铅从上孔流出，后熔化的铜则从下孔流出。日本等处的铜矿，也有与银矿在一块的，当放进炉里去熔炼时，银会浮在上层，而铜沉在下面。由商船运进中国的铜，叫做日本铜，它是铸成长方形的板条状的。福建漳州人得到后，有人把这种铜入炉再炼，取出其中零星的银，然后铸成薄饼模样，像四川的铜那样出售。

原典

凡红铜升黄色为锤锻用者，用自风煤炭（此煤碎如粉，泥糊作饼，不用鼓风，通红则自昼达夜。江西则产袁郡[①]及新喻邑）百斤，灼于炉内，以泥瓦罐载铜十斤，继入炉甘石六斤，坐于炉内，自然熔化。后人因炉甘石烟洪飞损，改用倭铅。每红铜六斤，入倭铅四斤，先后入罐熔化，冷定取出，即成黄铜，惟人打造。

注释

①袁郡：袁州府，今江西宜春地区。

译文

由红铜炼成可以锤锻的黄铜，要用一百斤自风煤（这种煤细碎如粉，和泥做成饼来烧，不需要鼓风，从早到晚炉火通红。产于江西省宜春、新余等县），放入炉里烧，在一个泥瓦罐里装铜十斤、炉甘石六斤，放入炉内，让它自然熔化。后来人们因为炉甘石挥发得太厉害，损耗很大，就改用锌。红铜六斤，配锌四斤，先后放入罐里熔化，冷却后取出即是黄铜，供人们打造各种器物。

原典

凡用铜造响器，用出山广锡无铅气者入内。钲（今名锣）、镯（今名铜鼓）之类，皆红铜八斤，入广锡二斤。铙、钹、铜与锡更加精炼。凡铸器，低者红铜、倭铅均平分两，甚至铅六铜四。高者名三火黄铜、四火熟铜，则铜七而铅三也。

凡造低伪银者，惟本色红铜可入。一受倭铅、砒、矾等气，则永不和合。然铜入银内，使白质顿成红色，洪炉再鼓，则清浊浮沉立分，至于净尽云。

译文

制造乐器用的响铜，要把不含铅的两广产的锡放进罐里与铜同熔。制造钲（今名锣）、镯（今名铜鼓）鼓一类的乐器，一般用红铜八斤，掺入广锡二斤；锤制铙、钹所用铜、锡还须进一步精炼。一般质量差的铜器，含红铜和锌各一半，甚至锌占六成而铜占四成；好的铜器则要用经过三次或四次熔炼的所谓三火黄铜或四火熟铜来制成，其中含铜七成、铅三成。

那些制造假银的，只有纯铜可以混入。如果掺杂有锌、砒、矾等物质，永远都不能互相结合。然而铜混进银里，使白色立刻变成红色，再入炉鼓风熔炼，等它全部熔化后，此时哪个清、哪个浊、哪个浮、哪个沉，就能辨识得清清楚楚，银和铜便分离得干干净净了。

铜的应用

铜在电气、电子工业中应用最广、用量最大，占总消费量的一半以上，用于各种电缆和导线、电机和变压器、开关以及印刷线路板的制造中。而在机械和运输车辆制造中，可用来制造工业阀门和配件、仪表、滑动轴承、模具、热交换器和泵等。

05　附：倭铅

原典

凡倭铅古书本无之，乃近世所立名色。其质用炉甘石熬炼而成。繁产山西太行山一带，而荆、衡为次之。每炉甘石十斤，装载入一泥罐内，封裹泥固以渐砑[①]干，勿使见火拆裂。然后逐层用煤炭饼垫盛，其底铺薪，发火煅红。罐中炉甘石熔化成团，冷定毁罐取出。每十耗去其二，即倭铅也。此物无铜收伏，入火即成烟飞去。以其似铅而性猛，故名之曰倭云。

炼　锌

注释

① 砑：碾压。

译文

“倭铅”在古书里本来没有什么记载，只是到了近代才有了这个名字。它是由炉甘石熬炼而成的，大量出产于山西省的太行山一带，其次是湖北省荆州和湖南省衡州。熔炼的方法是：每次将十斤炉甘石装进一个泥罐里，在泥罐外面涂上泥封固，再将表面碾压光滑，让它渐渐风干，千万不要用火烤，以防泥罐拆裂。然后用煤饼一层层地把装炉甘石的罐垫起来，在下面铺柴引火烧红，最终泥罐里的炉甘石就能熔成一团了。等到泥罐冷却以后，将罐子打烂后取出来的就是倭铅，每十斤炉甘石会损耗两斤。但是，这种倭铅如果不和铜结合，一见火就会挥发成烟。由于它很像铅而又比铅的性质更猛烈，所以把它叫做“倭铅”。

06　铁

原典

凡铁场[①]所在有之，其质浅浮土面，不生深穴。繁生平阳、岗埠，不生峻岭高山。质有土锭、碎砂数种。凡土锭铁，土面浮出黑块，形似秤锤。遥望宛然如铁，拈之则碎土。若起冶煎炼，浮者拾之，又乘雨湿之后牛耕起土，拾其数寸土内者。耕垦之后，其块逐日生长，愈用不穷。西北甘肃、东南泉郡，皆锭铁之薮也。燕京、遵化与山西平阳，则皆砂铁之薮也。凡砂铁一抛土膜即现其形，取来淘洗，入炉煎炼，熔化之后与锭铁无二也。

淘洗铁砂

注释

① 铁场：采铁矿之场。

译文

全国各地都有铁矿，而且都是浅藏在地面而不深埋在洞穴里。出产得最多的，是在平原和丘陵地带，而不在高山峻岭上。铁矿石有土块状的“土锭铁”和碎砂状的“砂铁”等好几种。铁矿石呈黑色，露在泥土上面，形状好像秤锤。从远处看上去就像一块铁，用手一捏却成了碎土。如果要进行冶炼，就可以把浮在土面上的这些铁矿石拾起来，还可以在下雨地湿时，用牛犁耕浅土，把那些埋在泥土里几寸深的铁矿石都捡起来。犁耕过之后，铁矿石还会逐渐生长，用不完。我国西北的甘肃和东南的福建泉州都盛产这种“土锭铁”，而北京、遵化和山西临汾都是盛产“砂铁”的主要地区。至于“砂铁”，一挖开表土层就可以找到，把它取出来后进行淘洗，再入炉冶炼。这样熔炼出来的铁跟来自“土锭铁”的完全是一种品质。

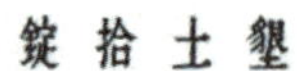

耕土拾锭

原典

凡铁分生、熟，出炉未炒则生，既炒则熟。生熟相和，炼成则钢。凡铁炉用盐做造，和泥砌成。其炉多傍山穴为之，或用巨木匡围，塑造盐泥，穷月[①]之力不容造次。盐泥有罅，尽弃全功。凡铁一炉载土二千余斤，或用硬木柴，或用煤炭，或用木炭，南北各从利便。扇炉风箱必用四人、六人带拽。土化成铁之后，从炉腰孔流出。炉孔先用泥塞。每旦昼六时，一时出铁一陀。既出即叉泥塞，鼓风再熔。

注释

① 穷月：少于一个月。

译文

铁分为生铁和熟铁两种：其中已经出炉但还没有炒过的是生铁，炒过以后便成了熟铁。把生铁和熟铁混合熔炼就变成了钢。炼铁炉是用掺盐的泥土砌成的，这种炉大多是依傍着山洞而砌成的，也有些是用大根木头围成框框的。用盐泥塑造出这样一个炉子，要花个把月时间，不能轻率贪快。盐泥一旦出现裂缝，那就会前功尽弃了。一座炼铁炉可以装铁矿石两千多斤，燃料有的用硬木柴，有的用煤或者用木炭，南方北方可根据各自的便利条件就地取料。鼓风的风箱要由四个人或者六个人一起推拉。铁矿石化成了铁液之后，就会从炼铁炉腰孔中流出来，这个孔要事先用泥塞住。白天十二个钟头当中，每两个钟头就能炼出一炉子铁来。出铁之后，立即用叉拨泥把孔塞住，然后再鼓风熔炼。

原典

生熟铁炼炉

凡造生铁为冶铸用者，就此流成长条、圆块，范内取用。若造熟铁，则生铁流出时相连数尺内，低下数寸筑一方塘，短墙抵之。其铁流入塘内，数人执持柳木棍排立墙上，先以污潮泥晒干，舂筛细罗如面，一人疾手撒搅[①]，众人柳棍疾搅，即时炒成熟铁。其柳棍每炒一次，烧折二、三寸，再用则又更之。炒过稍冷之时，或有就塘内斩划成方块者，或有提出挥椎打圆后货者。若浏阳诸冶，不知出此也。

译文

如果是造供铸造用的生铁，就让铁液注入条形或者圆形的铸模里。如果是造熟铁，便在离炉子几尺远而又低几寸的地方筑一口方塘，四周砌上矮墙。让铁液流入塘内，几个人拿着柳木棍，站在矮墙上。事先将污潮泥晒干，舂成粉，再筛成像面粉一样的细末。一个人迅速把泥粉均匀地摊撒在铁液上面，另外几个人就用柳木棍猛烈搅拌，这样很快就炒成熟铁了。柳木棍每炒一次便会燃掉二三寸，再炒时就得更换一根新的。炒过以后，稍微冷却时，有的人就在塘里划成方块，有的人则拿出来锤打成圆块，然后出售。但是湖南浏阳那些冶铁场却并不懂得这种技术。

注释

① 撒搅：摊撒。

原典

凡钢铁炼法，用熟铁打成薄片如指头阔，长寸半许，以铁片束包尖紧，生铁安置其上（广南生铁名堕子生钢者妙甚），又用破草履盖其上（粘带泥土者，故不速化），泥涂其底下。洪炉鼓鞲，火力到时，生铁先化，渗淋熟铁之中，两情投合，取出加锤。再炼再锤，不一而足。俗名团钢[①]，亦曰灌钢者是也。

注释

① 团钢：渗碳钢，以生铁液向熟铁中渗碳，再反复捶打去掉杂质。

译文

炼钢的方法是：先将熟铁打成约有寸半长像指头一般宽的薄片，然后把薄片包扎尖紧，将生铁放在扎紧的熟铁片上面（广东南部有一种叫做堕子生钢的生铁最适宜）。再盖上破草鞋（要沾有泥土的，才不会被立即烧毁），在熟铁片底下还要涂上泥浆。投进洪炉进行鼓风熔炼，达到一定的温度时，生铁会先熔化而渗到熟铁里，两者相互融合。取出来后进行敲打，再熔炼再敲打，如此反复进行多次。这样锤炼出来的钢，俗名叫做团钢，也叫做灌钢。

原典

其倭夷刀剑有百炼精纯、置日光檐下则满室辉曜者，不用生熟相和炼，又名此钢为下乘云。夷人又有以地溲淬刀剑者（地溲乃石脑油之类，不产中国），

云钢可切玉，亦未之见也。凡铁内有硬处不可打者名铁核，以香油涂之即散。凡产铁之阴，其阳出慈石[①]，第有数处不尽然也。

注释

① 慈石：磁石。

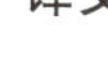

译文

日本出的一种刀剑，用的是经过百炼的精纯的好钢，白天放在日光下，整个屋子都会非常明亮。这种钢不是用生铁和熟铁炼成的，有人把它称为次品。日本人又有用地溲（地溲是石脑油之类的东西，我国中原地区不出产）来淬刀剑的，据说这种钢刀可以切玉，但也未曾见过。打铁时铁里偶尔会出现一种非常坚硬的、打不散的硬块，这东西叫做铁核。如果涂上香油再次敲打，铁核就会消散了。凡是在山的北坡有铁矿的，山的南坡就会有磁石，好几个地方都有这种现象，但并不是全都如此。

铁的氧化

铁在干燥的空气中很难跟氧气反应，但在潮湿的空气中很容易发生电化学腐蚀，若在酸性气体或在盐水中或卤素蒸气氛围中腐蚀更快。铁可以从溶液中还原金、铂、银、汞、铜或锡等离子。

07　锡

原典

凡锡中国偏出西南郡邑，东北寡生。古书名锡为“贺”者，以临贺郡产锡最盛而得名也。今衣被天下[①]者，独广西南丹、河池二州居其十八，衡、永则次之。大理、楚雄即产锡甚盛，道远难致也。

注释

① 衣被天下：广布于天下。

译文

中国的产锡地主要分布在西南地区，而以东北地区则很少。古书中称锡为“贺”，是因广西贺县一带产锡最多而得名。今天供应全国的大量的锡，仅广西的南丹、河池二州就占了八成，湖南的衡州、永州次之。云南的大理、楚雄虽然产锡很多，但路途遥远，难以供应内地。

原典

凡锡有山锡、水锡两种。山锡中又有锡瓜、锡砂两种。锡瓜块大如小瓠，锡砂如豆粒，皆穴土不甚深而得之。间或土中生脉充牣，致山土自颓，恣[①]人拾取者。水锡衡、永出溪中，广西则出南丹州河内，其质黑色，粉碎如重罗面。南丹河出者，居民旬前从南淘至北，旬后又从北淘至南。愈经淘取，其砂日长，百年不竭。但一日功劳，淘取煎炼不过一斤。会计炉炭资本，所获不多也。南丹山锡出山之阴，其方无水淘洗，则接连百竹为枧，从山阳枧水淘洗土滓，然后入炉。

注释

①恣：任凭。

南丹水锡

河池山锡

译文

锡矿分为山锡和水锡两种。山锡又分锡瓜和锡砂两种。锡瓜的块度好像个小葫芦瓜，锡砂则像豆粒，都可以在不很深的地层里找到。偶尔还会有这样的情况，原生矿床所含的矿脉露出地表后受到风化和崩解，而形成条带状分布的次生矿，可任凭人们拾取。水锡，在湖南衡州和永州两地产于小溪里，广西则产于南丹河里。这种水锡是黑色的，细碎得好像是筛过了的面粉。南丹河出产水锡，居民十天前从南淘到北，十天后再从北淘到南，这些矿砂不断生长出来，千百年都取之不尽。但是，一天的淘取和熔炼也就不过一斤左右，计算所耗费的炉炭成本，获利实在是不多。南丹的山锡产于山的北坡，那里缺水淘洗，因此就用许多根竹管接起来当导水槽，从山的南坡引水过来淘洗，把泥砂除掉，然后入炉。

原典

凡炼煎亦用洪炉，入砂数百斤，丛架木炭亦数百斤，鼓鞲熔化。火力已到，砂不即熔，用铅少许勾引，方始沛然流注。或有用人家炒锡剩灰勾引者。其炉底炭末、瓷灰铺作平池，旁安铁管小槽道，熔时流出炉外低池。其质初出洁白，然过刚，承锤即拆裂。入铅制柔，方充造器用。售者杂铅太多，欲取净则熔化，入醋淬八、九度，铅尽化灰而去。出锡惟此道。方书云马齿苋[①]取草锡者，妄言也。谓砒为锡苗者，亦妄言也。

炼锡炉

注释

① 马齿苋：马齿科草本植物。

译文

熔炼时也要用洪炉，每炉入锡砂数百斤，添加的木炭也要数百斤，一起鼓风熔炼。当火力足够时，锡砂还不一定能马上熔化，这时要掺少量的铅做引子，锡才会大量熔流出来。也有采用别人的炼锡炉渣做引子的。洪炉炉底用炭末和瓷灰铺成平池，炉旁安装一条铁管小槽，炼出的锡水引流入炉外低池内。锡出炉时洁白，可是太过硬脆，一经敲打就会碎裂，要加铅使锡质变软，才能用来制造各种器具。市面上卖的锡掺铅太多，如果需要提纯，就应该在把它熔化后与醋酸反复接触八九次，其中所含的铅便会形成渣灰而被除去。生产纯锡只有这么一种方法。有的医药书说什么可以从马齿苋中提取草锡，这是胡说。所谓发现了砒就一定有锡矿的苗头的说法，也是信口胡言。

08 铅

原典

凡产铅山穴，繁于铜、锡。其质有三种，一出银矿中，包孕白银，初炼和银成团，再炼脱银沉底，曰银矿铅[①]，此铅云南为盛。一出铜矿中，入洪炉炼

化，铅先出，铜后随，曰铜山铅，此铅贵州为盛。一出单生铅穴，取者穴山石，挟油灯寻脉，曲折如采银矿，取出淘洗煎炼，名曰草节铅，此铅蜀中嘉、利等州[2]为盛。其余雅州出钓脚铅，形如皂荚子，又如蝌蚪子，生山涧沙中。广信郡上饶、饶郡乐平出杂铜铅，剑州出阴平铅，难以枚举。

注释

①银矿铅：为含银方铅矿。

②嘉、利等州：嘉州、利州。嘉州，嘉定州，今四川乐山。利州，利州卫，今四川广元。

译文

产铅的矿山比产铜和锡的矿山都要多。铅矿的质地有三种：第一种产自银矿铅，这种矿，初炼时和银熔成一团，再炼时脱离银而沉底，名为银铅矿，以我国云南出产为最多。第二种夹杂在铜矿里，入洪炉冶炼时，铅比铜先熔化流出，名为铜山铅，以我国贵州出产为最多。第三种产自山洞中找到的纯铅矿，开采的人凿开山石，点着油灯在山洞里寻找铅脉，好像采银矿时的那种曲折的情况。采出来后再加淘洗、熔炼，名为草节铅，这种矿以四川的嘉州和利州出产的为最多。除此之外，还有四川的雅州出产的钓脚铅，形状像个皂荚子，又好像蝌蚪，出自山涧的沙里。江西广信郡的上饶和饶郡的乐平等地还出产杂铜铅，剑州还出产阴平铅，在这里难以一一列举。

原典

凡银矿中铅，炼铅成底，炼底复成铅。草节铅单入洪炉煎炼，炉旁通管注入长条土槽内，俗名扁担铅，亦曰出山铅，所以别于凡银炉内频经煎炼者。凡铅物值虽贱，变化殊奇，白粉、黄丹，皆其显象。操银底于[1]精纯，勾锡成其柔软，皆铅力也。

注释

①底于：达到。

译文

银矿铅的熔炼方法是：先从银铅矿中提取银，剩下的作为“炉底”，再把“炉底”炼成铅。草节铅则单独放入洪炉里冶炼，洪炉旁通一条管子以便浇入长条形的土槽里，这样铸成的铅俗名叫做扁担铅，也叫做出山铅，用以区别从银炉里多次熔炼出来的那种铅。铅的价值虽然低贱，可是变化却特别奇妙，白粉和黄丹便是一种明显的体现。此外，促使白银矿的“炉底”提炼精纯、使锡变得很柔软，都是铅在起作用。

铅的特性

没有氧化层的铅色泽光亮，密度高，硬度非常低，用刀即可切开，延展性很强。导电性相当低，抗腐蚀性很高，因此往往用来作为盛装腐蚀力强的物质（比如硫酸）的容器。加入少量锑或少量的其他金属，如钙，可以进一步提高它的抗腐蚀力。

古代的冶炼厂

09　附：胡粉

原典

凡造胡粉，每铅百斤，熔化，削成薄片，卷作筒，安水甑内。甑下、甑中各安醋一瓶，外以盐泥固济[①]，纸糊甑缝。安火四两，养之七日。期足启开，铅片皆生霜粉，扫入水缸内。未生霜者，入甑依旧再养七日，再扫，以质尽为度，其不尽者留作黄丹料。

每扫下霜一斤，入豆粉二两、蛤粉四两，缸内搅匀，澄去清水，用细灰按成沟，纸隔数层，置粉于上。将干，截成瓦定形[②]，或如磊块，待干收货。此物古因辰、韶诸郡专造，故曰韶粉（俗误朝粉）。今则各省直饶为之矣。其质入丹青，则白不减。擦妇人颊，能使本色转青。胡粉投入炭炉中，仍还熔化为铅，所谓色尽归皂者。

注释

① 固济：封牢固。

② 瓦定形：瓦形，“定”字可能为衍生字。

译文

制作胡粉的方法是：先把一百斤铅熔化之后再削成薄片，卷成筒状，安置在木甑子里面。甑子下面及甑子中间各放置一瓶醋，外面用盐泥封固，并用纸糊严甑子缝。用大约四两木炭的火力持续加热，七天之后，再把木盖打开，就能够见到铅片上面覆盖着的一层霜粉，将粉扫进水缸里。那些还未产生霜的铅再放进甑子里，按照原来的方法再次加热七天后，再次收扫，直到铅用尽为止，剩下的残渣可作为制黄丹的原料。

每扫下霜粉一斤，加进豆粉二两、蛤粉四两，在缸里把它们调和搅匀，澄清之后再把水倒去。用细灰做成一条沟，沟上平铺几层纸，将湿粉放在上面。快干的时候把湿粉截成瓦形或者方块状，等到完全风干之后才收藏起来。由于古代只有湖南的辰州和广东的韶州制造这种粉，所以也把它叫做韶粉（民间误叫它朝粉），到今天全国各省都已经有制造的了。这种粉如果用做颜料，能够长期保持白色；如果妇女经常用它来粉饰脸颊，涂多了就会使脸色变青。将胡粉投入炭炉里面烧，仍然会还原为铅，这就是所谓一切的颜色终归还会变回黑色。

10　附：黄丹

原典

凡炒铅丹，用铅一斤，土硫黄十两，硝石一两。熔铅成汁，下醋点之。滚沸时下硫一块，少顷入硝少许，沸定再点醋，依前渐下硝、黄。待为末，则成丹矣。其胡粉残剩者，用硝石、矾石炒成丹，不复用醋也。欲丹还铅，用葱白汁拌黄丹慢炒，金[①]汁出时，倾出即还铅矣。

注释

① 金：此处表颜色，即黄色。

译文

制炼铅丹的方法是用铅一斤、土硫黄十两、硝石一两配合。铅熔化变成液体后，加进一点醋。沸腾时再投入一块硫黄，过一会儿再加进一点硝石，沸腾停止后再按程序加醋，接着再加硫黄和硝石，就这样下去直到炉里的东西都成为粉末，就炼成黄丹了。如要将制胡粉时剩余的铅炼成黄丹，那就只有用硝石、矾石加进去炒，不必加醋了。如想把黄丹还原成铅，则要用葱白汁拌入黄丹，慢火熬炒，等到有黄汁流出时，倒出来就可得到铅了。

佳兵第十五

原典

宋子曰：兵非圣人之得已也。虞舜在位五十载，而有苗犹弗率[1]。明王圣帝，谁能去兵哉？“弧矢[2]之利，以威天下”，其来尚矣。为老氏者[3]，有葛天之思焉。其词有曰：“佳兵者，不祥之器。”盖言慎也。

火药机械之窍，其先凿自西番与南裔，而后乃及于中国。变幻百出，日盛月新。中国至今日，则即戎者以为第一义，岂其然哉？虽然，生人纵有巧思，乌能至此极也？

注释

① 弗率：不肯接受统治。

② 弧矢：弓箭。

③ 为老氏者：信奉老子的无为而治者。

译文

宋子说：用兵是圣人不得已才做的事情。舜帝在位长达五十余年，只有苗部族仍然没有归附。即使是贤明的帝王，谁能够放弃战争和取消兵器呢？“武器的功用，就在于威慑天下”，这句话由来已久了。写《老子》一书的人，怀有葛天氏“无为而治”的理想，书中有句话说：“兵器这玩意儿，是不吉祥的东西。”那只是警戒人们用兵要慎重罢了。

制造新式枪炮的技巧，是西洋人较早使用后来经由西域和南方的边远地区传到中国来的，紧接着它很快就变化百出，日新月异。时至今日，中国有些带兵的人已把发展兵器放到了第一位，难道这种想法是对的吗？不过话说回来，人类即便有着巧妙的构思，武器的发展怎能到此为止呢？

01　弧、矢

原典

凡造弓，以竹与牛角为正中干质[1]（东北夷无竹，以柔木为之），桑枝木为两稍。弛则竹为内体，角护其外；张则角向内而竹居外。竹一条而角两接，桑弰则其末刻锲，以受弦彄，其本则贯插接榫[②]于竹丫，而光削一面以贴角。

凡造弓，先削竹一片（竹宜秋冬伐，春夏则朽蛀），中腰微亚小，两头差大，约长二尺许。一面粘胶靠角，一面铺置牛筋与胶而固之。牛角当中牙接[③]（北边无修长牛角，则以羊角四接而束之。广弓则黄牛明角亦用，不独水牛也），固以筋胶。胶外固以桦皮，名曰暖靶。凡桦木关外产辽阳，北土繁生遵化，西陲繁生临洮郡，闽、广、浙亦皆有之。其皮护物，手握如软绵，故弓靶所必用。即刀柄与枪干，亦需用之。其最薄者，则为刀剑鞘室也。

注释

① 正中干质：此指弓背中间的主干部分。

② 榫：器物两部分利用凹凸相接的凸出的部分。

③ 牙接：以牙榫相接。

译文

造弓，要用竹片和牛角做正中的骨干（东北少数民族地区没有竹，就用柔韧的木料），两头接上桑木。未安紧弓弦时，竹在弓弧的内侧，角在弓弧的外侧起保护作用；安紧弓弦以后，角在弓弧的内侧，竹在弓弧的外侧。弓背用一整条竹，而角由两截组成，弓两头的桑木末端都刻有缺口，使弓弦能够套紧。桑木本身与竹片互相穿插接榫，并削光一面贴上牛角。

造弓时，先削竹片一根（秋冬季节砍伐的竹子较好，因为春夏季节砍的容易蛀朽），中腰略小，两头稍大一些，长约两尺。一面用胶粘贴上牛角，一面用胶粘铺上牛筋，加固弓身。两段牛角之间互相咬合（北方少数民族没有长的牛角，就用羊角分四段相接扎紧。广东一带的弓，不单用水牛角，有时也用半透明的黄牛角），用牛筋和胶液固定。外面再粘上桦树皮加固，这就叫做“暖靶”。桦树，东北地区产在辽阳，华北地区以河北遵化为最多，西北地区以甘肃临洮为最多，福建、广东和浙江等地也有出产。用桦树皮作为保护层，手握起来感到柔软，所以造弓把一定要用它。即使是刀柄和枪身也要用到它。最薄的就可用来作为刀剑的套子。

原典

凡牛脊梁每只生筋一方条，约重三十两。杀取晒干，复浸水中，析破如苎麻丝。北边无蚕丝，弓弦处皆纠合此物为之。中华则以之铺护弓干，与为棉花弹弓弦也。凡胶乃鱼脬[①]、杂肠所为，煎治多属宁国郡，其东海石首鱼[②]，浙中以造白鲞者，取其脬为胶，坚固过于金铁。北边取海鱼脬煎成，坚固与中华无异，种性则别也。天生数物，缺一而良弓不成，非偶然也。

注释

① 鱼脬：鱼鳔，鱼体内的气囊，与鱼肠可熬成黏性极强的胶。

② 石首鱼：鱼纲石首鱼科，鳔可制胶。

译文

牛脊骨里都有一条长方形的筋，重约三十两。宰杀牛以后取出来晒干，再用水浸泡，然后将它撕成苎麻丝那样的纤维。北方少数民族没有蚕丝，弓弦都是用这种牛筋缠合的。中原地区则用它铺护弓的主干，或者用它来作为弹棉花的弓弦。胶是从鱼鳔、杂肠中熬取的，多数在安徽宁国县熬炼。东海有一种石首鱼，浙江人常用它晒成美味的鱼干，用它的鳔熬成的胶比铜铁还要牢固。北方少数民族用其他海鱼的鳔熬成的胶，同中原的一样牢固，只是种类不同而已。天然的这几种东西，缺少一种就造不成良弓，看来这并不是偶然的。

弓的类型

弓箭仅有一种形制，按等级的高低分为皇帝、亲王郡王、侍卫和职官兵丁用等；按用途分为打猎行围、检阅部队以及实战用。各种弓箭只在选材装饰上有区别，所配之箭共计有41种之多。

原典

凡造弓，初成坯后，安置室中梁阁上，地面勿离火意。促者旬日，多者两月，透干其津液，然后取下磨光，重加筋、胶与漆，则其弓良甚。货弓之家，不能俟日足者，则他日解释之患因之。

凡弓弦取食柘叶蚕茧，其丝更坚韧。每条用丝线二十余根作骨，然后用线横缠紧约。缠丝分三停，隔七寸许则空一、二分不缠，故弦不张弓时，可折叠三曲而收之。往者北边弓弦，尽以牛筋为质，故夏月雨雾，妨其解脱，不相侵犯。今则丝弦亦广有之。涂弦或用黄蜡，或不用亦无害也。凡弓两稍系弦处，或切最厚牛皮，或削柔木如小棋子，钉粘角端，名曰垫弦，义同琴轸[①]。放弦归返时，雄力向内，得此而抗止，不然则受损也。

注释

① 琴轸：琴上转动弦线的轴垫。

译文

弓坯子刚刚做成之后，要放在屋梁高处，在地面不断地生火烘焙。短则放置十来天，长则两个月，等到胶液干透后，就拿下来磨光，再一次添加牛筋、涂胶和上漆，这样做出来的弓质量就很好了。有的卖弓人不到足够的烘焙时间就把弓卖出，这样，日后就可能出现脱胶的问题。

用柘蚕丝为弓弦的弓就会更加坚韧。每条弦用二十多根丝线为骨，然后用丝线横向缠紧。缠丝的时候分成三段，每缠七寸左右就留空一两分不缠。这样，在弦不上弓时就可以折成三节收起。过去北方少数民族都用牛筋为弓弦，每逢夏天雨季就怕它吸潮解脱而不敢贸然出兵进犯。现在到处都有丝弦了，有的人用黄蜡涂弦防潮，不用也不要紧。弓两端系弦的部位，要用最厚的牛皮或软木做成像小棋子那样的垫子，用胶粘紧钉在牛角末端，这叫做垫弦，作用跟琴弦的码子差不多。放箭时弓弦的回弹力很大，有了垫弦就可以抵消它，否则会损伤弓弦。

原典

凡造弓，视人力强弱为轻重。上力挽一百二十斤，过此则为虎力，亦不数出。中力减十之二、三，下力及其半。彀满[①]之时皆能中的。但战阵之上洞胸彻札，功必归于挽强者。而下力倘能穿杨贯虱，则以巧胜也。凡试弓力，以足踏弦就地，称钩搭挂弓腰，弦满之时，推移秤锤所压，则知多少。其初造料分两，则上力挽强者，角与竹片削就时，约重七两。筋与胶、漆与缠约丝绳，约重八钱，此其大略。中力减十之一、二，下力减十之二、三也。

端箭、试弓定力

注释

① 彀满：把弓拉满。

译文

造弓还要按人的挽力大小来分轻重。上等力气的人能挽一百二十斤，超过这个数目的叫做虎力，但这样的人很少见。中等力气的人能挽八九十斤，下等力气的人只能挽六十斤左右。这些弓箭在拉满弦时都可以射中目标。但在战场上能射穿敌人的胸膛或铠甲的，当然是力气大的射手；力气小的人如果有能射穿杨树叶或射中虱子的，那是以巧取胜。测定弓力的方法是：可以用脚踩弓弦，将秤钩钩住弓的中点往上拉，弦满之时，推移秤锤称平，就可知道弓力大小。做弓料的分量是，上等力气所用的弓，角和竹片削好后约重七两，筋、胶、漆和缠丝约重八钱，这是大概的数字。中等力气的相应减少十分之一或五分之一，下等力气的减少五分之一或十分之三。

原典

凡成弓，藏时最嫌霉湿（霉气先南后北，岭南谷雨时，江南小满，江北六月，燕、齐七月。然淮、扬霉气独盛）。将士家或置烘厨、烘箱，日以炭火置其下（春秋雾雨皆然，不但霉气）。小卒无烘厨，则安顿灶突①之上。稍怠不勤，立受朽解之患也（近岁命南方诸省造弓解北，纷纷驳回，不知离火即坏之故，亦无人陈说本章者）。

注释

①灶突：灶头烟突。

译文

弓的保管，藏弓最怕潮湿（阴雨天气先南后北，岭南是谷雨时，江南是小满，江北是六月，河北、山东一带是七月。而以淮河和扬州地区的阴雨天气为最多）。军官家里常设置有烘厨或烘箱，每天都用炭火放在下面烘（不仅是阴雨天，春秋下雨或多雾的天气也都这样做）。士兵没有烘厨或烘箱，就把弓放在灶头烟道的凸起上。稍微照管不周到，弓就会朽坏解脱（近年来朝廷命令南方各省造弓解送北京，纷纷被退回，就是因为他们不知道弓如果离火就坏的道理，也没有人就此事上奏朝廷陈述个中原因）。

原典

凡箭笴，中国南方竹质，北方萑柳①质，北边桦质，随方不一。杆长二尺，镞长一寸，其大端也。凡竹箭削竹四条或三条，以胶粘合，过刀光削而圆成之。漆、丝缠约两头，名曰“三不齐”箭杆。浙与广南有生成箭竹②，不破合者。

柳与桦杆，则取彼圆直枝条而为之，微费刮削而成也。凡竹箭其体自直，不用矫揉。木杆则燥时必曲，削造时以数寸之木，刻槽一条，名曰箭端。将木杆逐寸戛拖而过，其身乃直。即首尾轻重，亦由过端而均停也。

凡箭，其本刻衔口以驾弦，其末受镞。凡镞冶铁为之（《禹贡》砮石乃方物，不适用），北边制如桃叶枪尖，广南黎人矢镞如平面铁铲，中国则三棱锥象也。响箭则以寸木空中锥眼为窍，矢过招风而飞鸣，即《庄子》所谓“嚆矢[3]”也。

注释

① 萑柳：杨柳科水曲柳。

② 箭竹：禾本科箭竹。

③ 嚆矢：响箭。

译文

箭杆的用料各地不尽相同，我国南方用竹，北方使用薄柳木，北方少数民族则用桦木，各地不一。箭杆长二尺，箭头长一寸，这是一般的规格。做竹箭时，削竹三四条并用胶黏合，再用刀削圆刮光。然后再用漆丝缠紧两头，这叫做“三不齐”箭杆。浙江和广东南部有天然的箭竹，不用破开黏合。柳木或桦木做的箭杆，只要选取圆直的枝条稍加削刮就可以了。竹箭本身很直，不必矫正。木箭杆干燥后势必变弯，矫正的办法是用一块几寸长的木头，上面刻一条槽，名叫箭端。将木杆嵌在槽里逐寸刮拉而过，杆身就会变直。即使原来杆身头尾质量不均匀的也能得到矫正。

箭杆的末端刻有一个小凹口，叫做“衔口”，以此扣在弦上，另一端安装箭头。箭头是用铁铸成的（《尚书·禹贡》记载的那种石制箭头，是用一种土办法做的，并不适用），至于箭头的形状，北方少数民族做的像桃叶枪尖，广东南部黎族人做的像平头铁铲，中原地区做的则是三棱锥形。响箭之所以能迎风飞鸣，巧妙就在于小小的箭杆上锥有孔眼，这就是《庄子》说的“嚆矢”。

原典

凡箭行端斜与疾慢，窍妙皆系本端翎羽之上。箭本近衔处，剪翎直贴三条，其长三寸，鼎足安顿，粘以胶，名曰箭羽（此胶亦忌霉湿，故将卒勤者，箭亦时以火烘）。羽以雕[1]膀为上（雕似鹰而大，尾长翅短），角鹰次之，鸱鸮[2]又次之。南方造箭者，雕无望焉，即鹰、鹞亦难得之货，急用塞数，即以雁翎，甚至鹅翎亦为之矣。凡雕翎箭行疾过鹰、鹞翎十余步，而端正能抗风吹。北边羽箭多出此料。鹰、鹞翎作法精工，亦恍惚焉。若鹅、雁之质，则释放之时，手不应心，而遇风斜窜者多矣。南箭不及北，由此分也。

注释

① 雕：鸟纲鹰科雕属的通称，繁产于中国东北等地的大型猛禽。

② 鸱鹞：俗称雀鹰。遍布东北、西北，迁南方越冬。

译文

箭飞行得是正还是偏，快还是慢，关键都在箭羽上。在箭杆末端近衔口的地方，用脬胶粘上三条三寸长的三足鼎立形的翎羽，名叫箭羽（此胶也怕潮湿，因此勤劳的将士经常用火来烘烤箭）。所用的羽毛，以雕的翅毛为最好（雕像鹰而比鹰大，尾长而翅膀短），角鹰的翎羽居其次，鹞鹰的翎羽更次。南方造箭的人，固然没希望得到雕翎，就是鹰翎也很难得到，急用时就只好用雁翎，甚至用鹅翎来充数。雕翎箭飞得比鹰、鹞翎箭快十多步而且端正，还能抗风吹。北方少数民族的箭羽多数都用雕翎。角鹰或鹞鹰翎箭如果精工制作，效用也跟雕翎箭差不多。可是，鹅翎箭和雁翎箭射出时却手不应心，往往一遇到风就歪到一边去了。南方的箭比不上北方的箭，原因就在这里。

弓的发展

现代体育比赛中所用的弓和箭都是用先进复合材料制成，准确性和射击距离都大大超过前人。箭加装了镞还有羽翼，提高了穿透力和稳定性。同时弓也得到发展，由单体弓（一条木头或竹子为弓臂）最后发展到了复合弓（由竹木干材加上动物角组成的多层弓臂）。

02 弩

原典

凡弩为守营兵器，不利行阵。直者名身，衡者名翼，弩牙发弦者名机。斫木为身，约长二尺许，身之首横拴度翼。其空缺度翼处，去面刻定一分（稍厚则弦发不应节），去背则不论分数。面上微刻直槽一条以盛箭。其翼以柔木一条为者，名扁担弩，力最雄。或一木之下加以竹片叠承（其竹一片短一片），名三撑弩，或五撑、七撑而止。身下截刻锲衔弦，其衔傍活钉牙机，上剔发弦。上弦之时，惟力是视。一人以脚踏强弩而弦者，《汉书》名曰“蹶张材官①”。弦放矢行，其疾无与比数。

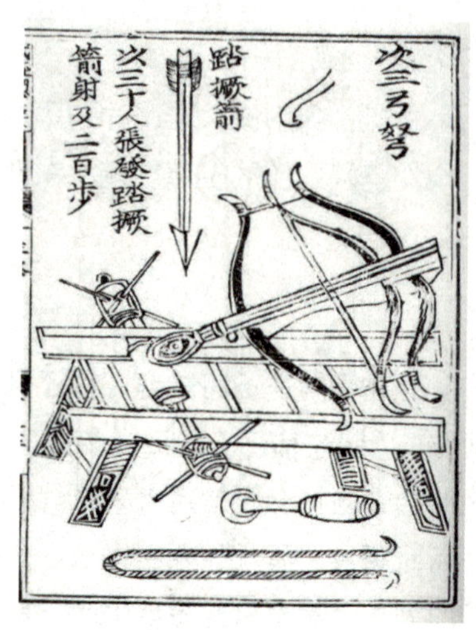

弩

注释

① 材官：兵士中较强壮者。

译文

弩是镇守营地的重要兵器，不适用于冲锋陷阵。其中直的部分叫身，横的部分叫翼，扣弦发箭的开关叫机。砍木做弩身，长约二尺。弩身的前端横拴弩翼，拴翼的孔离弩面划定一分厚（稍微厚一些，弦和箭就配合不精准），与弩底的距离则不必计较。弩面上还要刻上一条直槽用以盛放箭。有的弩翼只用一根柔木做成，叫做扁担弩，这种弩的射杀力最强。如果弩翼是在一根柔木下面再用竹片挨次缩短叠撑的就相应叫做三撑弩、五撑弩或七撑弩。弩身后端刻一个缺口扣弦，旁边钉上活动扳机，将活动扳机上推即可发箭。上弦时全靠人的体力。由一个人脚踏强弩上弦的，《汉书》称为“蹶张”材官。弩弦把箭射出，快速无比。

原典

凡弩弦以苎麻为质，缠绕以鹅翎，涂以黄蜡。其弦上翼则紧，放下仍松，故鹅翎可扱首尾于绳内。弩箭羽以箬叶为之。析破箭本，衔于其中而缠约之。其射猛兽药箭，则用草乌一味，熬成浓胶，蘸染矢刃。见血一缕则命即绝，人畜同之。凡弓箭强者行二百余步，弩箭最强者五十步而止，即过咫尺，不能穿鲁缟①矣。然其行疾则十倍于弓，而入物之深亦倍之。

注释

① 鲁缟：缟中尤薄者。

译文

弩弦用苎麻绳为骨，还要缠上鹅翎，涂上黄蜡。弩弦装上弩翼时虽然拉得很紧，但放下来时仍然是松的，所以鹅翎的头尾都可以夹入麻绳内。弩箭的箭羽是用箬竹叶制成的。把箭尾破开一点，然后把箬竹叶夹进去并将它缠紧。射杀猛兽用的药箭，则是用草乌熬成浓胶蘸涂在箭头上，这种箭一见血就能使人畜丧命。强弓可以射出二百多步远，而强弩只能射五十步远，再远一点就连薄绢也射不穿了。然而，弩比弓要快十倍，而穿透物体的深度也要大一倍。

原典

国朝军器造神臂弩、克敌弩[①]，皆并发二矢、三矢者。又有诸葛弩[②]，其上刻直槽，相承函十矢，其翼取最柔木为之。另安机木，随手扳弦而上，发去一矢，槽中又落下一矢，则又扳木上弦而发。机巧虽工，然其力绵甚，所及二十余步而已。此民家防窃具，非军国器。其山人射猛兽者名曰窝弩[③]，安顿交迹之衢，机旁引线，俟兽过，带发而射之。一发所获，一兽而已。

注释

① 克敌弩：比神臂弩射程远，可连发二矢、三矢。

② 诸葛弩：连发十矢的轻巧弩。

③ 窝弩：打猎用的弩。

张弩、连发弩

译文

本朝作为军器的弩有神臂弩和克敌弩，都是能同时发出两三支箭的。还有一种诸葛弩，弩上刻有直槽可装箭十支，弩翼用最柔韧的木制成。另外还安有

木制弩机，随手扳机就可以上弦，发出一箭，槽中又落下一箭，又可以再拉扳机上弦发一箭。这种弩机结构精巧，但射杀力弱，射程只有二十来步远。这是民间用来防盗用的，而不是军队所用的兵器。山区的居民用来射杀猛兽的弩叫做“窝弩”，装在野兽出没的地方，拉上引线，野兽走过时一触动引线，箭就会自动射出。每发一箭，所得的收获只是一只野兽罢了。

弩的发展

现代的弓弩由于制作的工艺和材料的不同，比古代的弓弩要强很多。关键就在于弓弩的弩体和弩片，都比古代的先进。且在设计上还吸收了现代武器枪的优点，改进了弹道，所以比古代的弓弩更强。

03　干

原典

凡“干戈①”名最古，干与戈相连得名者，后世战卒，短兵驰骑者更用之。盖右手执短刀，左手执干以蔽敌矢。古者车战之上，则有专司执干，并抵同人之受矢者。若双手执长戈与持戟、槊②，则无所用之也。凡干长不过三尺，杞柳织成尺径圈，置于项下，上出五寸，亦锐其端，下则轻竿可执。若盾名“中干”，则步卒所持以蔽矢并拒槊者，俗所谓傍牌是也。

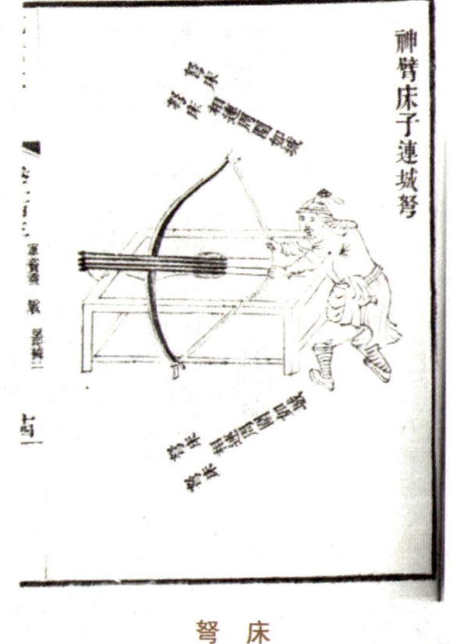

弩　床

注释

① 干戈：干，盾牌。戈，杆端有横刀的古代主要冷武器。

② 戟、槊：戟，古代兵器，将戈与矛合成一体，可直刺，又可横击。槊，古代兵器，即长矛。

译文

“干戈”这个名字在兵器中是最为古老的，干和戈相连成为一个词，是因为后代的步兵和手握短兵器的骑兵经常配合使用干和戈。右手执短刀，左手执盾牌以抵挡敌人的箭。古时候的战车上，有人专门负责拿着盾牌，用来保护同车的人免中敌方的来箭。要是双手拿着长矛或者戟，那就腾不出手来拿盾牌了。盾牌长度一般不会超过三尺，用杞柳枝条编织成的直径约一尺的圆块，盾牌上方的尖部突出五寸，它的下端接有一根轻竿可供手握，放在脖子下面进行防护。另有一种盾叫“中干”，是步兵拿来挡箭或长矛用的，俗称傍牌。

04　火药料

原典

火药、火器，今时妄想进身博官者，人人张目而道，著书以献，未必尽由试验。然亦粗载数页，附于卷内。

凡火药以硝石、硫黄为主，草木灰为辅。硝性至阴，硫性至阳，阴阳两神物相遇于无隙可容之中。其出也，人物膺[①]之，魂散惊而魄齑粉。凡硝性主直，直击者硝九而硫一。硫性主横，爆击者硝七而硫三。其佐使之灰，则青杨、枯杉、桦根、箬叶、蜀葵、毛竹根、茄秸之类，烧使存性，而其中箬叶为最燥也。

注释

①膺：膺受，承受打击。

译文

关于火药和火器，现在那些妄图博取高官厚禄的人，个个都是高谈阔论，著书呈献朝廷，他们说的不一定都是经过试验的。在这里还是要粗略写上几页，附在卷内。

火药的成分以硝石和硫黄为主，草木灰为辅。其中硝石的阴性最强，硫黄的阳性最强，这两种神奇的阴阳物质在没有一点空隙的地方相遇，就会发生爆炸，不论人还是物都要魂飞魄散、粉身碎骨。硝石纵向的爆发威力大，所以用于射击的火药成分是硝九硫一。硫黄横向的爆发威力大，所以用于爆破的火药成分是硝七硫三。作为辅助剂的炭粉，可以用青杨、枯杉、桦树根、箬竹叶、蜀葵、毛竹根、茄秆之类，烧制成炭，其中以箬竹叶炭末最为燥烈。

原典

凡火攻有毒火、神火、法火、烂火、喷火。毒火以白砒、硇砂[①]为君，金汁、银锈、人粪和制。神火以朱砂、雄黄、雌黄为君。烂火以硼砂、瓷末、牙皂[②]、秦椒配合。飞火以朱砂、石黄、轻粉、草乌、巴豆配合。劫营火则用桐油、松香。此其大略。其狼粪烟昼黑夜红，迎风直上，与江豚[③]灰能逆风而炽，皆须试见而后详之。

注释

①硇砂：含氯化铵。

②牙皂：豆科皂荚属皂荚树的果蔬。

③江豚：鱼纲的河豚。

译文

战争中采用火攻的有毒火、神火、法火、烂火、喷火等名目。毒火主要以白砒、硇砂为主，再加上金汁、银锈、人粪混和配制；神火主要以朱砂、雄黄、雌黄为主；烂火要加上硼砂、瓷屑、猪牙皂荚、花椒等物；飞火要加上朱砂、雄黄、轻粉、草乌、巴豆；劫营火则要用桐油、松香。这些配方只是个大概。至于焚烧狼粪的烟白天黑、晚上红，迎风直上，以及江豚的灰还能逆风燃烧，这些都只是传闻，必须先得经过试验，亲眼看一看，才能详加说明。

火药的历史地位

中国的火药推进了世界历史的进程。恩格斯曾高度评价了中国在火药发明中的首创作用：“现在已经毫无疑义地证实了，火药是从中国经过印度传给阿拉伯人，又由阿拉伯人和火药武器一道经过西班牙传入欧洲。”火药的发明大大推进了历史发展的进程，是欧洲文艺复兴的重要支柱之一。

05　硝石

原典

凡硝，华夷皆生，中国则专产西北。若东南贩者不给官引[①]，则以为私货而罪之。硝质与盐同母，大地之下潮气蒸成，现于地面。近水而土薄者成盐，近山而土厚者成硝。以其入水即消溶，故名曰“硝”。长、淮以北，节过中秋，即居室之中，隔日扫地，可取少许以供煎炼。

注释

① 官引：由官府发放的专卖许可证。

译文

硝石这种东西，中国和外国都有，而中国只有西北部才出产。东南地区卖硝石的人如果没有官府下发的运销凭证，就会以走私的名义而被治罪。硝石和盐都是在地底下面生成的，随着水汽蒸发，出现在地面。近水而土层薄的地方形成盐，靠山而土层厚的地方形成硝。因为它入水即消溶，所以就叫硝。长江、淮河以北地区，过了中秋节以后，即使是在室内，隔天扫地也可扫出少量的粗硝，以供进一步煎炼提纯。

原典

凡硝三所最多：出蜀中者曰川硝，生山西者俗呼盐硝，生山东者俗呼土硝。凡硝刮扫取时（墙中亦或迸出），入缸内水浸一宿，秽杂之物浮于面上，掠取去时，然后入釜，注水煎炼。硝化水干，倾于器内，经过一宿，即结成硝。其上浮者曰芒硝，芒长者曰马牙硝[①]（皆从方产本质幻出），其下猥杂者曰朴硝[②]。欲去杂还纯，再入水煎炼。入莱菔数枚同煮熟，倾入盆中，经宿结成白雪，则呼盆硝。凡制火药，牙硝、盆硝功用皆同。

注释

① 马牙硝：指白色较纯的硝石结晶。

② 朴硝：指含杂质的硝石。

译文

我国有三个地方出产硝石最多：其中，四川产的叫做川硝，山西产的叫做盐硝，山东产的叫做土硝。把刮扫来的粗硝（土墙中有时也有硝冒出来）放进缸里，用水浸一夜，捞去浮渣，然后放进锅中，加水煎煮直到硝完全溶解并又充分浓缩时，倒入容器，经过一晚便析出硝石的结晶。其中浮在上面的叫芒硝，芒长的叫马牙硝（这都是各地出产的硝再经过纯化得到的），而沉在下面含杂质较多的叫朴硝。要除去杂质把它提纯，还需要加水再煮。扔进去几只萝卜一起煮熟后，再倒入盆中，经过一晚便能析出雪白的结晶，这叫做盆硝。牙硝和盆硝制造火药的功用相同。

原典

凡取硝制药，少者用新瓦焙，多者用土釜焙，潮气一干，即取研末。凡研硝不以铁碾入石臼，相激火生，则祸不可测。凡硝配定何药分两，入黄[①]同研，木炭则从后增入。凡硝既焙之后，经久潮性复生。使用巨炮，多从临期装载也。

注释

①黄：通“磺”，指硫黄。

译文

用硝制造火药，少量的可以放在新瓦片上焙干，多的就要放在土锅中焙干。焙干后，立即取出研成粉末。不能用铁碾在石臼里研磨硝，因为铁石摩擦一旦产生火花，造成的灾祸就不堪设想了。硝和硫按照某种火药所要求的配方比例拌匀研磨以后，木炭末随后才加入。硝焙干后，时间久了又会返潮，因此大炮所用的硝药，多数是临时才装上去的。

06 硫黄

原典

凡硫黄配硝，而后火药成声。北狄无黄之国，空繁硝产，故中国[①]有严禁，凡燃炮，拈硝与木灰为引线，黄不入内，入黄即不透关。凡碾黄难碎，每黄一两，和硝一钱同碾，则立成微尘细末也。

注释

①中国：指中原地区。

译文

硫黄和硝配合好之后，才能使火药爆炸。北方少数民族地区不产硫黄，硝石产量虽然多也用不上。因此中原地区对于硫黄是严禁贩运的。大炮点火，要用硝和木炭末混合搓成导火线，不要加入硫黄，不然引线导火就会失灵。硫黄很难单独碾碎，但是如果每两硫黄加入一钱硝一起碾磨，很快就可碾成像尘一样的粉末了。

硫黄的危害

硫黄对眼睛、皮肤、黏膜和呼吸道有强烈的刺激作用。若不慎使皮肤接触，应立即脱去被污染的衣着，用肥皂水和清水彻底冲洗皮肤。若眼睛接触到了，应立即提起眼睑，用流动的清水或生理盐水冲洗并及时就医。若吸入中毒，应迅速离开现场，到空气清新处。

07 火器

原典

西洋炮。熟铜铸就，圆形若铜鼓。引放时，半里之内，人马受惊死（平地爇引炮有关捩，前行遇坎方止。点引之人反走坠入深坑内，炮声在高头，放者方不丧命）。

红夷炮[①]。铸铁为之，身长丈许，用以守城。中藏铁弹并火药数斗，飞激二里，膺其锋者为齑粉。凡炮爇引内灼时，先往后坐千钧力，其位须墙抵住，墙崩者其常。

注释

① 红夷炮：指荷兰制造的前装式金属火炮，明代曾仿制。

译文

西洋炮是用熟铜铸成的，圆得像一个铜鼓。放炮时，半里之内，人和马都会吓死（在平地点燃引线时装上可以使炮身转动的机关，转到一个缺口才停下来。炮手点燃引线之后马上往回跑并跳进深坑里，这时炮声在高处爆响，炮手才不至于受伤或丧命）。

红夷炮是用铸铁造的，身长一丈多，用来守城。炮膛里装有几斗铁丸和火药，射程二里，被击中的目标会变得碎粉。大炮引发时，首先会产生很大的后坐力，炮位必须用墙顶住，墙因此而崩塌也是常见的事。

原典

大将军、二将军[①]（即红夷之次，在中国为巨物）。

佛郎机[②]（水战舟头用）。

三眼铳、百子连珠炮[③]。

地雷。埋伏土中，竹管通引，冲土起击，其身从其炸裂。所谓横击，用黄多者（引线用矾油，炮口覆以盆）。

混江龙。漆固皮囊裹炮沉于水底，岸上带索引机。囊中悬吊火石、火镰，索机一动，其中自发。敌舟行过，遇之则败。然此终痴物也。

混江龙

注释

① 大将军、二将军：明代制造的前装式金属巨炮，在与清兵交战时立功，被封为“大将军”等称号。

② 佛郎机：明代时葡萄牙或西班牙船上的后装式火炮，有炮弹五个，可轮流发射。

③ 三眼铳：明军常用的三管枪。百子连珠炮：可旋转的金属管炮。

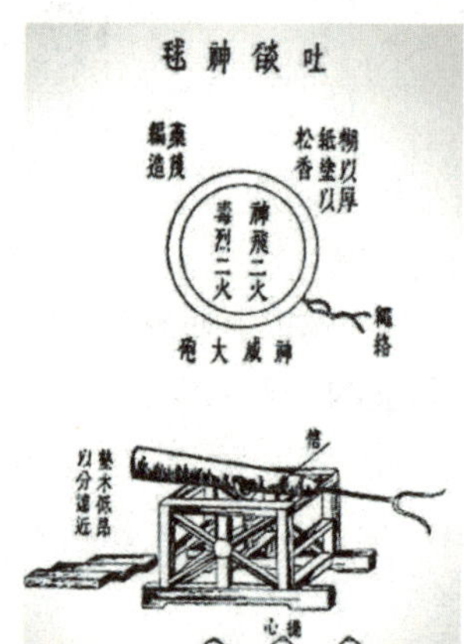

神威大炮

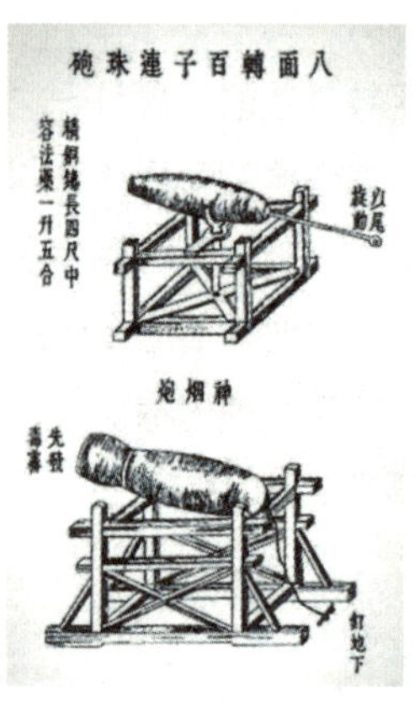

百子连珠炮、将军炮

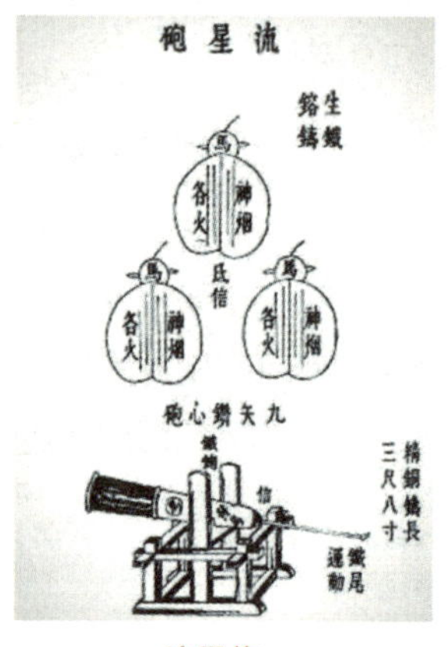

流星炮

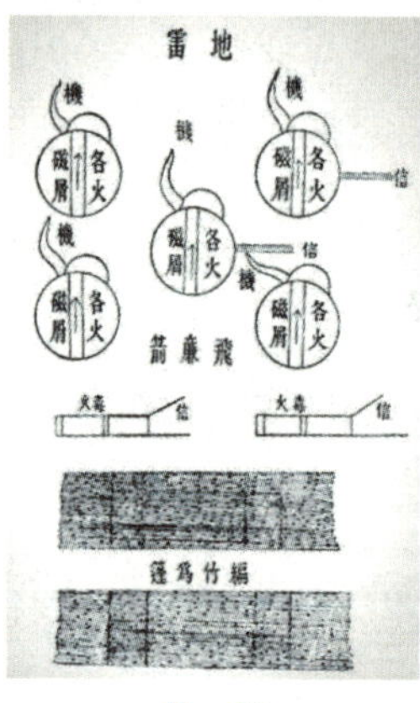

地　雷

译文

大将军、二将军，是小一点的红夷炮，在中国却已算是个大家伙了。

佛郎机，水战时装在船头用。

三眼铳、百子连珠炮。

地雷：埋藏在泥土中，用竹管套上保护引线，引爆时冲开泥土起到杀伤作用，地雷本身也同时炸裂了。这便是所谓的“横击”，是因为火药配方中硫黄用得较多的缘故（引线要涂上矾油，引线入口处要用盆覆盖）。

混江龙：用皮囊包裹，再用漆密封，然后沉入水底，岸上用一条引索控制。皮囊里挂有火石和火镰，一旦牵动引索，皮囊里自然就会点火引爆。敌船如果碰到它就会被炸坏，但它毕竟是个笨重的家伙。

原典

鸟铳。凡鸟铳长约三尺，铁管载药，嵌盛木棍之中，以便手握。凡锤鸟铳，先以铁梃[①]一条大如箸者为冷骨，裹红铁锤成。先为三接，接口炽红，竭力撞合。合后以四棱钢锥如箸大者，透转其中，使极光净，则发药无阻滞。其本近身处，管亦大于末，所以容受火药。每铳约载配硝一钱二分，铅铁弹子二钱。发药不用信引（岭南制度，有用引者），孔口通内处露硝分厘，捶熟苎麻点火。左手握铳对敌，右手发铁机逼苎火于硝上，则一发而去。鸟雀遇于三十步内者，羽肉皆粉碎，五十步外方有完形，若百步则铳力竭矣。鸟枪行远过二百步，制方仿佛鸟铳，而身长药多，亦皆倍此也。

鸟铳打猎图

注释

① 铁梃：即铁条。

译文

鸟铳：约有三尺长，装火药的铁枪管嵌在木托上，以便于手握。锤制鸟铳时，先用一根像筷子一样粗的铁条当锻模，然后将烧红的铁块包在它上面打成铁管。枪管分三段，再把接口烧红，尽力锤打接合。接合之后，又用如同筷子一样粗的四棱钢锥插进枪管里来回转动，使枪管内壁极其圆滑，发射时才不会有阻滞。枪管近人身的一端较粗，用来装载火药。每支铳一次大约装火药一钱二分，铅铁弹子二钱。点火时不用引信（岭南的鸟铳制法，也有用引信的），在枪管近人身一端通到枪膛的小孔上露出 点硝，用锤烂了的苎麻点火。左手握铳对准目标，右手扣动扳机将苎麻火逼到硝药上，一刹那就发射出去了。鸟雀在三十步之内中弹，会被打得稀巴烂，五十步以外中弹才能保存原形，到了一百步，火力就不及了。鸟枪的射程超过二百步，制法跟鸟铳相似，但枪管的长度和装火药的量都增加了一倍。

鸟铳的特点

鸟铳由枪管、火药池、枪机、准星、枪柄等组成。使用时通过预燃的火绳和扣动枪机，带动火绳点燃火药池内压实的火药，借助火药燃气的爆发力将枪管内的铅弹射出，杀伤敌方人马。但鸟铳也存在缺点，如在点火时易受风雨影响，以及点燃火绳时要保留火种和燃着的火绳不能维持较长时间等缺点。

原典

万人敌。凡外郡小邑乘城却敌，有炮力不具者，即有空悬火炮而痴重难使者，则万人敌近制随宜可用，不必拘执一方也。盖硝、黄火力所射，千军万马立时糜烂。其法：用宿干空中[①]泥团，上留小眼，筑实硝、黄火药，掺入毒火、神火，由人变通增损。贯药安信而后，外以木架匡正围，或有即用木桶而塑泥实其内郭者，其义亦同。若泥团必用木框，所以防掷投先碎也。敌攻城时，燃灼引信，抛掷城下。火力出腾，八面旋转。旋向内时，则城墙抵住，不伤我兵；旋向外时，则敌人马皆无幸。此为守城第一器。而能通火药之性、火器之方者，聪明由人。作者不上十年[②]，守土者留心可也。

万人敌

注释

① 空中：中间是空的。

② 作者不上十年：这种武器发明还不到十年。

译文

万人敌：用于边远小县城里守城御敌，有的没有炮，有的即使配有火炮也笨重难使，万人敌便是适合近距离作战的机动武器。硝石和硫黄配合产生的火力，能使千军万马被炸得血肉横飞。它的制法是：把中空的泥团晾干后，通过上边留出的小孔装满由硝和硫黄配成的火药，并由人灵活地增减和掺入毒火、神火等药料，压实并安上引信后，再用木框框住。也有在木桶里面糊泥并填实火药而造成的，道理是一样的。如果用泥团就一定要在泥团外加上木框以防止抛出去还没爆炸就破裂了。敌人攻城时，点燃引信，把万人敌抛掷到城下。这时，万人敌不断射出火力，而且四方八面地旋转起来。当它向内旋时，由于有城墙挡着，不会伤害自己人；当它向外旋时，敌军人马会大量伤亡。这是守城的首要武器。凡能通晓火药性能和火器制法的人，都可以发挥自己的聪明才智。这种武器发明还不到十年，负责守卫疆土的将士们都应密切关注其中的技巧原理！

丹青第十六

原典

宋子曰：斯文千古之不坠[①]也，注玄尚白，其功孰与京[②]哉？离火红而至黑孕其中，水银白而至红呈其变。造化炉锤，思议何所容也。五章[③]遥降，朱临墨而大号彰。万卷横披，墨得朱而天章焕。文房异宝，珠玉何为？至画工肖像万物，或取本姿，或从配合，而色色咸备焉。夫亦依坎附离，而共呈五行变态，非至神孰能与于斯哉？

注释

① 不坠：不断绝。

② 孰与京：有谁能与相比。

③ 五章：此处指穿着各种颜色官服以区分等级的王公大臣。

译文

宋子说：古代的文化遗产之所以能够流传千古而不失散，靠的就是白纸黑字的文献记载，这种功绩是无与伦比的。火是红色的，其中却酝酿着最黑的墨烟；水银是白色的，而最红的银朱却由它变化而来。大自然的熔炉锤炼变化万千，真是不可思议啊！从遥远的时代五色就已经出现，有了朱红色和墨色这两种主要颜色就能使得重大的号令得到彰扬；万卷图书，阅读时用朱红色的笔在黑色的字上加以圈点从而使好文章焕发了异彩。文房自有笔、墨、纸、砚四宝，在这里即便是珠玉又能派上什么用场呢？至于画家描摹万物，有的人使用原色，有的人使用调配出来的颜色，这样一来，各种各样的颜色也就齐备了。颜料的调制，要依靠水火的作用，而表现在水、火、木、金、土这五种事物的相互磨合变化之中，若不是世间最为玄妙的大自然，谁能做到这一切呢？

01 朱

原典

凡朱砂、水银、银朱[①]，原同一物，所以异名者，由精粗老嫩而分也。上好朱砂出辰、锦[②]（今名麻阳）与西川者，中即孕汞，然不以升炼。盖光明、箭镞、镜面等砂，其价重于水银三倍，故择出为朱砂货鬻。若以升汞，反降贱值。惟粗次朱砂方以升炼水银，而水银又升银朱也。

译文

朱砂、水银和银朱本来都是同一类东西，名称不同只是由于其中精与粗、老与嫩等的差别所造成的。上等的朱砂，产于湖南西部的辰水、锦江流域（今名麻阳），以及四川西部地区，朱砂里面虽然包含着水银，但不用来炼取水银，这是因为光明砂、箭镞砂、镜面砂等几种朱砂比水银还要贵上三倍，因此要选出来销售。如果把它们炼成水银，反而会降低它们的价值。只有粗糙的和低等的朱砂，才用来提炼水银，又由水银再炼成银朱。

注释

①朱砂、水银、银朱：朱砂，也称辰砂，是天然硫化汞。水银，元素汞。银朱，人造硫化汞，二者化学成分一致。

②辰、锦：指辰锦二州。辰州，今湖南沅陵。锦州，今湖南麻阳。

原典

凡朱砂上品者，穴土十余丈乃得之。始见其苗，磊然白石，谓之朱砂床。近床之砂，有如鸡子大者。其次砂不入药，只为研供画用与升炼水银者。其苗不必白石，其深数丈即得。外床或杂青黄石，或间沙土，土中孕满①，则其外沙石多自折裂。此种砂贵州思、印、铜仁等地最繁，而商州、秦州出亦广也。

凡次砂取来，其通坑色带白嫩者，则不以研朱，尽以升汞。若砂质即嫩而烁视欲丹者，则取来时，入巨铁碾槽中，轧碎如微尘，然后入缸，注清水澄浸。过三日夜，跌取其上浮者，倾入别缸，名曰二朱。其下沉结者，晒干即名头朱也。

注释

①孕满：此处为堆积蕴藏之意。

研 硃

译文

上档次的朱砂矿，要挖土十多丈深才能找到。发现矿苗时，只看见一堆白石，这叫做朱砂床。靠近床的朱砂，有的像鸡蛋那样大块。那些次等朱砂一般不用来配药，而只是研磨成粉供绘画或炼水银用。这种次等朱砂矿不一定会有白石矿苗，挖到几丈深就可以得到，它的矿床外面还掺杂有青黄色的石块或沙土，由于土中蕴藏着朱砂，因此石块或沙土大多自行裂开。这种次等朱砂以贵州东部的思南、印江、铜仁等地最为常见，而陕西商县、甘肃天水县一带也十分常见。

次等朱砂，如果整条矿坑都是质地较嫩而颜色泛白的，就不用来研磨做朱砂，而全部用来炼取水银。如果砂质虽然很嫩但其中有红光闪烁的，就用大铁槽碾成尘粉，然后放入缸内，用清水浸泡三天三夜，然后摇荡它把上浮的砂石倒入别的缸里，这是二朱，把下沉的取出来晒干成头朱。

朱砂正伪品的鉴别

正品朱砂为块状或颗粒状集合体，呈颗粒状或块片状，鲜红色或暗红色，条痕红色或暗红色，具光泽、体重、质脆。片状者易破碎，粉末状有闪烁的光泽，无臭，无味。该品水飞时，片状或颗粒物易研碎，其混悬液呈朱红色，乳钵底部无残渣。

伪品朱砂为粉末状，呈暗红褐色，略带少量规则颗粒，颗粒具光泽、体重、质坚、无臭、无味。该品粉末处之染手，直火加热，暗红褐色迅速褪去，呈银灰色的粉末。水飞时，其颗粒不易研碎，其混悬液呈黑褐色，倾尽混悬液后，可见一层银灰色的砂状物。

原典

凡升水银，或用嫩白次砂，或用缸中跌出浮面二朱，水和搓成大盘条，每三十斤入一釜内升汞，其下炭质亦用三十斤。凡升汞，上盖一釜，釜当中留一小孔，釜旁盐泥紧固。釜上用铁打成一曲弓溜管，其管用麻绳密缠通梢，仍用盐泥涂固。煅火之时，曲溜一头插入釜中通气（插处一丝固密），一头以中罐注水两瓶，插曲溜尾于内，釜中之气达于罐中之水而止。共煅五个时辰，其中砂末尽化成汞，布于满釜。冷定一日，取出扫下。此最妙玄化，全部天机也！（《本草》胡乱注[①]：凿地一孔，于碗一个盛水）

译文

提炼水银，要用嫩白次等朱砂或缸中倾出的浮面二朱，加水搓成粗条，盘起来放进锅里。每锅共装三十斤，下面烧火用的炭也要三十斤。锅上面还要倒扣另一只锅，锅顶留一个小孔，两锅的衔接处要用盐泥加固密封。锅顶上的小孔和一支弯曲的铁管相连接，铁管通身要用麻绳缠绕紧密，并涂上盐泥加固，使每个接口处不能有丝毫漏气（接口处要严密封固），曲管的另一端则通到装有两瓶水的罐子中，使熔炼锅中的气体只能到达罐里的水为止。在锅底下起火加热，共煅烧约十个钟头后，朱砂就会全部化为水银布满整个锅壁。冷却一天之后，再取出扫下。这里面的道理最难以捉摸，自然界的变化真是奥妙无穷！（《神农本草经》注释中说什么炼水银时要“凿地一孔，放碗一个盛水”等等，那是胡乱注的！）

注释

①《本草》胡乱注：《本草纲目》所述方法虽不及作者所述蒸馏法取汞简单易行，但却不是“胡乱注”。

升炼水银

原典

凡将水银再升朱用，故名曰银朱。其法或用磬口泥罐，或用上下釜①。每水银一斤，入石亭脂②即（硫黄制造者）二斤，同研不见星，炒作青砂头，装于罐内。上用铁盏盖定，盏上压一铁尺。铁线兜底捆缚，盐泥固济口缝，下用三钉插地鼎足盛罐。打火三柱香久，频以废笔蘸水擦盏，则银自成粉，贴于罐上，其贴口者朱更鲜华。冷定揭出，刮扫取用。其石亭脂沉下罐底，可取再用也。每升水银一斤，得朱十四两，次朱三两五钱，出数藉硫质而生。

注释

① 上下釜：一上一下，口径一样的两只锅。

② 石亭脂：天然硫。

译文

把水银再炼成朱砂，因此就叫做银朱。提炼时用一个开口的泥罐子或者用上下两只锅。每斤水银加入石亭脂（天然硫黄）两斤一起研磨，要磨到看不见水银的亮斑为止，并炒成青黑色，装进罐子里。罐子口要用铁盏盖好，盏上压一根铁尺，并用铁线兜底把罐子和铁盏绑紧，然后用盐泥封口，再用三根铁棒插在地上用以承托泥罐。烧火加热时需要约燃完三炷香的时间，在这个过程中要不断用废毛笔蘸水擦擦铁盏面，那么水银便会变成银朱粉凝结在罐子壁上，贴近罐口的银朱色泽更加鲜艳。冷却之后揭开铁盏封口，把银朱刮扫下来。剩下的石亭脂沉到罐底，还可以取出来再用。每一斤水银，可炼得上等朱砂十四两、次等朱砂三两半，其中多出的质量是凭借石亭脂的硫质而产生的。

银复生硃

原典

凡升朱与研朱，功用亦相仿。若皇家、贵家画彩，则即同[①]辰、锦丹砂研成者，不用此朱也。凡朱，文房胶成条块，石砚则显，若磨于锡砚之上，则立成皂汁。即漆工以鲜物彩，惟入桐油调则显，入漆亦晦也。

凡水银与朱更无他出，其汞海、草汞之说，无端狂妄，耳食者信之。若水银已升朱，则不可复还为汞，所谓造化之巧已尽也。

注释

①同：误，应为“用”。

译文

用这种方法升炼成的朱砂跟天然朱砂研成的朱砂功用差不多。皇家贵族绘画，用的是辰州、锦州等地出产的丹砂直接研磨而成的粉，而不用升炼成的银朱粉。书房用的朱砂通常胶合成条块状，在石砚上磨就能显出原来的鲜红色。但如果在锡砚上磨，就会立即变成灰黑色。当漆工用朱砂调制红油彩来粉饰器具时，和桐油调在一起色彩就会鲜明，和天然漆调在一起色彩就会灰暗。

水银和朱砂再没有别的出处

了。关于水银海和水银草的说法都是没有根据的，只有盲目轻信的人才会相信。水银在升炼为朱砂之后，再不能还原为水银了，因为大自然创造化育万物的工巧到此施展完了。

朱砂鲜为人知的用途

朱砂也是道教用来画符驱邪的用品之一。道教（现在佛教也用）通常用朱砂，并配合朱砂笔，对黄纸（符纸）或者其他驱邪物品加以搭配，起到提高发起灵气的作用，起到驱鬼辟邪的功效！

02 墨

原典

凡墨烧烟凝质而为之。取桐油、清油、猪油烟为者，居十之一，取松烟为者，居十之九。凡造贵重墨者，国朝推重徽郡人，或以载油之艰，遣人僦居荆、襄、辰、沅，就其贱值桐油点烟而归。其墨他日登于纸上，日影横射有红光者，则以紫草[①]汁浸染灯心而燃炷者也。

凡爇油取烟，每油一斤，得上烟一两余。手力捷疾者，一人供事灯盏二百副。若刮取怠缓则烟老，火燃质料并丧也。其余寻常用墨，则先将松树流去胶香，然后伐木。凡松香有一毛未净尽，其烟造墨，终有滓结不解之病。凡松烟流去香，木根凿一小孔，炷灯缓炙，则通身膏液就暖倾流而出也。

注释

① 紫草：紫草科植物，其根可做紫色染料。

燃扫清烟

译文

墨是由烟和胶二者结合而成的。其中，用桐油、清油或猪油等烧成的烟做墨的，约占十分之一；用松烟做墨的，约占十分之九。制造贵重的墨，本朝最

推崇安徽的徽州人。他们有时由于油料运输困难，于是派人到湖北的江陵、襄阳和湖南的辰溪、沅陵等地租屋居住，购买当地便宜的桐油就地点烟，燃成的烟灰带回去用来制墨。有一种墨，写在纸上后在阳光斜照下可泛红光，那是用紫草汁浸染灯芯之后，用点油灯所得的烟做成的。

燃油取烟，每斤油可获得上等烟一两多。手脚伶俐的，一个人可照管专门用于收集烟的灯盏二百多副。如果刮取烟灰不及时，烟就会过火而质量下降，造成油料和时间的浪费。其余的一般用墨，都是用松烟制成的，先使松树中的松脂流掉，然后砍伐。松脂哪怕有一点点没流干净，用这种松烟做成的墨就总会有渣滓，不好书写。流掉松脂的方法是，在松树干接近根部的地方凿一个小孔，然后点灯缓缓燃烧，这样整棵树上的松脂就会朝着这个温暖的小孔倾流出来。

原典

凡烧松烟，伐松斩成尺寸，鞠篾[①]为圆屋，如舟中雨篷式，接连十余丈。内外与接口皆以纸及席糊固完成。隔位数节，小孔出烟，其下掩土、砌砖先为通烟道路。燃薪数日，歇冷入中扫刮。凡烧松烟，放火通烟，自头彻尾。靠尾一、二节者为清烟，取入佳墨为料。中节者为混烟，取为时墨料。若近头一、二节，只刮取为烟子，货卖刷印书文家，仍取研细用之。其余则供漆工、垩工[②]之涂玄者。

凡松烟造墨，入水久浸，以浮沉分精悫[③]。其和胶之后，以槌敲多寡分脆坚。其增入珍料与漱金、衔麝，则松烟、油烟增减听人。其余《墨经》《墨谱》，博物者自详，此不过粗记质料原因而已。

注释

① 鞠篾：编竹条。

② 垩工：垩指白土，泛指可用来涂饰的土，此处指粉刷工。

③ 精悫：悫，此即“确”字。

烧取松烟

译文

烧松木取烟，先把松木砍成一定的尺寸，并在地上用竹篾搭建一个圆拱篷，就像小船上的遮雨篷那样，逐节连接，长达十多丈，它的内外和接口都要用纸和草席糊紧密封。每隔几节，留出一个出烟小孔，竹篷和地接触的地方要盖上泥土，篷内砌砖要预先设计一个通烟火路。让松木在里面一连烧上好几天，冷歇后人们便可进去刮取了。烧松烟时，放火通烟的操作顺序是从篷头弥散到篷尾。从靠尾一二节中取的烟叫做清烟，是制作优质墨的原料。从中节取的烟叫做混烟，用做普通墨料。从近头一二节中取的烟叫做烟子，只能卖给印书的店家，仍要磨细后才能用。其他的就留给漆工、粉刷工作为黑色颜料使用了。

造墨用的松烟，放在水中长时间浸泡的话，其中那些精细而纯粹的会浮在上面，粗糙而稠厚的就会沉在下面。在和胶调在一起固结之后，用锤敲它，根据敲出的多少来区别墨的坚脆。至于在松烟或油烟中刻上金字或加入麝香之类的珍贵原料，多少则可由人自行决定。其他有关墨的知识，《墨经》《墨谱》等书中都有所记述，想要知道更多知识的人，可以自己去仔细阅读，这里只不过是简单地概述一下制墨的原料和方法罢了。

用墨时的注意事项

1. 磨墨时用力过轻过重，太急太缓，墨汁都必粗而不匀。用力过轻，速度太缓，浪费时间且墨浮; 用力过重，速度过急，则墨粗而生沫，色亦无光。正确的方法应该是“指按推用力”，轻重有节，切莫太急。

2. 书画作品中即使是淡笔，也是用浓墨写的，差别是在蘸墨的多寡，而不是墨的浓淡。

3. 用墨必须新磨，因墨汁若放置一日以上，胶与煤逐渐脱离，墨光既乏光彩，又不能持久，故以宿墨作书，极易褪色。

03 附

原典

胡粉（至白色，详《五金》卷）。

黄丹[①]（红黄色，详《五金》卷）。

靛花（至蓝色，详《彰施》卷）。

紫粉（缥红色，贵重者用胡粉、银朱对和，粗者用染家红花滓汁为之）。

大青（至青色，详《珠玉》卷）。

铜绿[②]（至绿色，黄铜打成板片，醋涂其上，裹藏糠内，微藉暖火气，逐日刮取）。

石绿（详《珠玉》卷）。

代赭石[③]（殷红色，处处山中有之，以代郡者为最佳）。

石黄[④]（中黄色，外紫色，石皮内黄，一名石中黄子）。

注释

① 黄丹：又称铅丹，红黄色粉末。

② 铜绿：铜青，各种碱式醋酸铜的混合物。

③ 代赭石：土朱，赤铁矿矿石，因代县产品最佳，故称代赭石。

④ 石黄：又叫石中黄子，含三氧化二铁的黏土。

译文

胡粉（最白色，详见《五金》卷）。

黄丹（红黄色，详见《五金》卷）。

靛花（纯蓝色，详见《彰施》卷）。

紫粉（粉红色，贵重的用胡粉、银朱相互对和，粗糙的则用染布坊里的红花滓汁制成）。

大青（深蓝色，详见《珠玉》卷）。

铜绿（深绿色，具体制法是：将黄铜打成板片，在上面涂上醋，包裹起来放在米糠里，利用其中的温暖火气，每天从铜板面上刮取）。

石绿（详见《珠玉》卷）。

代赭石（殷红色，各地山中都有，以山西代县一带出产的质量为最好）。

石黄（中心黄色，表层紫色的一种石头，内层是黄色的，又叫做“石中黄子”）。

曲糵第十七

原典

宋子曰：狱讼日繁，酒流生祸，其源则何辜！祀天追远，沉吟《商颂》《周雅》之间，若作酒醴之资曲糵[①]也，殆圣作而明述矣。惟是五谷菁华变幻，得水而凝，感风而化，供用岐黄者神其名，而坚固食羞者丹其色。君臣自古配合日新，眉寿介[②]而宿痼怯，其功不可殚述。自非炎黄作祖，末流聪明，乌能竟其方术哉！

注释

①曲糵：今之酒曲。

②眉寿介：介，助也。眉寿，人至高寿则眉长，故曰眉寿。

译文

宋子说：因酗酒闹事而惹起的官司案件一天比一天多，这确实是酗酒造成的祸害，然而话又说回来，对于酒曲本身又谈得上有什么罪过呢？在祭祀天地追怀先祖的仪式上，在吟咏诗篇朋友欢宴的时候，都需要有酒。这时就得靠酒曲来造酒了，关于这一点，古代的圣人已经说得很清楚了。酒曲原本就是用五谷的精华，通过水凝及风化的作用而变化成功的。供医药上用的曲名叫神曲，而用以保持珍贵食物美味的则是红曲。自古以来制作曲糵的主料和配料的调制配方不断改进，既能延年益寿又能医治各种痼疾顽症，其间的功效真是难以尽述。如果没有我们祖先的创造发明和后人的聪明才智，如何能够使酿酒的技巧达到如此完善呢！

01 酒母

原典

凡酿酒必资曲药成信。无曲即佳米珍黍，空造不成。古来曲造酒，糵造醴，后世厌醴味薄，遂至失传，则并糵法亦亡。凡曲，麦、米、面随方土造，南北不同，其义则一。凡麦曲，大、小麦皆可用。造者将麦连皮井水淘净，晒干，时宜盛暑天。磨碎，即以淘麦水和作块，用楮叶包扎，悬风处，或用稻秸掩黄[①]，经四十九日取用。

注释

① 掩黄：捂盖使其生出黄毛。

译文

酿酒必须要用酒曲作为酒引子，没有酒曲，即便有好米好黍也酿不成酒。自古以来用曲酿黄酒，用糵酿“甜酒”。后来的人嫌“甜酒”酒味太薄，结果导致所谓酿“甜酒”的技术和制糵的方法都失传了。制作酒曲可以因地制宜地用麦子、面粉或米粉为原料，南方和北方做法不同，但原理同出一辙。做麦曲，大麦、小麦都可以选用。制作酒曲的人，最好选在炎热的夏天，把麦粒带皮都用井水洗净、晒干。把麦粒磨碎，用淘麦水拌和做成块状，再用楮叶包扎起来，悬挂在通风的地方，或者用稻草覆盖使它变黄，这样经过 49 天之后便可以取用了。

原典

造面曲用白面五斤、黄豆五升，以蓼[①]汁煮烂，再用辣蓼末五两、杏仁泥十两，和踏成饼，楮叶包悬，与稻秸掩黄，法亦同前。其用糯米粉与自然蓼汁溲和成饼，生黄收用者，掩法与时日亦无不同也。其入诸般君臣与草药，少者数味，多者百味，则各土各法，亦不可殚述。

近代燕京，则以薏苡[②]仁为君，入曲造薏酒。浙中宁、绍则以绿豆为君，入曲造豆酒。二酒颇擅天下佳雄（别载《酒经》）。

注释

① 蓼：可入药的蓼科，蓼属中的水蓼。

② 薏苡：禾本科薏苡，又称薏米。

制作面曲

译文

制作面曲，是用白面五斤、黄豆五升，加入蓼汁一起煮烂，再加辣蓼末五两、杏仁泥十两，混合踏压成饼状，再用楮叶包扎悬挂或用稻草覆盖使它变黄，

方法跟麦曲相同。用糯米粉加蓼汁搓揉成饼，覆盖使它变黄让它长出黄毛后才取用，方法和时间也跟前述的相同。在酒曲中加入主料、配料和草药，少的只有几种，多的可达上百种，各地的做法不同，难以一一详尽论述。

近代，北京用薏米为主要原料制作酒曲后再酿造薏酒，浙江的宁波和绍兴则用绿豆为料制作酒曲后再酿造豆酒。这两种酒都被列为名酒（《酒经》一书有所记载）。

酒曲的种类

现代大致将酒曲分为五大类，分别用于不同的酒。它们是：

麦曲，主要用于黄酒的酿造；

小曲，主要用于黄酒和小曲白酒的酿造；

红曲，主要用于红曲酒的酿造（红曲酒是黄酒的一个品种）；

大曲，用于蒸馏酒的酿造；

麸曲，这是现代才发展起来的，它是用纯种霉菌接种，以麸皮为原料的培养物。可用于代替部分大曲或小曲。目前麸曲法白酒是中国白酒生产的主要操作法之一。

原典

凡造酒母家，生黄未足，视候不勤，盥拭不洁，则疵药[1]数丸，动辄败人石米。故市曲之家必信著名闻，而后不负酿者。凡燕、齐黄酒曲药，多从淮郡造成，载于舟车北市。南方曲酒，酿出即成红色者，用曲与淮郡所造相同，统名大曲。但淮郡市者打成砖片，而南方则用饼团。其曲一味，蓼身为气脉，而米、麦为质料，但必用已成曲、酒糟为媒合。此糟不知相承起自何代，犹之烧矾之必用旧矾滓云。

注释

① 疵药：有杂菌的曲糵。

译文

制作酒曲时，如果生黄不足，看管不勤，洗抹得不干净，都会出岔子。几粒坏的酒曲轻易地就能败坏上百斤的粮食。所以，卖酒曲的人必须要守信用、重名誉，这样才不会对不起酿酒的人。河北、山东一带酿造黄酒用的酒曲，大部分都是在江苏淮安造好后用车船运去贩卖的。南方酿造红酒所用的酒曲跟淮安造的相同，都叫做大曲。但淮安卖的酒曲是打成砖块状，而南方的酒曲则是做成饼团状。制作酒曲，加进辣蓼粉末以便于通风透气，用稻米或麦子作为基本原料，还必须加入已制成酒曲的酒糟作为媒介。这种酒糟不清楚是从哪个年代开始流传下来的，就像烧矾必须使用旧矾滓来掩盖炉口一样。

02 神曲

原典

凡造神曲[①]所以入药，乃医家别于酒母者。法起唐时，其曲不通酿用也。造者专用白面，每百斤入青蒿自然汁、马蓼、苍耳[②]自然汁相和作饼，麻叶或楮叶包掩，如造酱黄法。待生黄衣，即晒收之。其用他药配合，则听好医者增入，苦无定方也。

注释

① 神曲：药曲，用以消食开胃等。

② 苍耳：菊科苍耳属植物，也可入药。

译文

制作神曲是专供医药上用的，把它称为神曲是因为医家为了与酒曲相区别。神曲的制作方法开始于唐代，这种曲不能用来酿酒。制作时只用白面，每百斤加入青蒿、马蓼和苍耳三种东西的原汁，拌匀制成饼状，再用麻叶或楮叶包裹覆盖，像制作豆酱黄曲的方法一样，等到曲面颜色变黄就晒干收藏起来。至于要用其他什么药配合，则要根据医生的不同经验而加以酌定，很难列举出固定的处方。

03 丹曲

原典

凡丹曲[①]一种，法出近代。其义臭腐神奇，其法气精变化。世间鱼肉最朽腐物，而此物薄施涂抹，能固其质于炎暑之中，经历旬日，蛆蝇不敢近，色味不离初，盖奇药也。

凡造法用籼稻米，不拘早晚。舂杵极其精细，水浸一七日，其气臭恶不可闻，则取入长流河水漂净（必用山河流水，大江者不可用）。漂后恶臭犹不可解，入甑蒸饭，则转成香气，其香芬甚。凡蒸此米成饭，初一蒸半生即止，不及其熟。出离釜中，以冷水一沃，气冷再蒸，则令极熟矣。熟后，数石共积一堆拌信[②]。

注释

①丹曲：今之红曲，用大米培养的红曲霉。

②拌信：拌入曲种。

长流漂米

译文

有一种红曲，它的制作方法是近代才开始研究出来的，它的效果在于能“化腐朽为神奇”，它的巧妙之处是利用空气和白米的变化。在自然界中，鱼和肉是最容易腐烂的东西，但是只要将红曲薄薄地涂上一层，即便是在炎热的暑天也能保持它原来的样子，放上十来天，蛆蝇都不敢接近，色泽味道都还能保持原样。这真是一种奇药啊！

制造红曲用的是籼稻米，不管早晚稻米都可以用。米要舂洗得十分干净精白，用水浸泡七天，那时的气味真是臭不堪闻，这时就把它放到流动的河水中漂洗干净（必须要用山间流动的溪水，大河水不能用）。漂洗之后臭味还不能完全消除，把米放入饭甑里面蒸成饭，就会变得香气四溢了。蒸饭时，先将稻米蒸到半生半熟的状态，然后从锅中取出，用冷水淋浇一次，等到冷却以后再次将稻米蒸到熟透。这样蒸熟了好几石米饭以后，再堆放在一起拌进曲种。

红曲的功效

红曲米外皮呈紫红色，内心红色，微有酸味，味淡，它对蛋白质有很强的着色力，因此常常作为食品染色色素。而且红曲具有降血压、降血脂的作用，所含红曲霉素K可阻止生成胆固醇。更为重要的是红曲米与化学合成红色素相比，具有无毒、安全的优点，而且还有健脾消食、活血化瘀的功效。

原典

凡曲信必用绝佳红酒糟为料，每糟一斗，入马蓼自然汁三升，明矾水[①]和化。每曲一石，入信二斤，乘饭热时，数人捷手拌匀，初热拌至冷。候视曲信入饭，久复微温，则信至矣。凡饭拌信后，倾入箩内，过矾水一次，然后分散入篾盘，登架乘风。后此风力为政，水火无功。

注释

① 明矾水：呈微酸性，可抑制杂菌繁殖，而红曲霉菌耐酸性。

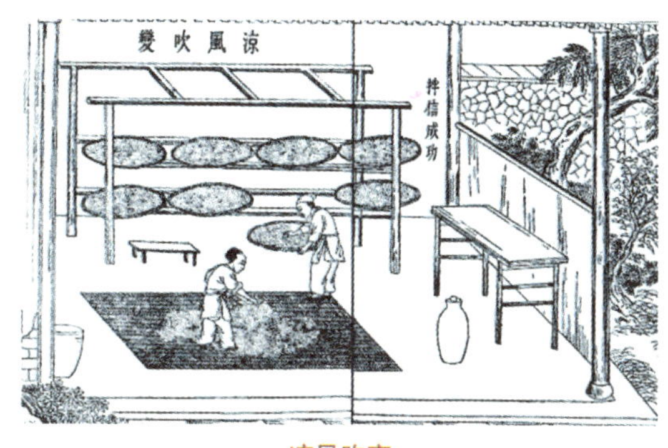

凉风吹变

译文

曲种一定要以最好的红酒糟为原料，每一斗酒糟加入马蓼汁三升，再加明矾水拌和调匀。每石熟饭中加入曲种二斤，趁饭热时，几个人一起迅速拌和调匀，从热饭拌到冷饭。然后再注意观察曲种与熟饭相互作用的情况。过一段时间之后，饭的温度又会逐渐上升，这就说明曲种发生作用了。饭拌入曲种后，倒进箩筐里面，用明矾水淋过一次后，再分散放进篾盘中，放到架子上通风。这以后主要是做好通风工作，而水火也就派不上什么用场了。

原典

凡曲饭入盘，每盘约载五升。其屋室宜高大，防瓦上暑气侵逼。室面宜向南，防西晒。一个时中翻拌约三次。候视者七日之中，即坐卧盘架之下，眠不敢安，中宵数起。其初时雪白色，经一、二日成至黑[①]色。黑转褐，褐转赭，赭转红，红极复转微黄。目击风中变幻，名曰生黄曲，则其价与入物之力皆倍于凡曲也。凡黄色转褐，褐转红，皆过水一度。红则不复入水。

凡造此物，曲工盥手与洗净盘簟，皆令极洁。一毫滓秽，则败乃事也。

注释

① 黑：红曲发酵时不应呈黑色，此“黑”应为“黄”的笔误。

译文

曲饭放入箧盘中时，每个箧盘大约装载五升。安放这些曲饭的房屋要比较高大宽敞，以防屋顶瓦面上的热气侵入。屋向应该朝南，用以防止太阳西晒。每两个小时之中大约要翻拌三次。观察曲饭的人，在七天之内都要日夜守护在盘架之下，不能熟睡，即便深更半夜里也要起来好几次。曲饭要做到起先一看颜色雪白，经过一两天后就变成黑色了。以后的颜色会继续变化，由黑色转为褐色，又由褐色转为赭色，再由赭色转为红色，到了最红的时候再转回微黄色。通风过程中所看到的这一系列的颜色变化，叫做“生黄曲”。这样制成的红曲，其价值和功效都比一般的红曲要高好几倍。当黄色变褐色、褐色又变成红色时，都要淋浇一次水。变红以后就不需要再加水了。

制造这种红曲的时候，造曲的人必须把手和盛物的箧盘、竹席洗得非常干净。只要有一点儿的渣滓和肮脏的东西，都会导致制作红曲的工作失败。

珠玉第十八

原典

宋子曰：玉蕴山辉，珠涵水媚，此理诚然乎哉，抑意逆之说也？大凡天地生物，光明者昏浊之反，滋润者枯涩之仇，贵在此则贱在彼矣。合浦、于阗[①]行程相去二万里，珠雄于此，玉峙于彼，无胫而来，以宠爱人寰之中，而辉煌廊庙[②]之上，使中华无端宝藏折节而推上坐焉。岂中国辉山、媚水者，萃在人身，而天地菁华止有此数哉？

注释

① 于阗：今新疆和田，产羊脂美玉。

② 廊庙：指朝廷。

译文

宋子说：藏蕴玉石的山总是光辉四溢，涵养珍珠的水也是明媚秀丽，这其中的道理究竟是本来如此呢，还是人们的主观推测呢？凡是由天地自然化生的事物之中，总是光明与混浊相反，滋润与枯涩对立，在这里是稀罕的东西往往在另一个地方就很平常。广西合浦与新疆和田，相距约两万里，在这边有珍珠称雄，在那里有玉石傲立，但都很快就聚集过来，在人世间受到宠爱，在朝廷上焕发出辉煌的光彩。这就使得全国各地无尽的宝藏都降低了身价而把珠玉推上宝物的首位。难道中国的宝物只有佩戴在人身上的珠玉，且天地间的精华就只有这些吗？

01 珠

原典

凡珍珠[①]必产蚌腹，映月成胎，经年最久，乃为至宝。其云蛇腹、龙颔、鲛皮有珠者，妄也。凡中国珠必产雷、廉二池。三代以前，淮、扬亦南国地，得珠稍近《禹贡》“淮夷蠙珠”，或后互市之便，非必责其土产也。金采蒲里路，元采扬村直沽口[②]，皆传记相承之妄，何尝得珠？至云忽吕古江出珠，则夷地，非中国也。

注释

① 珍珠：珠母贝受侵入壳体内的外界物刺激而分泌成的圆球状光亮固体颗粒，呈半透明银白色、黄色、粉红色或淡蓝色，质硬且滑。古代供装饰或入药。

② 扬村直沽口：今天津市大沽口，元代采珠区。

译文

珍珠一定是产自蚌腹内，映照着月光而逐渐孕育成形，其中年限最为长久的，就成为了最贵重的宝物。至于蛇的腹内、龙的下颔及鲨鱼的皮中有珍珠，这些说法都是虚妄而不可信的。中国的珍珠必定出产在广东海康和广西合浦这两个“珠池”里。在夏、商、周三代以前，淮安、扬州一带也属于南方诸侯国的地域，得到的珠子比较接近《尚书·禹贡》中所记载的珠，或许只是从互市上交易得来的，却不一定是当地所出产的。宋代金人采自东北黑龙江克东县乌裕尔河一带，元代采自河北武清到天津大沽口一带的种种说法，都只是误传，这些地方什么时候采到过珍珠呢？至于说忽吕古江产珠，那则是少数民族地区，而不是中原地区了。

珍珠的真假辨别

1. 两颗珍珠互相轻轻磨擦，会有粗糙的感觉，而假珍珠则产生滑动的感觉。但一般不建议两颗珍珠进行摩擦，因为珍珠的表层很薄且脆弱，摩擦一点就会破坏珍珠的表皮。

2. 观察钻孔是否鲜明清晰，假珠的钻孔有颜料积聚。

3. 每一颗珍珠的颜色都略有不同，除了本身色彩之外还带有伴色，但假珠每一颗的颜色都相同，而且只有本色，没有伴色。

4. 珍珠放在手上有冰凉的感觉，假珠则没有。

原典

凡蚌孕珠，乃无质而生质。他物形小而居水族者，吞噬弘多，寿以不永。蚌则环包坚甲，无隙可投，即吞腹，囫囵不能消化，故独得百年、千年，成就无价之宝也。

凡蚌孕珠，即千仞水底，一逢圆月中天，即开甲仰照，取月精以成其魄。中秋月明，则老蚌犹喜甚。若彻晓无云，则随月东升西没，转侧其身而映照之。他海滨无珠者，潮汐震撼，蚌无安身静存之地也。

凡廉州池自乌泥、独揽沙至于青莺，可百八十里。雷州池自对乐岛斜望石城界，可百五十里。蛋户[①]采珠，每岁必以三月，时牲杀祭海神，极其虔敬。蛋户生啖海腥，入水能视水色，知蛟龙所在，则不敢侵犯。

注释

①蛋户：当时广东、广西、福建以船为家的居民。

译文

从蚌中孕育出珍珠，这是从无到有。其他形体小的水生动物，多因天敌太多而被吞噬掉了，所以寿命都不长。蚌却因为有坚硬的外壳包裹着，天敌没有空子可以钻，即便蚌被吞咽到肚子里，也是囫囵吞枣而不容易被消化掉，所以蚌的寿命很长，能够生成无价之宝。

蚌孕育珍珠是在很深的水底下，每逢圆月当空时，就张开贝壳接受月光照耀，吸取月光的精华，化为珍珠的形魄。尤其是中秋月明之夜，老蚌就会格外高兴。如果通宵无云，它就随着月亮的东升西沉而不断转动它的身体以获取月光的照耀。也有些海滨不产珍珠，是因为当地潮汐涨落波涌得过于厉害，蚌没有藏身和静养之地的缘故。

广西合浦的珠池从乌泥池、独揽沙池到青莺池，大约有一百八十里远。广东海康的珠池从乐岛到石城界，约有一百五十里。这些地方的水上居民采集珍珠，每年必定是在三月间，到时候还宰杀牲畜来祭祀海神，显得非常虔诚恭敬。他们能生吃海腥，在水中也能看透水色，知道蛟龙藏身的地方，于是不敢前去侵犯。

原典

凡采珠舶，其制视他舟横阔而圆，多载草荐于上。经过水漩，则掷荐投之，舟乃无恙。舟中以长绳系没人[①]腰，携篮投水。凡没人以锡造弯环空管，其本缺处对掩没人口鼻，令舒透呼吸于中，别以熟皮包络耳项之际。极深者至四、五百尺，拾蚌篮中。

注释

①没人：潜水探珠者。

气逼则撼绳，其上急提引上，无命者或葬鱼腹。凡没人出水，煮热毳急覆之，缓则寒死。

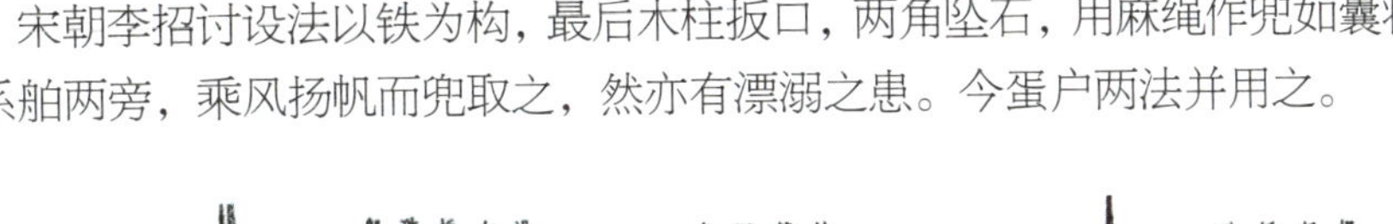

宋朝李招讨设法以铁为构，最后木柱扳口，两角坠石，用麻绳作兜如囊状。绳系舶两旁，乘风扬帆而兜取之，然亦有漂溺之患。今蛋户两法并用之。

没水采珠

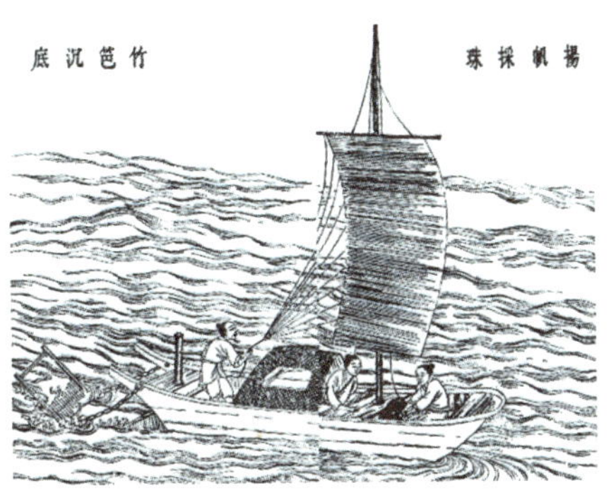

扬帆采珠

译文

采珠船比其他的船要宽和圆一些，船上装载有许多草垫子。每当经过有旋涡的海面时，就把草垫子抛下去，这样船就能安全地驶过。采珠人在船上先用一条长绳绑住腰部，然后带着篮子潜入水里。潜水前还要用一种锡做的弯环空管将口鼻罩住，并将罩子的软皮带包缠在耳项之间，以便于呼吸。有的最深能潜到水下四五百尺，将蚌捡回到篮里。呼吸困难时就摇绳子，船上的人便赶快把他拉上来，命薄的人也有的会葬身鱼腹。潜水的人在出水之后，要立即用煮热了的毛皮织物盖上，太迟了的话人就会被冻死。

宋朝有一位姓李的招讨官还发明了一种采珠网兜，他想办法做了一种齿耙形状的铁器，底部横放木棍用以封住网口，两角坠上石头沉底，四周围上如同布袋子的麻绳网兜，将牵绳绑缚在船的两侧，借着风力张开风帆，继而兜取珠贝。这种采珠的办法还有漂失和沉没的危险。现在，水上采珠的居民上述两种方法同时采用。

原典

凡珠在蚌，如玉在璞。初不识其贵贱，剖取而识之。自五分至一寸五分径者为大品。小平似覆釜，一边光采微似镀金者，此名珰珠，其值一颗千金矣。古来“明月”“夜光”，即此便是。白昼晴明，檐下看有光一线闪烁不定，“夜光”乃其美号，非真有昏夜放光之珠也。次则走珠，置平底盘中，圆转无定歇，价亦与珰珠相仿（化者[1]之身受含一粒，则不复朽坏），故帝王之家重价购此。次则滑珠，色光而形不甚圆。次则螺蚵珠，次官雨珠，次税珠，次葱符珠。幼珠如粱粟，常珠如豌豆。琕而碎者曰玑。自夜光至于碎玑，譬均一人身，而王公至于氓隶也。

注释

① 化者：死去者。

译文

珍珠生长在蚌的腹内，就如同玉生在璞中一样。开始的时候还分不出贵贱，等到剖取之后才能分开。周长从五分到一寸五分的就算是大珠。其中有一种大珠，不是很圆，像个倒放的锅一样，一边光彩略微像镀了金似的，名叫珰珠，每一颗都价值千金。这便是过去人们所传说的“明月珠”和“夜光珠”。白天天气晴朗的时候，在屋檐下能看见它有一线光芒闪烁不定，“夜光”不过是它的美号罢了，并不是真有能在夜间发光的珍珠。其次便是走珠，放在平底的盘子里，它会滚动不停，价值与珰珠差不多（死人口中含上一颗，尸体就不会腐烂，所以帝王之家不惜出重金购买）。再次的就是滑珠，色泽光亮，但形状不是很圆。再次的是螺蚵珠、官雨珠、税珠、葱符珠等。粒小的珠像小米粒儿，普通的珠像豌豆儿。低劣而破碎的珠叫做玑。从夜光珠到碎玑，就好比同样的人却分成从王公到奴隶几个不同的等级一样。

原典

凡珠生止有此数，采取太频，则其生不继。经数十年不采，则蚌乃安其身，繁其子孙而广孕宝质。所谓“珠徙珠还[1]”，此煞定死谱，非真有清官感召也（我朝弘治中，一采得二万八千两。万历中，一采止得三千两，不偿所费）。

注释

① 珠徙珠还：又叫合浦珠还。

译文

珍珠的自然产量是有限度的，采得太频繁，珠的产量就会跟不上。如果几十年不采，那么蚌可以安身繁殖后代，孕珠也就多了。所谓“珠去而复还”，这其实是取决于珍珠固有的消长规律，并不是真有什么“清官”感召之类的神迹（明代弘治年间，有一年采得二万八千两；万历年间，有一年仅仅采得三千两，还抵不上采珠的花费）。

珍珠与贝壳的差异

构成珍珠和贝壳的物质，大部分是碳酸钙。碳酸钙随结晶时条件的不同而形成方解石、霰石等，珍珠是由霰石构成的，而贝壳是由方解石构成的棱柱层。因此，它们虽然同是碳酸钙结晶，但由于结晶系的不同，所以就形成不同的物质——珍珠和贝壳。

02 宝

原典

凡宝石[①]皆出井中，西番诸域最盛，中国惟出云南金齿卫与丽江两处。凡宝石自大至小，皆有石床包其外，如玉之有璞[②]。金银必积土其上，蕴结乃成，而宝则不然，从井底直透上空，取日精月华之气而就，故生质有光明。如玉产峻湍，珠孕水底，其义一也。

注释

① 宝石：硬度大、色泽美，不受大气及化学药品作用而变化的稀贵矿石。

② 璞：蕴藏有玉的石头。

被石头包裹着的宝石

译文

宝石都产自矿井中，其产地以我国西部地区新疆一带为最多。中原地区就只有云南金齿卫和丽江两个地方出产宝石。宝石不论大小，外面都有石床包裹，就像玉被璞石包住一样。金银都是在土层底下经过恒久的变化而形成的。但宝石却不是这样，它是从井底直接面对天空，吸取日月的精华而形成的，因此能够闪烁光彩。这跟玉产自湍流之中，珠孕育在深渊水底的道理是相同的。

原典

凡产宝之井即极深无水，此乾坤派设机关。但其中宝气[①]如雾，氤氲[②]井中，人久食其气多致死。故采宝之人，或结十数为群，入井者得其半，而井上众人共得其半也。下井人以长绳系腰，腰带叉口袋两条，及泉近宝石，随手疾拾入袋（宝井内不容蛇虫）。腰带一巨铃，宝气逼不得过，则急摇其铃，井上人引絙提上，其人即无恙，然已昏瞢。止与白滚汤入口解散，三日之内不得进食粮，然后调理平复。其袋内石，大者如碗，中者如拳，小者如豆，总不晓其中何等色。付与琢工鑢错解开，然后知其为何等色也。

注释

① 宝气：指井下缺氧气，人久吸后会窒息致死。

② 氤氲：雾气缭绕。

下井采宝

译文

出产宝石的矿井，即便很深，其中也是没有水的，这是大自然的刻意安排。但井中有宝气，像雾一样地弥漫着，这种宝气人呼吸的时间久了多数都会致命。因此，采集宝石的人通常是十多个人一起合伙，下井的人分得一半宝石，井上的人分得另一半宝石。下井的人用长绳绑住腰，腰间系两个叉口袋，到井底有宝石的地方，赶快将宝石装入袋内（宝石井里一般不藏有蛇虫）。腰间系一个大铃铛，一旦宝气逼得人承受不住的时候，就急忙摇晃铃铛，井上的人就立即拉粗绳把他提上来。这时，人即便没有生命危险，也已经昏迷不醒了。只能往他嘴里灌一些白开水用来解救，三天内都不能吃东西，然后再慢慢加以调理康复。口袋里的宝石，有的大得像碗，中等的像拳头，小的像豆子，但从表面上看不出里面是什么样子。交给琢工锉开后，才知是什么宝石。

宝气饱闷

原典

属红黄种类者，为猫精[①]、靺羯芽[②]、星汉砂、琥珀[③]、木难、酒黄、喇子[④]。猫精黄而微带红。琥珀最贵者名曰瑿（值黄金五倍价），红而微带黑，然昼见则黑，灯光下则红甚也。木难纯黄色，喇子纯红。前代何妄人，于松树注茯苓，又注琥珀，可笑也。

注释

① 猫精：猫睛石，即金绿宝石。

② 靺羯芽：靺羯石，红色隐晶质。

③ 琥珀：地质时代松科植物树脂久埋地下后化石的产物。

④ 喇子：红宝石，红色透明三方晶系的柱状结晶。

译文

属于红色和黄色的宝石有：猫精、靺羯芽、星汉砂、琥珀、木难、酒黄、喇子等。猫睛石是黄色而稍带些红色。最贵的琥珀叫瑿，价值是黄金的五倍，红中而微带黑色。但在白天看起来却是黑色的，在灯光下看起来却很红。木难纯属黄色，喇子纯属红色。从前不知哪个随口妄言的人在“松树”条目下加注茯苓，又注释为琥珀，真是浅薄可笑！

原典

属青绿种类者，为瑟瑟珠、祖母绿、鸦鹘石、空青之类（空青既取内质，其膜升打为曾青）。至玫瑰一种，如黄豆、绿豆大者，则红、碧、青、黄数色皆具。宝石有玫瑰，如珠之有玑也。星汉砂以上，犹有煮海金丹。此等皆西番产，其间气出。滇中井所无。

时人伪造者，惟琥珀易假。高者煮化硫黄，低者以殷红汁料煮入牛羊明角，映照红赤隐然，今亦最易辨认（琥珀磨之有浆）。至引灯草，原惑人之说，凡物借人气能引拾轻芥[①]也。自来《本草》陋妄，删去毋使灾木。

注释

① 引拾轻芥：吸附轻微的东西。

译文

属于蓝色和绿色的宝石有：瑟瑟珠、祖母绿、鸦鹘石、空青（空青在内层，曾青在外层）等。至于玫瑰宝石，则为黄豆或绿豆大小，红色、绿色、蓝色、黄色，各色俱全。宝石中有玫瑰，就像珠中有玑一样。比星汉砂高一级的，还有一种名为煮海金丹的。这些宝石都出产自我国的西部地区，偶然也有随着宝气而出现的，云南中部的矿井中并不出产这类宝石。

现在的人们伪造宝石，只有琥珀最容易造假。高明的造假者用硫黄熬煮，手段低劣的用黑红色的染料煮熬牛角、羊角胶，映照之下隐约可见红光，但现在看来也最容易辨认（琥珀研磨后有浆）。至于说琥珀能够吸引小草，那是骗人的说法，物体只有借助人的气息才能吸引轻微的东西。从《神农本草经》开始就有不少荒诞错漏之处传世，这些都应当删去，省得浪费雕版刻印书的木料。

宝石加热

加热宝石不仅可以使其颜色发生变化，如红宝石在加热后会变得更加娇艳欲滴，还可以改变宝石的颜色，如紫水晶经过加热后会变为黄色。另外，宝石加热还能令宝石中不讨喜的包裹体溶解，如奶白色半透明的“究打石”经过加热后变成鲜艳透明的蓝宝石。所以，为了迎合市场需求，市面上出售的宝石都是符合国家标准规定加热优化过的。

03 玉

原典

凡玉入中国，贵重用者尽出于阗①（汉时西国名，后代或名别失八里②，或统服赤斤蒙古，定名未详葱岭）。所谓蓝田，即葱岭出玉别地名，而后世误以为西安之蓝田也。其岭水发源名阿耨山，至葱岭分界两河，一曰白玉河，一曰绿玉河。后晋人高居诲作《于阗行程记》，载有乌玉河，此节则妄也。

白玉河

注释

① 于阗：今新疆西南部的和田，自古产玉。

② 别失八里：按别失为“五”，八里为“城”，故别失八里意为“五城”。

译文

贩运到中原内地的玉，贵重的都出在于阗（汉代时西域的一个地名，后代叫五城，或属于赤斤蒙古，具体名称不详的葱岭）。所谓蓝田，是出玉的葱岭的另一地名，而后世误以为是西安附近的蓝田。葱岭的河水发源于阿耨山，流到葱岭后分为两条河，一曰白玉河，一曰绿玉河。后晋人高居诲作《于阗行程记》载有乌玉河，这段记载是错误的。

原典

玉璞不藏深土，源泉峻急激映而生。然取者不于所生处，以急湍无着手。俟其夏月水涨，璞随湍流徙，或百里，或二、三百里，取之河中。凡玉映月精光而生，故国人沿河取玉者，多于秋间明月夜，望河候视。玉璞堆积处，其月色倍明亮。凡璞随水流，仍[①]错杂乱石浅流之中，提出辨认而后知也。

白玉河流向东南，绿玉河流向西北[②]。亦力把里地，其地有名望野者，河水多聚玉。其俗以女人赤身没水而取者，云阴气相召，则玉留不逝，易于捞取。此或夷人之愚也（夷中不贵此物，更流数百里，途远莫货，则弃而不用）。

注释

① 仍：不免，免不了。

② 绿玉河流向西北：实际上乌玉河流向东北，白玉河流向西北，过于阗后向北汇合于于阗，再流入塔里木河。

译文

含玉的石不藏于深土，而是在靠近山间河源处的急流河水中激映而生。但采玉的人并不去原产地采，因为河水流急而无从下手。待夏天涨水时，含玉之石随湍流冲至一百里或二三百里处，再在河中采玉。玉是感受月之精光而生，所以当地人沿河取石多是在秋天明月之夜，守在河处观察。含玉之石堆聚的地方，就显得那里的月光倍加明亮。含玉的璞石随河水而流，免不了要夹杂些浅滩上的乱石，只有采出来经过辨认后才知何者为玉、何者为石。

白玉河流向东南，绿玉河流向西北。亦力把里地区有个地方叫望野，附近河水多聚玉。当地的风俗是由妇女赤身下水取玉，据说是由于受妇女的阴气相召，玉就会停而不流，易于捞取。这或可说明当地人不明事理（当地并不贵重此物，如果沿河再过数百里，路途远，卖不出去，便弃而不用）。

原典

凡玉唯白与绿两色。绿者中国名菜玉，其赤玉、黄玉之说，皆奇石、琅玕之类。价即不下于玉，然非玉[①]也。凡玉璞根系山石流水。未推出位时，璞中玉软如绵絮，推出位时则已硬，入尘见风则愈硬。谓世间琢磨有软玉，则又非也。凡璞藏玉，其外者曰玉皮，取为砚托之类，其价无几。璞中之玉，有纵横尺余无瑕玷者，古者帝王取以为玺。所谓连城之璧，亦不易得。其纵横五、六寸无瑕者，治以为杯斝，此已当时重宝也。

注释

①玉：指湿润有光泽的美石，多为白、绿色，但也不能说其余的红、黄、黑、紫等色的美石不是玉。

译文

玉只有白、绿两种颜色，绿玉在中原地区叫菜玉。所谓赤玉、黄玉之说，都指奇石、琅玕之类，虽然价钱不下于玉，但终究不是玉。含玉之石产于山石流水之中，未剖出时璞中之玉软如绵絮，剖露出来后就已变硬，遇到风尘则变得更硬。世间有所谓琢磨软玉的，这又错了。玉藏于璞中，其外层叫玉皮，取来作砚和托座，值不了多少钱。璞中之玉有纵横一尺多而无瑕疵的，古时帝王用以作印玺。所谓价值连城之璧，亦不易得。纵横五六寸而无瑕的玉，用来加工成酒器，这在当时已经是重宝了。

玉的保健功能

玉具有热容量大和辐射散热好的物理特征，它可减少血液中的耗氧量，使血液中酶分子保持最大活性，加强代谢，提高各种生理机能。玉对人的高血压、神经衰弱、脑血管、动脉硬化等许多疾病有特殊疗效，可补肾壮阳、滋阴养血、减皱祛斑，有效率达 98% 以上。

原典

此外，唯西洋琐里有异玉，平时白色，晴日下看映出红色，阴雨时又为青色，此可谓之玉妖[①]，尚方有之。朝鲜西北太尉山有千年璞，中藏羊脂玉[②]，与葱岭美者元殊异。其他虽有载志，闻见则未经也。凡玉由彼地缠头回或溯河舟，或驾橐驼，经庄浪入嘉峪，而至于甘州与肃州。中国贩玉者，至此互市得之，东入中华，卸萃燕京。玉工辨璞高下定价，而后琢之（良玉虽集京师，工巧则推苏郡）。

注释

① 玉妖：一种异玉，可能指金刚石。

② 羊脂玉：新疆产上等白玉，半透明，色如羊脂。

译文

此外，只有西洋琐里产有异玉，平时白色，晴天在阳光下显出红色，阴雨时又成青色，这可谓之玉妖，宫廷内才有这种玉。朝鲜西北的太尉山有一种千年璞，中间藏有羊脂玉，与葱岭所出的美玉没有什么不同。其余各种玉虽书中有记载，但笔者未曾见闻。玉由葱岭的缠头的回族人或者沿河乘船，或者骑骆驼，经庄浪卫运入嘉峪关，而到甘肃甘州、肃州。内地贩玉的人来到这里从互市而得到玉后，再向东运，一直汇集到北京卸货。玉工辨别玉石等级而定价后开始琢磨（良玉虽集中于北京，但琢玉的工巧则首推苏州）。

原典

凡玉初剖时，冶铁为圆盘，以盆水盛沙，足踏圆盘使转，添沙[①]剖玉，逐忽划断。中国解玉沙出顺天玉田与真定、邢台两邑。其沙非出河中，有泉流出精粹如面，借以攻玉，永无耗折。既解之后，别施精巧工夫。得镔铁[②]刀者，则为利器也（镔铁亦出西番哈密卫砺石中，剖之乃得）。

琢 玉

注释

① 添沙：研磨、琢磨玉的硬沙。

② 镔铁：坚硬的精炼钢铁。

译文

开始剖玉时，用铁做个圆形转盘，将水与沙放入盆内，用脚踏动圆盘旋转，再添沙剖玉，一点点把玉划断。剖玉所用的沙，在内地出自顺天府玉田和真定府邢台两地，此沙不是产于河中，而是从泉中流出的细如面粉的细沙，用以磨玉永不耗损。玉石剖开后，再用一种利器镔铁刀施以精巧工艺制成玉器（镔铁也出于新疆哈密的类似磨刀石的岩石中，剖开就能炼取）。

原典

凡玉器琢余碎，取入钿花[①]用。又碎不堪者，碾筛和泥涂琴瑟。琴有玉声，以此故也。凡镂刻绝细处，难施锥刃者，以蟾蜍添画而后锲之。物理制服，殆不可晓。凡假玉以砆碔[②]充者，如锡之于银，昭然易辨。近则捣舂上料白瓷器，细过微尘，以白蔹[③]诸汁调成为器，干燥玉色烨然，此伪最巧云。

注释

①钿花：用金银、玉贝等材料制成花案，再镶嵌在漆器、木器上作装饰品。

②砆碔：似玉的石。

③白蔹：葡萄科多年生蔓草植物，根部有黏液。

译文

琢磨玉器时剩下的碎玉，可取来作钿花。碎不堪用的则碾成粉，过筛后与灰混合来涂琴瑟，由此使琴有玉器的音色。雕刻玉器时，在细微的地方难以下锥刀，就以蟾蜍汁填画在玉上，再以刀刻。这种一物克一物的道理很难弄清。用砆碔冒充假玉，犹如以锡充银，很容易辨别。最近有将上料白瓷器捣得极碎，再用白蔹等汁液黏调成器物，干燥后有发光的玉色，这种作伪的方法最为巧妙。

原典

凡珠玉、金银胎性相反。金银受日精，必沉埋深土结成。珠玉、宝石受月华，不受寸土掩盖。宝石在井，上透碧空，珠在重渊[①]，玉在峻滩，但受空明、水色盖上。珠有螺城，螺母居中，龙神守护，人不敢犯。数应入世用者，螺母推出人取。玉初孕处，亦不可得。玉神推徙入河，然后恣取，与珠宫同神异云。

注释

①重渊：深渊。

译文

珠玉与金银的生成方式相反。金银受日精，必定埋在深土内形成；而珠玉、宝石则受月华，不受一点泥土掩盖。宝石在井中直透青空，珠在深水里，而玉在险峻湍急的河滩，但都受着明亮的天空或河水覆盖。珠有螺城，螺母在里面，由龙神守护，人不敢犯。那些注定应用于世间的珠，由螺母推出供人取用。在原来孕玉的地方，也无法令人接近。只有由玉神将其推迁到河里，才能任人采取，与珠宫同属神异。

玉的清洗保养

首先，玉件受碰撞后很容易裂，有时虽然肉眼看不出，但其实玉表层内有暗裂纹，这就大大损害其完美度和经济价值，因而玉应避免与硬物碰撞。其次，玉器要避免阳光的暴晒，防止影响到玉的质地和色泽。最后，新购玉件一般也应在清水中浸泡几小时后，用软毛刷清洁再用干净的棉布擦干方可佩戴。

04 附：玛瑙、水晶、琉璃

原典

凡玛瑙非石非玉，中国产处颇多，种类以十余计。得者多为簪箦、釦（音扣）结[①]之类，或为棋子，最大者为屏风及桌面。上品者产宁夏外徼羌地砂碛中，然中国即广有，商贩者亦不远涉也。今京师货者，多是大同、蔚州九空山、宣府四角山所产。有夹胎玛瑙、截子玛瑙、锦江玛瑙，是不一类。而神木、府谷出浆水玛瑙、缠丝玛瑙，随方货鬻[②]，此其大端云。试法以砑木不热者为真。伪者虽易为，然真者值原不甚贵，故不乐售其技也。

注释

① 釦结：原典作“鉤结”，按鉤为钩之异体字，与原注“音扣”相违。疑此为“釦结”，釦又为扣之异体字，则实为“扣结”，即纽扣。

② 鬻：卖。

译文

玛瑙既不是石，也不是玉，中国出产的地方很多，有十几个种类。所得到的玛瑙，多用作发髻上别的簪子和衣扣之类，或者作棋子，最大的作屏风及桌面。上等玛瑙产于宁夏塞外羌族地区的沙漠中，但内地也到处都有，商贩不必去那么远的地方贩运。现在在北京所卖的，多产于山西大同、河南蔚县九空山及河北宣化的四角山，有夹胎玛瑙、截子玛瑙、锦江玛瑙，种类不一。而陕西神木与府谷所产的是浆水玛瑙、缠丝玛瑙，就地卖出，这是大致情况。辨试的方法是用木头在玛瑙上摩擦，不发热的是真品。伪品虽容易做，但真品价钱原来就不怎么高，所以人们也就不愿意多费手脚了。

玛瑙制品

原典

凡中国产水晶①，视玛瑙少杀。今南方用者多福建漳浦产（山名铜山），北方用者多宣府黄尖山产，中土用者多河南信阳州（黑色者最美）与湖广兴国州（潘家山）产。黑色者产北不产南。其他山穴本有之，而采识未到，与已经采识而官司严禁封闭（如广信惧中官开采之类）者，尚多也。凡水晶出深山穴内瀑流石罅之中。其水经晶流出，昼夜不断，

注释

① 水晶：古时称水精，产于岩石晶洞中。

水　晶

流出洞门半里许，其面尚如油珠滚沸。凡水晶未离穴时如绵软，见风方坚硬。琢工得宜者，就山穴成粗坯，然后持归加功，省力十倍云。

译文

中国产的水晶要比玛瑙少些，现在南方所用的多产于福建漳浦（当地的山叫铜山），北方所用的多产于河北宣化的黄尖山，中原所用的多产于河南信阳（黑色的最美）与湖北兴国潘家山。黑色的水晶产于北方，不产于南方。其余地方山穴中本来就有，而没被发现与采取；或已经发现并采取，而受到官方严禁封闭（例如江西广信地区惧怕宫里派的宦官盘削而停采等），这种情况不在少数。水晶产于深山洞穴内的瀑流、石缝之中，瀑布昼夜不停地流过水晶，流出洞口半里左右，水面上还像油珠那样翻花。水晶未离洞穴时是绵软的，风吹后才坚硬。琢工为了方便，在山穴就地制成粗坯，再带回去加工，可省力十倍。

原典

凡琉璃石与中国水精、占城[①]火齐[②]，其类相同，同一精光明透之义。然不产中国，产于西域。其石五色皆具，中华人艳之，遂竭人巧以肖之。于是烧瓴甋，转釉成黄绿色者，曰琉璃瓦。煎化羊角为盛油与笼烛者，为琉璃碗。合化硝、铅泻珠铜线穿合者，为琉璃灯。捏片为琉璃袋（硝用煎炼上结马牙者）。各色颜料汁，任从点染。凡为灯、珠，皆淮北、齐地人，以其地产硝之故。

凡硝见火还空，其质本无，而黑铅为重质之物。两物假火为媒，硝欲引铅还空，铅欲留硝住世，和同一釜之中，透出光明形象。此乾坤造化，隐现于容易地面。《天工开物》卷末，著而出之。

注释

① 占城：占婆，古称林邑，越南中南部的古地名。

② 火齐：此处作者指水晶珠。

译文

琉璃石与中国水晶、占城的火齐同类，都光亮透明，但不产于中国内地，而产于新疆及其以西地区。这种石五色俱全，国内的人都喜欢，遂竭尽工巧来仿制。于是烧成砖瓦，挂上琉璃石釉料成为黄、绿颜色的，叫做琉璃瓦。将琉璃石与羊角煎化，便制成玻璃碗，用以盛油或作灯罩。将羊角、硝石、铅与用铜线穿起来的火齐珠合在一起炼化，可制成玻璃灯。用上述材料烧炼后还可捏制成薄片，作成玻璃瓶（所用硝石为煎炼时结在上面的马牙硝）。各种颜料汁可任意将材料染成颜色。制造玻璃灯和玻璃珠的，都是淮北人和山东人，因为这些地方出产硝石。

硝石灼烧后便分解而消失，其原来的成分便不再存在，而黑铅是重质之物。两种物质通过火这一媒介而发生变化，硝吸引铅而自身消失，铅与硝结合以保留其存在，它们与琉璃石、羊角等在同一釜中烧炼而得到透明发光的玻璃。此乃自然界隐约的变化机制在该简单过程中之再现。结束《天工开物》之际，特记于此。

琉璃石

水晶的辨别方法

水晶饰品越来越受到人们的喜爱。中国、日本、韩国、美国等国家的人们还对水晶球情有独钟，喜欢将它们摆在家里或办公室里，认为水晶球有灵性，能保平安，带来财运。不过天然水晶不像看起来那么晶莹剔透，它也有瑕疵，因此我们在选购饰品的时候要掌握水晶的评价依据、选购方法。

辨别水晶真伪的方法有：用手去触摸水晶，天然水晶的通常温度要比人造水晶凉得多；用眼观察，天然水晶通常有棉絮状的包裹体，这是人造水晶所没有的。

对于紫水晶、黄水晶这样的单色水晶，通常要观察它的二色性，即使是最顶级的紫水晶、黄水晶也是有色差的，通过这个方法可以鉴别是否加色。